スペインワイン図鑑

スサエタ社 編　剣持春夫　大橋佳弘 監修
五十嵐加奈子、児玉さやか、村田名津子 訳

ATLAS ILUSTRADO DE LOS
VINOS DE ESPAÑA

原書房

序　文

　スペインはぶどう栽培においては世界一の栽培面積を誇り、ワイン生産量でも世界第3位を占めるワイン大国です。
　また、近年スペインほど変革を遂げたワイン生産国は無く、公認の原産地呼称ワインも増え続けており、生産者の情熱と自由な発想が新しい味わいを生み出しています。
　そうした中で世界中にまさにスペインワインブームが到来し、世界のワイン業界も現在熱い視線を送っています。
　私個人が最初にソムリエの職に就いた約45年前になりますが、当時のスペインワインはリオハのワイン2～3種かカタルーニャのトーレスくらいの銘柄を扱う程度でした。現在のようなスペインワイン時代が訪れると、誰が予想できたでしょうか？　まさにサプライズです。
　現在、日本ではスペインバルの大フィーバーなどの影響で、輸入ワイン量の中で、フランス、チリ、イタリアに次いで第4位に飛躍を遂げ、その勢いは留まることを知りません。
　そんな中、日本において、なかなかスペインワインについて詳細にしかも興味深く書かれた本が無く、待ちに待った想いです。特に各州ごとの詳細が記されたものは皆無でありました。
　本書の特徴としては17州の詳細な地図と共に原産地呼称、生産ぶどう品種などの特徴が記され、全自治州のワイン産地がビジュアル面でも大変興味深く描写されているところです。地図が描写されたワイン書はワインを学ぶ人にとっては最高の案内書であり、楽しみともなり、ワインに対する造詣がますます深まると思います。
　何か疑問点を調べる場合、ワイン愛好家にとってもワインを扱っている専門職の方々にとっても大変有効な教本になると確信しています。また、現在スペイン料理店、ワインバーなどで働いているスタッフの方々にもきっと必須の一冊になることと思います。

　スペインワインはますます発展を続け、日本においてもただのブームから定着へと確実に進化を遂げるはずです。人生を楽しむためのワイン図鑑として、是非とも皆様のお手元に一冊おいていただければこれほど嬉しいことはございません。

監修　剣持 春夫

CONTENTS

第1部
ワインの基礎知識

歴史を少々	8
ブドウ畑	12
土壌	14
ブドウと品種	16
ワインの造り方	24
ワインの熟成	28
ワインのタイプ	30
ワインをどこで、どう購入するか	36
自宅でのワイン保存法	38
マリアージュ	42
ワインのサービス	44
テイスティング	48
EU規定に基づくスペインワインの分類	52

凡 例
〈スペイン国内の分類〉

- 本文中で頻繁に使う用語を、一部、略語で表記している。
- 原書の発刊の2012年以降、原産地呼称の追加認定がなされており、説明を追加している箇所もある。

第2部
スペインの原産地呼称ワイン

アンダルシア州	*Andalucía*	*56*
アラゴン州	*Aragón*	*68*
アストゥリアス州	*Asturias*	*74*
バレアレス諸島州	*Islas Baleares*	*76*
カナリア諸島州	*Islas Canarias*	*82*
カンタブリア州	*Cantabria*	*96*
カスティーリャ・ラ・マンチャ州	*Castilla-La Mancha*	*98*
カスティーリャ・イ・レオン州	*Castilla y León*	*114*
カタルーニャ州	*Cataluña*	*138*
バレンシア州	*Comunidad Valenciana*	*156*
エストレマドゥーラ州	*Extremadura*	*166*
ガリシア州	*Galicia*	*172*
ラ・リオハ州	*La Rioja*	*186*
マドリッド州	*Madrid*	*204*
ムルシア州	*Murcia*	*210*
ナバーラ州	*Navarra*	*220*
バスク州	*País Vasco*	*228*

各州の代表的な醸造所   *237*

第1部 ワインの基礎知識

歴史を少々

ワインの歴史は、人類の歴史や文明の発展と密接に結びつく。先史時代から人々はすでにブドウを発酵させる方法を知っていたが、その技術がいつから用いられるようになったのかを知るのはむずかしい。というのも考古学者によって発掘されたブドウの遺物からは、自然に発酵してできた偶然の産物なのか、それとも計画的かつ組織的に生産されたものなのかを判別できないからだ。ワインに関する最古の記録はシュメール（メソポタミア南部）から出土した粘土板で、そこにはくさび形文字でブドウの圧搾方法が記されている。

ファラオやピラミッドとともに

その次に古い資料が、紀元前6500年頃に埋葬された古代エジプトのファラオの墓から発見されている。ファラオの遺体とともに、あの世で王に仕える奴隷をかたどった小像も数多く発見され、そのうちの一体がワインの入った壺を運んでいた。

古代エジプト人は、ワインの発明をオシリスと結びつけていた。死に打ち勝ち灰から復活した神オシリスと同様、ブドウの実もまた、枯れたように見える樹に毎年実をつけるからだ。このように、ワインは死と復活にまつわる儀式と関連づけられ、それがギリシャに伝わってディオニュソス神となり、さらにローマで酒神バッカスとなった。古代エジプトでは、主にナイル川河口のデルタ地帯にブドウが栽培された。毎年川が氾濫して水浸しになる肥沃な土壌である。壁画に描かれているように、ワインはごくシンプルな製法で造られていたという。摘んだブドウをイグサで編んだかごに入れ、奴隷が実を足で踏みつぶす。それを軸ごと大きな粗布に入れて、手でひねって汁を搾り出す。

次に搾り汁を大きな土器に入れ、土器と同じ素材でできた栓をして発酵させる。発酵が終わったワインは、劣化を防ぐために煮沸するか頻繁に移し替え、内側に瀝青（れきせい）で防水処理をほどこしたアンフォラ（素焼きの壺）に入れて粘土で封印した。ナイル川中流西岸の古代エジプトの聖地アビドスにある紀元前3000年頃の墓から、最古のアンフォラが発見されている。

古代エジプトには白ワインも赤ワインもあり、いずれも甘口だった。今日、私たちが当時のワイン造りについてうかがい知ることができるのは、土器職人たちのとある習慣のおかげである。彼らはワインの加工日や造り手、中身の移し替え、搾り汁の質などに関する情報を、容器に刻印していたからだ。

半神たちの地ギリシャで

ワインの醸造法は、エジプトまたはオリエントからギリシャに伝わったといわれる。確かなのは、古代ギリシャにおいてワインが絶大な人気を博し、紀元前7世紀から6世紀にかけて大きく広まったことだ。地中海沿岸全

ワイン造り。エジプトのエルカブにあるパヘリの墓。新王国第18王朝（紀元前1500年頃）。

ディオニュソスとワイン

ディエゴ・ベラスケス作『バッカスの勝利』。マドリッドのプラド美術館所蔵。

伝説によると、陽気な神ディオニュソスは、あるとき、芽生えたばかりの儚げな植物を見つけた。愛着をおぼえ、弱々しい芽を守るために鳥の骨で囲ってやると、風変りなゆりかごの中で、植物はかぼそい茎を伸ばしはじめた。日々すくすくと育つ植物のために、ディオニュソスはライオンの骨、次にロバの骨と、成長に応じて骨を取り替えていった。するとある日、立派に成長した植物は実をつけた。美しいブドウの実だ。ディオニュソスは、その実をワインという素晴らしい飲み物に変えた。ゆりかご代わりとなった生き物の性質を受け継いだワインは、鳥の陽気さとライオンの力強さ、ロバの愚かさをもつ飲み物になった。そういうわけで、適度にワインを飲めば鳥のように陽気になり、ライオンのように威勢がよくなるが、飲み過ぎると2本足の愚かなロバに変身するのである。

域にブドウ栽培とワインの醸造法を広めたのはギリシャ人で、最初は海上交易によって、その後はローマ帝国を介して各地に広まったという。

ギリシャのワインは今のワインとはだいぶ異なり、かなり複雑な味で濃厚だった。そのためワインをそのままで飲むことはなく、水で割るか、ハチミツやタイム、コショウ、没薬、マートル、マツの実、フルーツなどの香味を加えて飲んでいた（ザクロ、ナツメヤシ、マルメロなどを原材料としたワインもあった）。また、アイギナ島やクラゾメナイのワインのように、海水と混ぜて飲まれるようになったものもある。

ギリシャ人はワインの革新的な保存法も生み出した。アンフォラを輸送に適した形に改良し、封印に松脂を使うなど、様々な方法でワインの保存性を高めたのだ。松脂は今もなお、レッチーナと呼ばれる個性的なアロマと風味をもつワインに用いられている。

ローマ人の登場

イタリアの地に最初にブドウ畑をつくったのはおそらくエトルリア人だが、ギリシャ人もまた、この地をブドウ栽培に最適な場所と考えていた。ギリシャの芸術家たちは、土壌の豊かさ、果実に降りそそぐ熱い陽光、そこで産出される炎のごとく力強いワインに飽くなき賞賛を送った。実際、ローマのワインはギリシャのワインより香りは薄いが、濃厚でコクがあった。

様々な要因により、ワインはローマ文明の快楽的側面において主役の座を占めることになる。ワインが惜しみなく注がれる酒宴や乱痴気騒ぎを描いた数々の物語が、ローマ人がギリシャ人よりも"飲んべえ"だったことを証明している。

ローマ人にはまた、ワインにハチミツを入れたり、マートルやウイキョウ、ニガヨモギなどの香草を加えて飲んだり、発酵後に大理石の粉や卵白、ゼラチンなどを入

"情熱の"キス

大カトーの時代、女性はワインを飲むことを禁じられ、禁を破れば死刑に処せられた。じつはこの禁止令が、ある興味深い習慣の起源になったらしい。帰宅した夫が妻の唇にキスをするのは、禁止されたワインを妻が飲んでいないかどうか確かめるためだったというが……そのためだけのキスではないと思いたい。

ミケランジェロ・ブオナローティ作『バッカス像』（1496～1497年頃）。バルジェッロ国立博物館（フィレンツェ）所蔵の大理石彫刻。

れてワインを澄ませる習慣があった。このうちのいくつかは現在の私たちには受け入れがたい混ぜ物である。

ローマ人によく親しまれたワインには、ティベリウス帝のお気に入りだった25年熟成のファレルヌム、15年熟成のアルバ、ソレント産の未熟成ワイン、カエサルがこよなく愛したシチリア産のマメルティヌムなどがある。

ヨーロッパにおいてローマ帝国が勢力を拡大するにつれてブドウ栽培も広まり、従来の飲み物に加えワインの消費量が増大した。しかし、征服した地に新たな技術をもたらしたのはローマ人だけではなかった。ガリアの地で、ローマ人はワインの貯蔵や運搬用のある画期的なシステムと出会った。それは、もともとケルト人がビール造りに使っていた木樽である。

スペインでは、当初フェニキア由来のブドウが栽培されていたが、ローマの進んだ農法が伝わるとワインの質が向上し、ワインはスペインからローマ帝国への主要な輸出品のひとつとなり、租税の一部にも充てられていたという。

禁止法をかいくぐって

スペインのワイン製造にとって、イスラム教徒の侵攻はとてつもない打撃となった。イスラム教の戒律によって、飲酒が禁じられたのだ。ブドウ畑の多くは破壊され、樹は引き抜かれ、あるいはただ放置された。

そうした状況にもかかわらず、あらゆる巧妙な手口で法をかわしながら多少なりともワイン造りが続けられた。ワインを愛好する統治者の存在もあって、ワイン造りの伝統は細々と継承されたのである。

これに関連し、次のような逸話がある。コルドバで、ある酔っ払いが禁酒法を破ったとして裁判官の前に引き出された。ところが、その裁判官もじつはワイン好きだったため、あらかじめ言い含めておいた役人に、被告人の息がワイン臭いかどうか確かめるよう命じた。役人は何度か息をかぐまねをしたあと、ワインのにおいかブドウ果汁のにおいか判別できませんでしたと答え、被告人は罪をまぬがれた。

装飾写本『ベリー公のいとも華麗なる時祷書』に描かれたブドウの収穫風景（15世紀）。この本には、聖書の言葉とともに美しい暦が収録されている。これは9月のページ。

アルベルト・エーデルフェルト作『ルイ・パストゥールの肖像』（1885年）。パストゥールの研究は、ワインの加工および保存方法に新たな道を開いた。

中世の修道院

ローマ帝国の崩壊後、ブドウ栽培の伝統を守る役目を担ったのが修道院である。樽を地下室に保管する風習も修道院で始まり、ワインを寝かせるのに最適なワインセラーの起源となった。

修道士が身につけたブドウの栽培技術と、盛んに行なわれるようになった大聖堂や聖地への巡礼が追い風となり、ヨーロッパ全土に新たな品種のブドウが広まった。サンティアゴ・デ・コンポステーラを訪れる巡礼者や、フランスのクリュニーやシトーからやってくる修道士たちによって新種がもたらされ、スペインのブドウ栽培に新たな活力が生まれたのである。現存する有名なブドウ園には、この時代に誕生したものが多い。

コロンブス、新大陸に到達

1492年10月12日、クリストファー・コロンブスがはじめてアメリカ大陸の地を踏んだ。その26年後、新大陸の一部ではすでにブドウ栽培が定着していた。あまりにも急速な広がりに、新世界のワインが本国のものと競合するのを懸念したスペイン国王は、新大陸でのブドウ栽培を中止させ、特別なライセンスの下でのみ栽培を許可するよう命を下した。

この措置は1世紀半続いたが、イエズス会の宣教師たちには影響が及ばず、彼らは伝道活動を続けながら、南はアルゼンチン、北は現在の米カリフォルニア州まで、切望されるブドウの苗木を運んでいった。

土壌や気候がブドウ栽培に適していたおかげで、新世界ではその時期、今日の世界的なワインの産地として繁栄する素地ができあがったのである。

フィロキセラ禍

ヨーロッパにおけるブドウ栽培はさらに拡大を続けた。そのころには、大陸内での需要のみならず海外領土で生まれる需要をも満たさなければならなかった。スペインはアメリカ大陸に定着し、フランス、ドイツ、オランダはアフリカ大陸に目を向け、イギリスはインド、オーストラリア、ニュージーランドまで勢力を拡大していた。

ところが19世紀なかばになると、順風満帆に発展しつづけるかに見えたブドウ栽培に暗雲が漂い、やがてワイン業界は大惨事に見舞われる。フィロキセラと呼ばれる害虫が発生し、幼虫が主にブドウの若い根から栄養を摂取したため、樹が枯れてしまったのだ。

フランス南部で発生したフィロキセラの害は、年に30～50kmというとてつもないスピードでヨーロッパ大陸全土に拡大した。なすすべはなく、ブドウ栽培農家の大半が、唯一フィロキセラに抵抗力を示したアメリカ種または野生種の台木に接ぎ木する方法を選んだ。

パストゥールとワイン醸造学

化学および微生物の分野でルイ・パストゥールが果たした重要な科学的貢献なしに、近代のワイン醸造学の発展はなかっただろう。彼の研究はワインの保存方法に新たな道を開き、品質を保ちながら同時に病気や劣化を防ぐことが可能になった。

こうした科学的進歩に加え、20世紀にはブドウ栽培およびワイン造りにおけるめざましい技術革新も行なわれた。そのおかげで、現在の醸造所はまさに伝統と革新の象徴となり、ワインを愛する人々の五感を満足させ、心を楽しませ、精神に平和と安らぎを与える上質な製品を供給しつづけているのである。

ブドウ畑

ブドウ畑の景色は、一年を通じて様々に色を変える。春には鮮やかな緑色、秋には赤褐色や赤紫色、そして冬が訪れると、寒々とした淡い青空を背景にねじれたブドウのつるが延々と連なる景色へと変わる。生命のサイクルをまっとうするブドウ畑が見せてくれる、美しい自然の光景だ。

長命な樹

ブドウの樹は寿命が長く、かなり地中深くまで丈夫な根を張り、短い幹から長い枝やつるが伸びて、そこに葉がつく。葉は五角形が多いが、品種によって違う形のものもある。果実は、果粒が集まって房を形成している。樹のように固い部分は「軸」または「果梗（かこう）」と呼ばれ、房全体の重さの約5%を占める。搾汁に果梗を入れて発酵させると渋味のあるアロマと風味が加わる。

果粒は以下の3つの部分に区分され、それらがワインのできあがりを大きく左右する。
- 果皮：粒を包む皮の部分。タンニン、色素、アロマ成分が凝縮されている
- 果肉：ワインとなる果汁すなわち搾汁（モスト）がとれる、やわらかくジューシーな部分。約80%が水分、10～30%が糖分、そのほかミネラル、油分、酸味成分からなる
- 種子：タンニンが多く含まれ、搾汁に種を入れると渋味が加わる

どういう場所で栽培するか？

ブドウは旱魃（かんばつ）やミネラル分の欠乏にも耐えうる丈夫な樹だが、どこでも栽培できるわけではない。栽培可能な範囲は気候で決まり、最も適しているのは北緯南緯ともに30～50度の範囲である。その範囲であれば適度な日照時間と湿度が得られ、冬に寒すぎることも夏に暑すぎることもない。これらの条件が果実に含まれる有機酸の濃度を決定づける。

発芽期に気温が-2℃を下回ると芽がだめになり、房が成長してから気温が30～34℃を超えると実が傷む。高温に加えて乾いた熱風が吹いた場合は特に損傷がひどくなる。山地の場合、ブドウ栽培がうまくいくのは一定の高度まで、あるいは温度が高くほとんど氷点下にならない斜面のみである。

収穫期を迎えたブドウ畑がどこまでも続く。

果皮と上質なワイン

上質なワインの決め手となる特徴のひとつが、色の濃さ。ワインの色を決めるのはアントシアニンやタンニンと呼ばれる色素で、いずれも果皮に含まれている。実が成熟する過程で色素が濃くなり、タンニンの渋味が消えてアロマが強まる。ブドウに含まれる様々な要素は成熟期にほどよく調和するため、実がよく熟してから収穫することが重要だ。同様に、ワインの製造工程において、ワインの色を決める色素と、それを定着させるタンニンを引き出す造り手の手腕も重要である。果皮に含まれるもうひとつの大切な成分が、果汁の酸味を中和するカリウムだ。同じときに収穫したブドウでも、醸造期間によって、つまり果皮に含まれるカリウムがどれだけ果汁に流れ出たかによって酸度の異なるワインができるのである。

ワインに色をつけるのはブドウの実だと思われがちだが、じつは果皮である。果皮と接触する時間が長いほど濃い色になる。

雨に関しては、結実期や成熟期に最も多く降るのが望ましい。逆に、発芽期や開花期、収穫期には雨が少ないほうがいい。

樹齢

気候に加え、ブドウの樹の種類および樹齢もまた、果実ひいてはワインの質を決める要素となる。品種によって、実や果汁の質は非常に高いが収穫量が比較的少ない樹もあれば、逆に収穫量は多いが果汁の質はあまり高くない樹もある。樹齢は実のつけかたに直接影響する。樹齢を重ねると粒のそろった質の高い実をつけるようになるが、収穫量は少なくなる。

土壌

すでに述べた要素に加え、もうひとつコントロールすべきなのが土壌である。土壌に含まれる成分の違いと気候の特徴によって、同じ品種のブドウでもまったく味わいの異なるワインができる。

ワインには、樹木が植えられていた土壌に含まれるイオンや諸成分の痕跡はごくわずかしか残らないとされるが、同じ品種のブドウでも栽培された土壌の違いによってアロマが異なるワインができるのは確かなのだ。一般的に、小石の多い土壌でできたブドウは、軽快で香り豊かなワインになり、粘土質の土壌でできたブドウは、ボディがしっかりしたワインになる。

つまり、申し分のない土壌、気候、日照条件がそろってこそ、当たり年にもそうでない年にも上質なブドウを収穫できる理想的なテロワール（育成環境）と言えよう。

土壌とワイン

ブドウは適応性が高く、湿気が多すぎる場所を除けばほとんど土壌を選ばないが、高品質のワインを造るには、いくつかの特性を備えた土壌でなければならない。

まず留意すべきは土壌の組成（成分の配分）と"きめ"（細かい粒子が含まれる割合）であり、両者の組み合わせによって土壌の適合性、水はけや保水力、根の張りやすさ、樹が正しく生育するかどうかが決まる。

同様に、土壌の深さ、ミネラル成分と有機成分、土の温度（急速な温度変化は好ましくない）、果実に含まれるタンニンの濃度や酸味を左右する土のpH（水素イオン濃度）や酸度も考慮しなければならない。

土壌の化学的特徴は、ブドウの樹がよく成長するために必要なミネラル成分や有機成分を与えるなど、適切な肥料をほどこせばいつでも改良が可能である。その意味で、特に土壌に含まれる窒素、カリウム、マグネシウム、リン、鉄分、ホウ素の量を適切に保つようコントロールすることが重要である。

スペインの土壌と気候

スペインの変化に富んだ土壌と気候は、ブドウが様々な栽培条件に適応できることを示す確かな証拠である。その適応性がなければ、スペイン産のワインはもっ

新しいテクノロジー

ラ・リオハ大学は、同地方で一流の醸造所と連携し、ブドウ畑をモニターするセンサーシステムを開発した。地下60cmから地上1.8mにわたって配置されたセンサーで、土壌の湿度、日射、気温、降水量を測定する。測定値が中央装置で集約され、ブドウの成熟具合を着実にモニターできる。

と質の低いものになっていただろう。ところが、質が低いどころか、スペインで生産される多種多様なワインはそれぞれ個性や特徴をもち、今や世界中で認知され、確かな信頼を得ているのである。

温暖で乾燥した土地にも、北部の冷涼で湿度の高い土地や暑い南部地方、あるいは過酷な気候のカスティーリャ台地（メセタ）の真ん中にもブドウ畑が広がり、何世紀にもわたる伝統と最新の生産技術に精通した栽培者たちが、きめ細かな管理のもとブドウを育てている。

大西洋気候の地域の土壌は有機物が多く含まれ、概して酸性である。一方、地中海側の傾斜地の土壌は腐植質に乏しく、かなり多孔質である。ステップ気候の地域では、降雨量の少なさと極端な気温変化が栄養分の少ない土壌を生み出している。もうひとつ、気候的要素とは関係なく、元となる母岩のタイプに左右される土壌があることも考慮しなければならない。いずれの場合も、土壌の違いによって、酸度やタンニンと糖の含有量が異なるブドウが産出される。

ブドウの生育の鍵となる要素のひとつが照度であり、スペインでも栽培される地域によって大きく異なる。年間を通じた日照時間は、北部および北西部では2000時間、南部および南東部の一部では3000時間以上と幅がある。

生産地ごとに異なるもうひとつの要素は気温である。気温が高い地方では、特に甘口ワインやアルコール度数の高いワインが造られる。逆に、寒い地方や標高が高く気温が低い場所で造られるワインは、酸味の強さに特徴がある。

降水型もまたブドウの生育に影響をもたらす重要な要素であり、生産量のみならずブドウの質、さらにはワインの特徴をも左右する。たとえば、大西洋気候のスペイン北西部で造られる白ワインと地中海地方で造られるワインとでは、かなりニュアンスが異なる。

矛盾するようだが、痩せた畑で育ったブドウのほうがおいしいワインになる。

ブドウと品種

ワインのスタイルや個性を決めるのは、何よりまず原料となるブドウの品質である。その後、ブドウがもつ潜在力を引き出し、質のよいワインに変えるには、ブドウ栽培者とワインの造り手の徹底した努力が必要になる。「ヴィニフェラ種」すなわちワイン用のブドウは、品種ごとに特徴もワインへの適性も異なり、それは気候条件や耕作地の土壌の構造によっても変化する。

ブドウは古くから、ワインの質を左右する重要な要素と見なされてきたかに思えるが、実際はそうではなかった。じつは20世紀初頭まで、ブドウは特徴や質ではなく環境への適応性で選ばれていた。ブドウがワインの質を決める重要な要素として認識されるようになったのは、1970～80年代以降である。

多種多様な品種

何世紀にもわたり、各地に自生した品種とほかの土地で育った品種や地中海を通じて国外から伝わった品種との交配が行なわれた結果が、現在ある品種の元となっていると考えられ、その数は数百に及ぶ。

本書では、ひとつひとつの品種を解説するのではなく、スペインで存在感を誇る品種について説明していく。ただし、他のワイン生産国と同様、スペインにおいても、良質なワインを得るために固有品種と外来品種（カベルネ・ソーヴィニヨン、ピノ・ノワール、メルロ、シャルドネ）をバランスよく栽培する傾向があることを、忘れてはならない。

白ブドウの品種

アイレン

スペインで最も古くから栽培されるワイン用品種のひとつ。15世紀のアロンソ・デ・エレーラによって書かれた『*Agricultura General*（農業概説）』に、すでにアイレンに関する記述がある。房状ナツメヤシの実（スペイン語でダティル）に似ているところから、エレーラは「ダティレーニャ」と名づけている。

アイレンの栽培地はとりわけラ・マンチャとバルデペーニャス地方に集中し、白ワイン用ブドウの主要品種、また世界的に最も生産量の多い単一品種ワインの原料となっている。

このブドウからできるワインは、かなりボディがあり、非常に飲み口がいい。やや緑がかった淡い黄色、熟した果実（バナナ、パイナップル、グレープフルーツ）のようなフレッシュなアロマと調和のとれた味が特徴。

アルバリーニョ

ガリシア地方、特にリアス・バイシャスで栽培され、白ブドウのなかで最も高貴な品種とされる。緑がかった黄色で非常に香り高く、バランスのいい優れた味わいのワインができる。若いうちは特にフルーツ系やフローラル系のアロマが強く、熟成が進むにつれて複雑なアロマ（リンゴ、バナナ、パイナップル）へと深まっていく。清涼感があり味わい深く、ビロードのようになめらかで、いくらか酸味がある。

このブドウの起源に関しては諸説ある。固有品種だと

ガルナッチャ・ブランカは、ガルナッチャ・ティンタが突然変異してできた、正真正銘のスペイン原産種。

> **ガルナッチャ・ブランカ**
>
> ガルナッチャ・ティンタが突然変異したスペイン原産の品種であり、高温で比較的乾燥した気候に非常によく適応する。タラゴナ、サラゴサ、テルエルで多く栽培され、原産地呼称地域であるアレーリャ、コステルス・デル・セグレ、タラゴナ、テラ・アルタの主要品種であるとされている。フルボディでアルコール度が高く、黄色みの強いワインになる。熟した果実のアロマの奥に感じるレダマ（エニシダに似たマメ科の植物）の香りが、見事なオリジナリティを添える。

ブドウと品種

する説もあれば、12世紀に巡礼地へ向かうクリュニー会修道士によってライン川流域からガリシアへ運ばれてきたという説、カスティーリャ王国の女王ウラーカの夫レイモン伯爵によってもたらされ、11世紀にはすでにスペインに存在していたとする説もある。いずれもまことしやかな説ではあるが、確かなのは中世、アルバリーニョ種が多くとれるポンテベドラ県のある地域では、すでにワイン醸造が行なわれていた。

アルビーリョ

メセタ中央部ないし南部を原産とする品種。このブドウを低比率でブレンドすると、フレッシュでフルーティなワインができる。

ゴデーリョ（ベルデーリョ）

ガリシアの主要品種のひとつ。なかでもポンテベドラ県ロサルからオウレンセ県バルデオラスにかけての地域で栽培される。

麦わら色で、熟した果実の調和のとれたアロマをもつ、ボディと酸のバランスがいい、味わい深いワインができる。

マカベオ（ビウラ）

スペインで6番目（2013年度）に多く栽培されている品種。とりわけリオハワインに多用されるほか、カタルーニャでも主要原料となっている。ふたつの生産地間での主な違いは、カタルーニャではブレンドワインの原料として用いられる場合が多いのに対し、リオハでは単独で用いられている点である。

マカベオは非常に香り豊かなブドウで、麦わらのような色を帯び、フルーティなアロマとわずかな渋味をもつ、酸とアルコール度数がいずれも高く、両者のバランスがいいワインができる。

モスカテル

マカベオ（ビウラ）

マルバシア

マルバシア

古くから地中海地方のワインの原料として用いられてきた伝統的な品種だが、現在は栽培面積が大幅に縮小している。甘さとかすかな苦みが絶妙に調和したワインができる。以前はデザート用甘口ワインの原料として用いられていたが、現在では個性豊かなアロマをもつ上質な白ワインも造られるようになった。

メルセゲラ

バレンシア地方の特徴的な品種。かすかに苦いアーモンドのような風味をもつ、フレッシュでフルーティなワインができる。アルコール度はさほど高くない。

モスカテル・デ・アレハンドリア

地中海地方に適した品種。生育には、気温が高く日照時間の長い気候のほかに湿り気の多い土壌が必要とされる。スペインでは、主にバレンシア、カディス、マラガ、エブロ川中流地域で栽培される。

このブドウの糖度の高さを示すのが、麝香（じゃこう）のような強いアロマと濃い色をもつ甘口ワインである。現在、この品種は主にミステラ（酒精強化ワイン）の原料として使われている。

パロミノ

シェリー酒に適した品種。シェリーは香りが非常に豊かで、味わいは変化に富む。フィノはアーモンドや塩の風味をもち、アモンティリャードとオロロソはヘーゼルナッツや燻香、ドライフルーツや油分の多いフルーツのような風味をもつ。

パレリャーダ

1872年にシャンパーニュ製法ワイン

の原料として試験的に使われて以来、カタルーニャのカバ造りに欠かせない品種となった。カバに上品さとまろやかさ、軽やかなフローラル系のアロマを添える。

ペドロ・ヒメネス

起源については諸説あり、ドイツという説もあればカナリア諸島説もあるが、確かなのは、17世紀から18世紀にかけてアンダルシアで最も多く栽培されていた品種であることだ。現在は主にコルドバとマラガで栽培され、D.O. モンティーリャ-モリレスのとろりとした濃厚な甘口ワインの主原料となっている。

トロンテス

小規模ながらスペイン各地で栽培され、なかでもガリシア、特にオウレンセ県に定着し、トレイシャドゥーラとともにリベイロ産ワインの原料として使われている。

トレイシャドゥーラ

ガリシアで昔からリベイロのワインに使われてきた品種。いくぶんアルバリーニョに似ているが、トレイシャドゥーラのほうが糖分が少ない。このブドウからできるワインは緑がかった黄色で、花やドライフルーツを思わせるアロマとかすかな酸味をもつ。

ベルデホ

D.O. ルエダの特徴的な白ブドウ品種で、11～12世紀にはすでに栽培されていた。現在は、リベラ・デル・ドゥエロなどカスティーリャ内のほかの地域へも栽培エリアが

シャルドネは、スペインの原産地呼称地域で最も多く使われている外来品種のひとつ。

白ブドウ品種	葉
アイレン AIRÉN 仕立て型——かなりのほふく型	● 中型 ● 五角形 ● 表面は黄色っぽい緑色 ● 裏に柔毛
アルバリーニョ ALBARIÑO 仕立て型——半直立型	● 小型 ● 五角形 ● 表面は光沢のある緑色 ● 裏はざらざら
アルビーリョ ALBILLO 仕立て型——ほふく型	● 小型 ● 五角形 ● 表面はかなり暗い緑色 ● 裏はほぼ無毛
ゴデーリョ GODELLO 仕立て型——半直立型	● 小型 ● 五角形 ● 表面は濃緑色 ● 裏はざらざら
マカベオ（ビウラ） MACABEO-VIURA 仕立て型——直立型	● 大型 ● 五角形 ● 表面は淡緑色 ● 裏に綿毛が多い
マルバシア MALVASÍA 仕立て型——半直立型	● 大型 ● 五角形 ● 表面は濃緑色 ● 裏はややざらざら
メルセゲラ MERSEGUERA 仕立て型——伏型または水平型	● 大型 ● 五角形 ● 表面は濃緑色 ● 裏はざらざら
モスカテル・デ・アレハンドリア MOSCATEL DE ALEJANDRÍA 仕立て型——半直立型	● 中型 ● 五角形 ● 表面は光沢のある緑色 ● 裏は無毛
モスカテル・デ・グラノ・メヌード MOSCATEL DE GRANO MENUDO 仕立て型——直立型	● 小型 ● 円形 ● 表面は鮮やかな緑色 ● 裏は無毛

果房	果粒	成長期間	その他
● 大房 ● 疎着 ● 円筒形と長円錐形の2種類	● 大粒 ● 球形 ● 黄色	● 芽吹きも成熟も遅い	● 早魃に非常に強い ● 短梢剪定に耐性あり
● 小房 ● やや密着 ● 二股と短円錐形の2種類	● 中粒 ● 先がとがった卵形 ● 黄色みがかった緑色	● 芽吹きは早い ● 成熟は平均的	● うどんこ病に弱い ● フルーティなベリー系のアロマ ● 大西洋気候でのみ栽培可能
● 小房 ● かなり疎着 ● 形は様々	● 中粒 ● 球形 ● 金色がかった黄色	● 芽吹きも成熟も早い	● 春霜に弱い
● 極小房 ● やや密着 ● 二股、円筒形、短円錐形の3種類	● 中粒 ● 短楕円形 ● 黄色みがかった緑色	● 芽吹きは早い〜遅い ● 成熟は平均的	● うどんこ病に弱い ● アルコール度が高い
● 中房 ● かなり密着 ● 長円錐形	● 中粒 ● 球形 ● 黄色、日当たりのいい地帯では褐色	● 芽吹きは遅い ● 成熟はやや遅め	● うどんこ病、べと病、灰色かび病に非常に弱い
● 中房 ● やや密着 ● 長円錐形	● 中粒 ● 球形 ● 赤みがかった黄色	● 芽吹きは早い〜平均的 ● 成熟はやや遅め	● 灰色かび病に弱い
● 小〜中房 ● やや密着 ● 円筒形	● 中粒 ● 楕円形 ● 黄色みがかった緑色	● 芽吹きも成熟も平均的	● うどんこ病に弱い
● 大きさは様々 ● かなり疎着 ● 円筒形	● かなり大粒 ● 長楕円形 ● 麦わら色	● 芽吹きも成熟も遅い	● うどんこ病に弱い ● 実はマスカットのような味
● 小房 ● かなり密着 ● 円筒形	● 小粒 ● 球形 ● 金色がかった黄色に細かい褐色の斑点	● 芽吹きは早い〜遅い ● 成熟は早い	● うどんこ病、べと病に弱い ● 実は風味が強く、マスカットのような味

Vinos de España

白ブドウ品種	葉	果房	果粒
パロミノ PALOMINO 仕立て型——ほふく型	● 大型 ● 五角形 ● 表面は鮮やかな緑色 ● 裏に柔毛や硬毛	● 中〜大房 ● やや密着 ● 円筒形	● 大粒 ● 上下にややつぶれた形 ● 金色がかった黄色
パレリャーダ PARELLADA 仕立て型——水平型	● 大型 ● 円形 ● 表面は濃緑色 ● 裏はざらざら	● 中房 ● かなり密着 ● 短円錐形	● 中〜大粒 ● 球形 ● 黄色みがかった緑色
ペドロ・ヒメネス PEDRO XIMÉNEZ 仕立て型——直立型	● 中〜大型 ● 五角形 ● 表面は鮮やかな緑色 ● 裏に硬毛	● 中房 ● やや密着 ● 長円錐形	● 中粒 ● 短楕円形 ● 金色がかった黄色
トロンテス TORRONTÉS 仕立て型——水平型	● 中型 ● 五角形 ● 表面は濃緑色 ● 裏に綿毛	● 小〜中房 ● やや密着 ● 円錐型	● 中粒 ● 球形 ● 黄色みがかった緑色
トレイシャドゥーラ TREIXADURA 仕立て型——伏型	● 中型 ● 五角形 ● 表面は鮮やかな緑色 ● 裏はほぼ無毛	● 中房 ● 密着 ● 二股と 　円筒形の2種類	● 中粒 ● 短楕円形 ● 黄色みがかった緑色
ベルデホ VERDEJO 仕立て型——水平型	● 中型 ● 円形 ● 表面は濃緑色 ● 裏に硬毛、またはほぼ無毛	● 小房 ● 疎着 ● 短円錐形	● 小粒 ● 球形 ● 緑色
チャレッロ XAREL-LO 仕立て型——ほふく型	● 大型 ● 五角形 ● 表面は暗緑色 ● 裏に柔毛	● 小〜中房 ● 密着 ● 短円錐形	● 中粒 ● 球形 ● 黄色みがかった色

拡大している。最高級種であり、ボディのあるまろやかで香り高いフルーティなワインができる。

チャレッロ

　カタルーニャ固有の品種。パレリャーダやマカベオとともにカバの原料として使われ、しっかりしたボディと力強さを与える。

黒ブドウの品種

ボバル

　レバンテ地方の高地が特産の品種で、特にD.O.ウティエル・レケーナで多く栽培される。他品種の黒ブドウと

成長期間	その他
● 芽吹きは平均的 ● 成熟は遅い	
● 芽吹きは早い〜平均的 ● 成熟は遅い	● うどんこ病にやや弱い
● 芽吹きは平均的 ● 成熟はやや早め	● うどんこ病、べと病、灰色かび病に弱い ● 短梢剪定が可能
● 芽吹きは早い〜平均的 ● 成熟はやや早め	
● 芽吹きは平均的 ● 成熟はやや早め	
● 芽吹きは早い〜平均的 ● 成熟はやや早め	● うどんこ病に弱い
● 芽吹きも成熟も平均的	● うどんこ病、べと病、毛せん病に弱い ● 長梢剪定が必要

異なり、ボバルは比較的アルコール度が低い。このブドウで造られるワインは紫色に近い濃い鮮紅色で、ハーベイシャス（草や緑のアロマ）なニュアンスをもち、かすかな酸味とタンニンが口に残る。ロゼワインはフレッシュでフルーティな味わいになる。

カリニェナ（マスエロ）

スペインで最も古くから栽培される品種のひとつ。アラゴン州カリニェナ原産だが、カタルーニャ州プリオラートの若飲みタイプの赤ワインに使う主要品種となった。この手のワインはアロマが軽く、フローラル系ないしスミレのような香りが際立ち、色は濃くタンニンに富む。

ガルナッチャ・ティンタ

スペイン全域で最も広範囲に栽培されている品種である。これだけ広まったのは、栽培しやすく収穫量も多いためである。アルコール度がほどよく、金色を帯びた魅惑的な赤い色とほどよい酸味をもつワインができる。

グラシアーノ

リオハ・アルタおよびナバーラの原産種。ほかの品種とアッサンブラージュ（ブレンド）するのに適し、ワインに鮮やかな赤色とあふれんばかりの豊潤なアロマ、気品のある酸味を与える。

メンシア

甘味が強く香り豊かで、ほどよいアルコール度が出る品種。主にスペイン北西部（レオン、サモラ、ガリシア）で栽培される。

モナストレル

レバンテ地方全域が原産の、D.O.フミーリャ、イエクラ、アリカンテ、アルマンサにおける主要品種。アルコール度の高い、力強い味わいのワインになる。

テンプラニーリョ

スペインの優れた高級品種。「早熟」（テンプラーノ）由来の名前が示すとおり、スペインのブドウのなかで最も成熟が早い。マルベリーのような風味をもつ、フレッシュで口当たりのいいワインができる。樽での長期熟成によく耐える。

ティンタ・デ・トロ

名前から推測できるように、この品種はD.O.トロの主要品種である。このブドウから造られる濃いボルドー色のワインは、ボディがしっかりし、豊富なタンニンと高いアルコール度によって、かなり渋めの味わいになる。

Vinos de España

ティンタ・デ・トロ

カリニェナ／マスエロ

テンプラニーリョ

ガルナッチャ・ティンタ

黒ブドウ品種	葉
ボバル BOBAL 仕立て型――直立型	● 大型 ● 円形 ● 表面は濃緑色 ● 裏に綿毛
カリニェナ CARIÑENA 仕立て型――直立型	● かなり大型 ● 五角形 ● 表面は淡緑色、わずかに軟毛 ● 裏はややざらざら
ガルナッチャ・ティンタ GARNACHA TINTA 仕立て型――直立型	● 中型 ● 五角形 ● 表面は濃緑色 ● 裏は無毛
グラシアーノ GRACIANO 仕立て型――直立型	● 中型 ● 三裂葉 ● 表面は濃緑色 ● 裏に綿毛
メンシア MENCÍA 仕立て型――半直立型	● 小型 ● くさび形 ● 表面は光沢のある緑色 ● 裏はほぼ無毛
モナストレル MONASTRELL 仕立て型――直立型	● 中型 ● 五角形 ● 表面は淡緑色、わずかにざらざら ● 裏に綿毛
テンプラニーリョ TEMPRANILLO 仕立て型――直立型	● 大型 ● 五角形 ● 表面は黒に近い濃緑色 ● 裏はフェルト状
ティンタ・デ・トロ TINTA DE TORO 仕立て型――伏型	● 中型 ● 五角形 ● 表面は薄めの緑色 ● 裏に柔毛

果房	果粒	成長期間	その他
- 小房 - 密着 - 肩のある円錐形	- 中粒 - 球形 - 暗青色	- 芽吹きも成熟も平均的〜遅い	- 秋に葉が暗赤色になる
- 中房 - かなり密着 - 円錐形	- 中粒 - 球形 - 暗青色	- 芽吹きも成熟も遅い	- うどんこ病に非常に弱い - べと病にやや弱い
- 中房 - やや密着〜かなり密着 - 短円錐形	- 中粒 - 球形 - 暗赤紫色	- 芽吹きも成熟も平均的	- べと病と灰色かび病に弱い - 樹勢が強い
- 中房 - 密着 - 円筒形または短円錐形	- 中粒 - 球形 - 暗青色	- 芽吹きは遅い - 成熟は平均的〜遅い	
- 中房 - やや密着 - 短円錐形、円筒形、または二股	- 中粒 - 短楕円形 - 暗青色	- 芽吹きは平均的 - 成熟は平均的〜遅い	- 葉が表面に向かって巻いている
- 小〜中房 - かなり密着 - 短円錐形	- 中粒 - 球形 - 暗青色	- 芽吹きは平均的 - 成熟は遅い	- うどんこ病とべと病にやや弱い
- 中房 - かなり密着 - 両翼をもつ円筒形	- 中粒 - 球形 - 暗青色	- 芽吹きは遅い〜平均的 - 成熟はやや早め	- うどんこ病に非常に弱い - べと病と毛せん病にやや弱い
- 中房 - やや密着 - 両翼をもつ円筒形	- 中粒 - 球形 - 暗青色	- 芽吹きは平均的 - 成熟は遅い	- うどんこ病に弱い

ワインの造り方

　ブドウ果汁からワインを造る工程は「醸造」と呼ばれ、造り手のわざとテクノロジーがひとつになって質の高い製品が生み出される。単に熟したブドウの実を圧搾して自然発酵させればいいわけではなく、ブドウの収穫からワインが瓶詰めされて愛好家の味覚を楽しませるまで、あらゆる過程がコントロールされている。

　ワイン造りの第一歩は、ブドウの実の摘み取り、すなわち収穫から始まる。傷んでいる房を取り除いたあと、実を小さい箱やかごに入れるが、その際に重さが15kgを超えないようにする。それ以上の重さになると、粒がつぶれて発酵が始まってしまうからだ。

　醸造所に運びこんだら、まずサンプルを採取して実の衛生状態や糖分、酸味をチェックする。次にホッパーと呼ばれる容器に投入すると、果粒が破砕機へ運ばれる。そこで果梗や軸がつぶれて搾汁が濁らない程度に圧力をかけて果粒をつぶす。

　ペースト状になったブドウは、空気に触れないようにして圧搾機に運ばれる。その後の工程は、製造するワインの種類によって異なる。

白ワインの醸造

　ペースト状の白ブドウを圧搾機に入れて圧力をかけると、固形成分はそのまま圧搾機の中に残って果汁のみがゆっくりと滴り落ちる。圧搾以外に、自然に流れてくる極めて上質な最初の搾汁（モスト）は、フルーティでじつに香り高く、「モスト・シェマ（モストの精髄）」、「モスト・フロール（モストの花）」、「ラグリマ（モストの涙）」と呼ばれる。12～48時間かけて汁が落ちる間に空気に触れて発酵が始まってしまわないように、微量の硫黄を燃やして二酸化硫黄を発生させ、液体の表面を無菌状態に保つ。

　容器の中に残った、まだ果汁を含む搾りかすは再び圧搾機に送られてさらに圧搾される。搾汁は「プリメロ（第1搾汁）」、「セグンド（第2搾汁）」、「テルセロ（第3搾汁）」、「デ・プレンサ」と呼ばれ（圧搾の回

ワイン造りは収穫とともに始まる。収穫時期に気を配り、ちょうど実が熟したタイミングで摘み取ることが、ワインの質を決定づける重要な条件となる。

破砕の前に除梗を行ない、葉や茎などの異物をすべて取り除く。

数が増えるごとに質が下がる）、別々に発酵させて日常用ワインにする。圧搾機に残る完全に果汁を搾り切ったかすは、肥料や家畜の飼料として使われる。

モスト・フロールの場合、生物学的プロセスである発酵が始まり、搾汁に含まれる糖分が主としてアルコールに変わる。これは、果粒をつぶす際に添加される酵母の働きによるものだ。

糖分が搾汁1ℓあたり4〜5g以下になると発酵が自然に止まり、辛口（セコ）の白ワインができる。中辛口（セミ・セコ）、または甘口（ドゥルセ）のワインにしたければ、物理的または化学的な方法で人工的に発酵させる必要がある。

発酵を終えたワインは、残った固形分を除去するために何度か澱引き（おり）したのち、等級に応じて、ほかのブドウ園で造られたワインや品種の異なるブドウで造られたワイン、収穫年が異なるワインなどと適宜ブレンドされる。

その後、ワインは熟成（熟成については次章で扱う）の段階に進むか、もしくは瓶詰めのために貯蔵される。瓶詰めの前には、最後の清澄化（せいちょうか）とろ過を行なう。

赤ワインの醸造

白ワインの醸造との大きな違いはふたつある。ひとつは、赤ワインの場合、搾汁は黒ブドウから得られ、破砕されてペースト状になったブドウを発酵槽へ移す前に果梗の除去が必要な点である。

もうひとつの大きな違いは、赤ワインの場合は搾汁をブドウの皮や種と接触（スキンコンタクト）させながら発酵させる点だ。赤ワイン特有の鮮やかな赤色をつける色素は皮と種に含まれ、発酵の過程でゆっくりと溶け出す。

また、赤ワインの醸造では二段階の発酵が起こる。一次発酵は、上述の白ワインと同様に酵母によるアルコール発酵である。この段階で発生した炭酸ガスによって皮が表面に押し上げられ、いわゆる「果帽」が形成される。発酵が始まって数日の間にこの果帽を搾汁にかき混ぜて浸し、色素をすべて引き出す。

7〜15日経つと、発酵後に酵母などの固形分を除去した搾汁は別のタンクに移され、そこで二次発酵が起きる。マロラクティック発酵と呼ばれるこの発酵は、リンゴ酸を乳酸菌に変えるバクテリアによって引き起こされ、ワインにフィネス（エレガントさ、繊細さ）とまろやかさを与える。

ふたつの発酵が終わると、ワインは数度の澱引きとろ過を経て熟成プロセスに入る。白ワインと同様、瓶詰め前に清澄化を行なって最終製品に仕上げる必要がある。

一次発酵の際に出る搾りかすをさらに圧搾すると、「ビノ・デ・プレンサ」と呼ばれるワインができる。タンニンの含有量が非常に多く色の濃いこのワインは、ほかのワインとは別に樽に入れて熟成させる。

シェリーやカバなど一部のワインは、澱引き（左）や発酵で生じた澱の除去（右）など特別な製造工程を必要とする。

ロゼワインの醸造

ロゼワインを造るには、黒ブドウのみを用いるか、白ブドウと黒ブドウを混ぜて使う。赤ワインの醸造と同様、破砕されペースト状になったブドウから果梗を除去するが、その後の工程にはふたつの方式がある。

ひとつは、発酵に至らないように搾汁を低温でマセレーション（浸漬）する方式である。その際、色をつけるために皮も一緒に入れる。その後の工程は白ワインと同じで、固形分を除去した搾汁をアルコール発酵させる。

もうひとつは、はじめは赤ワインの醸造と同じだが、搾汁を皮とともに発酵させる時間を短くする方式で、一般的に発酵時間は24時間以内である。

甘口ワインの醸造

甘口ワインを造るには、白ワインの場合も赤ワインの場合も（甘口ワインの多くは白だが）、はじめから糖分が多いブドウの搾汁を使う。その後の醸造工程は普通のワインと同じだが、糖が完全にアルコールに変化する前に発酵を止めなければならない。

「モスカテル」タイプの甘口ワインを造る場合、発酵中の搾汁に添加アルコール（ブドウで造られたブランデー、リキュールなど）またはミステラ（ブドウの搾汁とアルコールを混合したもの）を添加する。この種のワインは長期熟成のプロセスを経ることもあり、一般的には直火で煮詰めた搾汁を加える。

カバ、スパークリングワインの醸造

スパークリングワインの伝統的な製造法は「シャンパーニュ製法」と呼ばれる。原料は白ブドウで造ったワイン、もしくは黒ブドウで造った白ワイン、つまり黒ブドウの皮を加えずに発酵させたものである。手順に従って澱引き、混合、清澄化を行なったのち、原料のワインに「リキュール・ド・ティラージュ」と呼ばれる糖と酵母の混合物を添加し、瓶詰めの段階へ進む。瓶詰め状態で置かれる期間は9ヵ月から数年とまちまちだが、瓶の中でワインは発酵しつづける。

この二次発酵のために、瓶は室温と湿度が一定に保たれた貯蔵庫に保管される。その後、瓶は水平にピュピトル（瓶を差しこむ穴があいた板を逆V字型に合わせたもの）に置かれる。数日たったらルミアージュ（動瓶）を開始し、瓶口を下向きに固定したまま少しずつ（穴の8分の1ほど）回転させる。それと同時に、ピュピトルの角度を小さくして垂直に近づけていく。

このプロセスが終わるころには、発酵で生じた澱が瓶口に沈殿しているため、「デゴルジュマン」（澱抜き）をする。これは非常にデリケートな作業で、通常は栓に近い部分を凍結させて栓を抜き、凍った澱を少量のワインとともに噴出させる。目減りした分は、「リキュール・デクスペディション」（門出のリキュール）と呼ばれる、糖を混ぜたビノ・アニェホ（600ℓ以下のオーク樽および瓶で最低24ヵ月熟成をさせたワイン）を補充する。その成分、量、甘さは、製造するスパークリングワインの種類（ブルット、セコ、セミ・セコ、ドゥルセ）によって異なる。

最後に、瓶にコルク栓をし、昔ながらのボサル（コルクに王冠をかぶせて固定するワイヤ金具）もしくはコルクをまたぐように瓶の口の輪にはめるクリップ状の留め具で封印する。

皮を加えた発酵

白ワインは、搾汁をスキンコンタクトさせずに発酵させる。そうすることで飲み口が軽く色の薄いワインができる。しかし現在では、搾汁の一部を皮とともにマセレーション（浸漬）することで、よりコクがありアロマ豊かで瓶詰め後に保存がきくワインを製造する醸造所もある。

ワインの熟成

ワインは複雑な製品で、飲み手を楽しませる色やアロマ、味になるまでに多くのステップを必要とする。これまではブドウをワインに変えるプロセスを見てきたが、ここでは、好みに応じた様々な特徴をもつワインの製法を紹介する。

醸造が終わり、澱引きをして酵母などの沈殿物や澱を取り除いたら、次は熟成である。長くデリケートなプロセスだが、個性的なワインを造るためにとても重要だ。ワインは熟成のプロセスを経ずに飲むこともできるが、熟成させることで質が向上する。

木樽とワイン

熟成の目的は、ワインに磨きをかけて粗さを減らし、口当たりよくすることだ。熟成は木樽で行なわれ、どこ産の樽にどれだけの期間入れておくかが、ワインのできあがりを左右する。最もよく使われるのは「ボルドー樽」と呼ばれるオーク材でできた容量225ℓの樽だが、そのオーク材の生産地、樽板の切り方、さらに樽の年齢などが、ワインの素地となる個性を決定づけることになる。たとえば、樽が新しいほど、その樽がもつ個性が早くワインに伝わる。一方、古い樽は同じ結果を得るのにより長い時間がかかる。

最も多く使われている樽の材質は、アメリカンオークだ。フレンチオークに比べてコストが安いことがその理由である。しかし、わずかな熟成でエレガントなワインを造るならばフレンチオークにまさるものはない。いずれにしろ、使用する樽に亀裂がなく、完全殺菌された清潔な状態であることが非常に重要である。

ワインを注ぎ入れる前に樽の中で硫黄を燃やし、その後、泡が立たないようにゆっくりとワインを注いでいく。そして粗い麻布で覆ったシンプルなコルク栓、またはシリコン製の栓で樽の口をふさぐ。どちらの場合も、樽を密閉するのが目的である。

樽は、気温13〜15℃、湿度約75%に保った冷暗所に積み重ねて保管する。

瓶詰めの前にワインを別の樽に移し替えるが、その際、沈殿した固形物が新しい樽に入らないように注意する。

瓶詰め

瓶は汚れひとつなく、コルクには匂いや穴がなく、長さは45mm以上なければならない。

瓶詰めの後は地下の貯蔵室に水平に寝かせて置き、相対湿度70%以上、空気の流れがなく、できるかぎり気温変動のない状態で保管する。瓶を水平に置くことで、コルクをつねに濡れてふくらんだ状態に保てる。

瓶に入れて貯蔵する期間はどのワインも同じではなく、含まれるタンニンと酸の量によって決まる。ワインを特徴づける「ブーケ」と呼ばれる香りは瓶の中で生まれる。

白ワインの熟成

白ワインのなかには、樽熟成(樽内育成)のプロセスを経ることなく、瓶詰めされるまでタンクで貯蔵されるものもある。このようなワインは、フレッシュでフルーティなアロマをよく留めている。オーク樽で熟成させる場合も、12〜24ヵ月を超えないほうがいい。かえって品質が落ちてしまう可能性があるからだ。

赤ワインの熟成

日常用の赤ワインはオーク樽で熟成させず、瓶詰めされるまで金属製またはコンクリート製タンクで貯蔵する。

最低熟成期間		
ワインのタイプ	樽熟成と瓶熟成を合わせた熟成期間	
クリアンサ	白	18ヵ月(うち6ヵ月は樽熟成)
	ロゼ	18ヵ月(うち6ヵ月は樽熟成)
	赤	24ヵ月(うち6ヵ月は樽熟成)
レセルバ	白	24ヵ月(うち6ヵ月は樽熟成)
	ロゼ	24ヵ月(うち6ヵ月は樽熟成)
	赤	36ヵ月(うち12ヵ月は樽熟成)
グラン・レセルバ	白	48ヵ月(うち6ヵ月は樽熟成)
	ロゼ	48ヵ月(うち6ヵ月は樽熟成)
	赤	60ヵ月(うち18ヵ月は樽熟成)

注:地域によって異なる場合がある

　一方、高級な赤ワインはオーク樽で18ヵ月から3年の間熟成させる。その間、沈殿する固形物を除去するために、ワインを定期的に移し替える。
　瓶詰めする前に、求められる品質に達するまで、ほかのブドウ園で造られたワインや品種の異なるブドウで造られたワイン、ヴィンテージが異なるワインとブレンドするのが一般的な慣例となっている。

ロゼワインの熟成

　赤ワインとは異なり、ロゼワインは樽熟成を行なわないか、行なう場合もグラン・レセルバを除く熟成期間は最長24ヵ月と短い。この熟成期間の短さが、ロゼワインならではのフレッシュでフルーティなアロマを保つのに役立つのである。

ワインのタイプ

ワインの定義を単に「ブドウ果汁を発酵させたもの」としたのでは、あまりに単純すぎて実態とそぐわないだろう。私たちの目前にあるのは、バリエーションに富んだ製造工程を経て造られた複雑な製品であり、その多様性こそが、それぞれに特徴や個性をもつ多種多様なワインを生み出しているのである。

このように変化に富むワインは、熟成年数、含まれる糖分の量、原料のブドウが単一品種か2種類以上かなど、様々な基準で分類することができる。ここでは、ワイン生産国の多くで広く用いられている3つの分類基準を示す。

一般的分類

これは最もよく用いられている、ワインの製造方式に応じた分類である。この基準に沿って、ワインはスティルワイン（非発泡性ワイン）と特殊ワインのふたつのグループに大別される。

スティルワインには、白、赤、ロゼワインが含まれる。概して辛口で、アルコール度数は9〜14.5度、どのワインも加工プロセスは極めて似通っている。

特殊ワインには、ビノ・ヘネロソ、ビノ・ヘネロソ・デ・リコール、ビノ・ドゥルセ・ナトゥラル、ミステラ、天然スパークリングワイン、炭酸ガス注入ワイン、微発泡ワイン、エンベラード、チャコリ、そのほかベルモットやフレーバードワインなど、ワインをベースにした様々な製品が含まれる。どれもスティルワインに比べてかなりアルコール度が高い。あとから酒精強化されるものもあり、それぞれの加工方法は大きく異なる。辛口は少なく、おおかたは甘口で、そのなかでも大半は中甘口である。

熟成年数による分類

市場に出る前に醸造所で寝かされていた期間による分類法である。この基準に従い、「ホベン」（若飲みタイプワイン）または「デ・クリアンサ」（熟成タイプワイン）と呼ばれる。

若飲みタイプのワインは樽熟成を行なわないか、もしくはごく短期間の熟成が行なわれたもので、ブドウの収穫から12〜14ヵ月以内に消費するのが望ましい。概し

ワインのタイプ

ワインにはいろいろなタイプがあり、分類方法も様々だが、いずれも土壌や気候風土、ブドウ、製造方式の違いを基準にしている。ベーシックなものとして、残糖量、色、製造方式、年数、原料となるブドウの品種という5つの分類基準がある。

て、この手のワインには原料となるブドウの特徴が色濃く残っている。若飲みタイプには、白、赤、ロゼのいずれもある。

一方、熟成タイプのワインは、出荷前に一定期間オーク樽および瓶で熟成させたワインである。ブドウ本来の特徴もいくらか留めてはいるが、熟成段階で生じた官能特性が加わる。普通は収穫後3〜10年で消費されるが、20年もの長期保存に耐えるものもある。その大半は赤ワインだが、白もいくらかあり、ロゼはごくわずかである。

熟成ワインはさらに、スペインの原産地呼称制度に基づき、クリアンサ、レセルバ、グラン・レセルバに分類される。それぞれの熟成期間については、熟成に関する章ですでに述べたとおりである。

甘さによる分類

最終製品の残糖量に応じた分類法で、通常ビノ・ヘネロソとスパークリングワインに用いられる。

セコ（1ℓあたりの残糖量が4g以下）、セミ・セコ（4〜12g）、アボカド（15〜30g）、セミ・ドゥルセ（30〜45g）、ドゥルセ（45g以上）に分類される。ただし、地方、地域、もしくは原産地呼称統制委員会ごとに独自に基準が定められるため、数値が若干異なる場合もある。

白ワイン

白ブドウ、もしくは黒ブドウのうち色素を含まない果肉のみを使い、皮を入れずに醸造したワイン。発酵は低温で行なわれる。そうすることにより、原料であるブドウがもつアロマや味を保ちながら、同時に発酵によって生じる新たな風味を加えることができる。

アロマティックな若飲みタイプの白ワイン

「ビノ・ヌエボ」（新酒）として知られる、1年以内に飲むために造られたもの。たいていはフレッシュなワインで、糖と酸のバランスがよく、タンニンはごくわずか、ほのかなフルーツ系のアロマをもつ。こうしたワインを造るのに適した品種は、ベルデホ、アルバリーニョ、トロンテス、ソーヴィニヨン・ブラン、ゲヴュルツトラミネールである。

熟成タイプの白ワイン

一定期間オーク樽で熟成されたもの。熟成期間は様々だが、瓶内熟成を含めて48ヵ月を超えることはない。

熟成させることで、若飲みの白ならではのフルーツ系やフローラル系のアロマを残しつつ、オーク樽がもたらす香りも加わった個性豊かなワインができる。

若飲みタイプよりも骨格がしっかりしてコクがあり、タンニン量も多く、すべてが口の中で深い味わいに変わる。

熟成に適したブドウは、シャルドネ、ベルデホ、ビウラ、アルバリーニョ、ゴデーリョである。

ロゼワイン

ロゼワインの第一の特徴は、その色である。淡いピンクから鮮烈なサーモンピンクに至るあらゆる度合いのピンク色で、なかには赤褐色を帯びたものもある。

ロゼは赤に比べれば飲み口が軽く、白よりはコクがありタンニンも多い。こうした官能特性はロゼワインの消費を押し上げる魅力となりそうなものだが、逆に消費を妨げる大きな要因となっている。とはいえ、こうした傾向はここ数年で変わってきているという。

一般的に、ロゼワインはアルコール度が中程度ないしは低く、原料であるブドウのフルーティなアロマを留め、タンニン量も少ない。スペインでロゼワイン造りに最も多用される品種は、ガルナッチャ、テンプラニーリョ、モ

ロゼワインは、原料となるブドウ特有のフルーティな香気をもつ。ロゼは赤よりもだいぶ飲み口が軽く、白よりもタンニンが多くしっかりした味わい。

ナストレルである。

赤ワイン

すでに述べたように、赤ワインは二度の発酵を経て造られ、最初の発酵は搾汁をブドウの皮と接触させて行なわれる。このプロセスこそが、赤ワイン特有の色——鮮紅色からほとんど紫に近いものまで、様々なトーンの赤色を与えるのである。

若飲みタイプの赤ワイン

このタイプは、熟成のプロセスを経ずに、清澄化を行なったあとすぐに瓶詰めされる。

早くにワインの劣化が始まる原因は、コルクの損傷と不適切な保管場所である。

よいワインは年を重ねて美酒になる

このフレーズはよく耳にするが、現に、長く寝かせれば寝かせるほどワインの質が上がるという信仰があまねく存在している。だが、それはワインをめぐる神話のひとつにすぎず、じつは年数と質とは必ずしも同義語ではなく、質は無限に向上するわけではないのだ。ワインは一定の時期にピークに達し、しばらくその状態が続いたのち劣化しはじめる。

一般に、白ワインは瓶詰め後まもなくピークに達し、瓶詰めから3年が経過してから質が向上するものはほとんどない。唯一の例外はドイツのラインとモーゼル、フランスのシャブリ等の白ワインで、樽で数年熟成させたのちにピークに達する。赤ワインの場合は、質がピークに達するまでの時間が長いほど、最良の状態が維持される期間も長くなり、劣化するまでの時間も長くなると言える。いずれにしろ、味が悪くなったり酸っぱくなったり完全に腐敗してしまうことなく30年以上もつワインは、極めてまれである。

若飲みワインはみなそうだが、フルーティなアロマをもち、グラスに注いだそばから風味が立ちのぼる。色はいずれも明るく鮮やかで、原料として使われるブドウの品種によって、鮮紅色から暗紫色まで多彩なトーンをもつ。

若飲み用赤ワインでも短期間の樽熟成を行なうものもあり、その場合の熟成期間は通常3～9ヵ月である。熟成することで、若いワインならではのフルーティなアロマをいくらか保ちながら、ある程度のブーケを獲得することができる。

熟成に適した品種は、ガルナッチャ、メンシア、テンプラニーリョ、モナストレル、ボバル、メルロ、カベルネ・ソーヴィニヨン、ネッビオーロなど多数ある。

熟成タイプの赤ワイン

樽で熟成されたワイン。熟成のプロセスによって、骨格がありバランスのとれた飲み口のいいワインになる。タンニンは多いが、粗さがほとんどとれてまろやかな味へと変わる。樽で寝かせることで、独特のブーケがかもし出される。

樽からの移り香はオーク材の種類によって異なり、フレンチオークからはバニラやスパイスの香りが、アメリカンオークからはココナッツに似た香りが移る。また、時間の経過とともにワインの色も変化する。

熟成ワインは瓶の中で成長をとげ、様々な味をひとつにまとめて調和させながら、ビロードのようになめらかで複雑な香りをもつ上質なワインに変わっていく。

赤ワインをオーク樽および瓶内で寝かせる最低期間は原産地呼称統制委員会ごとに定められ、クリアンサ、レセルバ、グラン・レセルバの区分によって異なる。

熟成を経て上質なワインができる品種には、テンプラニーリョ、ガルナッチャ、マスエロ、モナストレル、グラシアーノ、カベルネ・ソーヴィニヨン、メルロ、ピノ・ノワール、シラーなどがある。

スパークリングワイン

液中に二酸化炭素――泡となって出てくるガ

上質な赤ワインに個性を与えるのは樽熟成のプロセスである。樽は通常オーク材でつくられ、一流の醸造所では最長でも3年しか使わない。高級ワインの場合は一度の収穫分にしか使わないこともある。

スが含まれるのが特徴。ガス圧 2.5 バール以上のものがいわゆるスパークリングワインである。それよりも弱いガス圧のものは微発泡ワイン、人工的に炭酸ガスを加えたものは炭酸ガス注入ワインと呼ばれる。

スペインのスパークリングワインとして特に優れているのが、カバである。カバには残糖量が異なる数種類の商品があり、それぞれ次の名称で呼ばれている。糖分が 1ℓ 当たり 3g 以下で最も辛口のブルット・ナトゥーレ、エクストラ・ブルット（6g 以下）、エクストラ・セコ（12 ～ 17g）、セコ（17 ～ 32g）、セミ・セコ（32 ～ 50g）、ドゥルセ（50g 以上）。

ビノ・ヘネロソ

アルコール度数を 14 ～ 23 度まで高めた辛口のワイン。この種のワインの製造には、特にパロミノ種のブドウが使われる。スペインでは、ヘネロソは加工方法、熟成の種類、ベースワインに応じて分類される。

詳しい説明は原産地ごとの章に譲るが、ヘネロソといえばまず「フィノ」が挙げられる。フィノは、ブドウで造られたブランデー、リキュールなどを添加（酒精強化）してアルコール度数を 15 度まで高めたのち、生物学的熟成すなわち酵母を使った熟成を行なったものである。

フィノの次に来るのが「アモンティリャード」、フィノ以上に酒精強化しアルコール度数を最大 16 度まで高めたもの。まず生物学的熟成を行ない、そのあと軽く酸化させることで独特のアロマと味が加わる。

最後は「オロロソ」だが、これは酒精強化によりアルコール度数を最大 17 度まで高め、もっぱら酸化による熟成プロセスを経たものだ。

ビノ・ドゥルセ

加工プロセスはある程度ビノ・ヘネロソと似ているが、搾汁に含まれる天然の糖を一部残したワイン。ヘネロソの場合は発酵後にアルコールを添加するが、ドゥルセの場合は発酵の途中で添加するため、アルコール度が高くなると酵母が死に、糖の変換が途中で止まる。

この手のワイン造りに最もよく用いられるブドウ（モナストレル、マルバシア、ペドロ・ヒメネスなど）が最終製品にアロマを与え、個性豊かなワインができる。

> ソレラ・システムはシェリーの伝統的な熟成方法で、その目的は、数種類あるシェリーを毎年変わらない味で提供することにある。ヴィンテージの異なるシェリーを混合することで、結果的にアロマや風味が一定する。

泡の世界

今日でこそ、スパークリングワインやカバといえばパーティーやお祝いの席になくてはならない存在だが、ワインの世界に仲間入りしたのは比較的最近の話らしい。すべては、フランスのベネディクト会修道士ピエール・ペリニヨンから始まった。修道士に与えられる「ドン」の称号をもつ彼は、シャンパーニュ地方のオーヴィレール修道院で暮らしていた。

17 世紀の終わり、ドン・ペリニヨンはシャンパーニュ地方のすべてのブドウ農家と同じ悩みを抱えていた。瓶詰め後まもなく白ワインに濁りや泡が発生し、おおかたダメになってしまうのだ。瓶内で起きる二次発酵が原因だった。ここで理解しておかなければならないのは、当時の「栓」には気密性がなかったことだ。木綿の布と蜜蝋でできた栓は、二次発酵で発生するガスに押されて勢いよくはじけ飛んだ。

この手の話はよくあるが、ドン・ペリニヨンは偶然にコルクの優れた気密性を発見し、ワインボトルの栓として使いはじめたらしい。コルク栓はうまくいったようだった。なぜなら、いっときはそれで問題が解決したかに見えたからだ。

ところが、ワインは相変わらず瓶内で発酵し……今度はなんと、圧力でガラス瓶が破裂してしまった！ そこでドン・ペリニヨンはガラス製造業者を訪ね、数気圧まで耐えられるよう強度を高めた瓶を手に入れた。

言い伝えによれば、強化ガラスとコルクの組み合わせは非常にうまくいき、その特別な瓶で保存されたワインをはじめて飲んでみたドン・ペリニヨンは、仲間の修道士たちに向かってこう叫んだという。「みんな来てくれ、私はいま星を飲んでいる！」彼は世界で最初のシャンパンを口にしたのだった。

ワインをどこで、どう購入するか

　昨今、ワインを買う場所を見つけるのに苦労することはない。むしろどこで買うかを選ぶほうが難しいのではないか。それぞれの購入ルートがもつメリットとデメリットを考慮しなければならないからだ。

　ワイン愛好家のなかには、専門誌や新聞のワイン特集記事を通じて常日頃からワインに関する最新情報を仕入れている人もいれば、自分の好みがよくわかった上で店へ買いにいく人もいる。小売店で、あるいは展示会や量販店の販促イベントで店員やスタッフのアドバイスに従って買うのが好きな人もいる。また、冒険は好まず、たまたま飲んでみて気に入った銘柄やヴィンテージのものがあると、いつもそればかりを買う人もいる。

　以下は、そうしたすべての人々に、ワインの購入をテイスティングと同じように楽しんでいただくためのアドバイスである。

量販店

　量販店には、広いワイン売り場をもつ大型店やスーパーマーケットが含まれる。近年、量販店はワインの購入先としてれっきとした選択肢のひとつになっている。販売戦略が変わって年々よい製品を扱うようになり、品ぞろえもかなり充実し、種類や地域ごとに分類もされている。

　量販店で購入するメリットは、豊富な種類から選べる点と、一般的に価格が安い点だ。醸造所や卸売り業者から大量に仕入れるため、価格をかなり安く抑えられるのだ。そのため商品の回転がよくなり、山積みの在庫を抱えこまずにすむ。また、大型店での購入システムには、好きなだけ時間をかけて様々な商品を自由に比べることができる利点もある。

　量販店のデメリットとしては、もっぱら名の通った醸造所の製品のみを扱い、家族経営の小規模な醸造所のものは売られていない点を挙げなければならない。また、ワインがコルクに接するようにボトルを寝かせて保管できない点や、適切なアドバイスを提供できる専門スタッフがいない点もある。そのかわり、量販店にはたいてい"グルメ"コーナーがあり、選りすぐりのワインのなかから選ぶことができる。ただし、ほかの売り場と違い対面接客となるため、思いのほか高くつく場合もある。

ワインショップ

ここ数年で、ワイン専門店の数は著しく増加した。とはいえ、そのすべてがしかるべき品質の商品を提供しているわけではない。専門店では、たいてい掘り出し物に出会うことができる。定番ワインとともに、さほど有名ではないがコストパフォーマンスのいい商品が売られているからだ。専門店のもうひとつのメリットは、ワインに詳しい店員がいることだ。

デメリットは、保存状態が適切でない場合があることだ。保管場所が店内にあるため、適度な気温や湿度、異臭がないといった条件が満たされなかったり、仕入れたボトルを長い間ショーウィンドウに陳列しておいたために、不適切な条件が重なってワインの質を損ねてしまったりするのだ。

インターネット

この新しいテクノロジーは、ワイン市場にも参入している。それどころか、インターネットは世界で最も大きいワインのショーケースだと言えるだろう。主なメリットとしては、各ワインについて多くの情報を提供してくれる点や、購入方法が非常に便利である点が挙げられる。通常、ネット販売業者は顧客と醸造所を直接仲介している。

メリットのひとつである各ワインについての幅広い情報は、あまりワインに詳しくない消費者にはわかりにくく、その点がデメリットと言えるかもしれない。

醸造所

最後に、醸造所での購入にも触れておきたい。これまで挙げた購入方法と比べて安上がりではないが、多くの醸造所ではワインを買う前に見学や試飲ができるという利点がある。もうひとつのメリットは、上質な若飲みタイプのワインをかなり安く手に入れられる点だ。適切な状態で保存すれば、いずれ素晴らしいワインになるだろう。

醸造所から直接購入する方法は、ワイン愛好家にとっては最も魅力的な選択肢のひとつ。お買い得品が見つかるほか、ワイン造りのエキスパートからアドバイスを受けられるかもしれない。

自宅でのワイン保存法

ワインの世界に足を踏み入れたばかりのころは、特別なお祝いごとでもないかぎり、ボトルを買うことなどめったにないかもしれない。ところが、心躍るワインの世界へ深く入りこんでいくと、やがて気づく。ワインとは特別な日のためにとっておくものではなく、おいしいワインを味わえばいつだって特別な日になるのだと。そう気づいた瞬間が、自宅に小さなワインセラーをもつようになる出発点かもしれない。

正しい保存

自宅のどこをワインの保存場所にするかを決める第一歩は、ワインが醸造所で寝かされていたときの環境を思い出し、自宅で再現してみることである。冷涼で、ある程度湿度があり、日光がほとんど入らない——こうした条件を満たしやすいのは地下のスペースだが、地下室がある家などめったにない。そのため、できるだけ理想に近い条件を備えた部屋を選ぶことが重要になる。

ワインの保存に適した気温は、およそ15℃。それよりも高くなると熟成が加速されてワインの寿命が短くなる。逆にそれよりも低くなると、ワインの成長もブーケの出現もずっと遅くなる。そして、気温を15℃前後に保つのと同じくらい重要なのが、急激な温度変化を避けることだ。

もうひとつの大切な要素は湿度であり、60〜80％の範囲内に保つようにしなければならない。それよりも高くなるとコルクにカビが発生し、ワインにカビ臭さが移る。一方、空気が乾燥しすぎるとコルクが乾いて瓶内に空気が侵入し、ワインが酸化する原因となる。

熱烈なワイン愛好家なら誰しも抱く夢。それは、立派なワインセラーをもち、最適な環境で自分のワインコレクションを保存するとともに、仲間と試飲を楽しむ場所にすること。

瓶の置き方

ワインボトルはつねに水平に寝かせて置かなければならない。そうすれば、コルクが湿った状態が保たれしっかり密閉できる。瓶を立てて置くとコルクが乾いて空気が入り、ワインが酸化してしまう。金属キャップ、または頭の大きな栓がついた食前酒用ワイン、リキュール、ブランデーの瓶だけは、立てて保存する。

明るさに関しては、自然光が当たらないよう窓のある部屋は避けたほうがいい。日光はワインの官能成分に影響を及ぼすからだ。薄暗い環境をつくり、ワインを取り出すときのためにほの暗い電気照明を設置するのが理想である。

振動（交通によるものや稼働中のモーター類）のある場所を避けることも重要である。また、匂いの強いもの（煙、ガソリン、ペンキ、チーズやソーセージなどの食品を含む）がある場所も避けるべきだ。時間が経つにつれてコルクに匂いが付着し、それがワインの味を損ねてしまうかもしれない。

最後に、ワインを保存するのは、空気の流れはなくとも多少は換気のきいた場所でなければならない。完全に密閉された空間は空気がよどみやすく、ワインに異臭がつく。

温度調節機能付きワインセラー

これまで述べたような環境を再現できる場所が自宅内に見つからない、あるいは十分なスペースが確保できなくてもワインセラーをあきらめずにすむ方法のひとつが、温度調節機能のついたワインセラーもしくはワインキャビネットである。

この家電製品があれば、ワインの保存に適した気温や湿度が再現できる。セラー内には換気システムや、ワインに好ましくない匂いがつくのを防ぐフィルターも備わっている。

ひとつだけ難点があるとすればモーターの振動だが、最近のモデルでは振動が遮断されるつくりになっている。

自宅にワインの保存に適した場所がなくても、温度調節機能付きワインセラーという手段がある。あらゆるサイズや価格のモデルがあり、最もシンプルなものは100ユーロ程度で購入できる。

ワインを保存してはならない場所

家庭で絶対にワインの保存場所に選んではならない場所が3つある。まずはキッチン。気温が高くなり、ワインにダメージを与えてしまうからだ。食料貯蔵室もまた、食品（チーズ、ソーセージ、フルーツ、野菜）の匂いが移ってしまうため、ワインの保存は禁物だ。そしてもうひとつ、ワインの保存場所にしたい誘惑に負けてはならないのが、ガレージである。食料貯蔵室と同様、匂い——ガレージの場合、置いてあるガソリンやペンキ、ニスの匂い——がワインを台無しにしてしまう。

どれくらい保存できるか？

ワインを良好な状態で保存できる期間の明確な基準を示すことはできない。なぜなら、加工方法やワインの質に左右されるからだ。通常、フルーティなアロマを楽しむ若飲みタイプのワインは長期保存に向かない。ロゼワインの大半はこれにあたり、6ヵ月以上の保存は望ましくない。

白ワインは最長で1～2年間保存できるが、それ以上になると色やアロマが変わり、持ち味のフレッシュさがなくなる場合がある。

最も長期保存しやすいのが赤ワインで、なかには20年、ごくまれなケースでは30年もつものもある。

一方、スパークリングワインは保存年数に応じて質が向上することはなく、通常はガス圧が下がり泡の質が落ちる。

いずれにせよ、同じワイン（特に赤ワイン）を数箱まとめ買いして長期保存する場合には、半年か1年ごとに1本開栓し、小さなカードに印象をメモして瓶の首にぶら下げておくといい。ワインが成熟しておいしくなってきたと感じたら、1年以内に飲むべきだ。

ワインの状態をコントロールするもうひとつの方法は、定期的にコルクをチェックし、水染みやカビ、乾燥など、ワインに悪影響を及ぼしかねないどんな小さな変化も見逃さないことだ。

ワインの選び方

ワインセラーで保管するワインを選ぶ際の原則はふたつある。個人的な好みと各家庭での消費量だ。せっかく買って保存しても飲み頃がわからなかったり、大量に買いこんで結局だめにしてしまったのではどうにもならない。

ふたつの原則を念頭に置きながら、普段飲み用ととっておきのワインを数本ずつそろえるのがいいだろう。フルーティなものやすっ

きりとした辛口、香り豊かなものなど、タイプの異なる白ワインを数種。同様に保存期間の異なる赤を数種（つねに保存期間のより長いもの）。さらにスパークリングワインやカバを何本か。一般的に、ワインセラーのスペースの四分の三を赤ワインに、残りの四分の一を白、ロゼ、

自宅でのワイン保存法

自宅に地下室があり、1年を通じて気温と湿度をほぼ一定に保てるならば、そのスペースを最大限に活かせるのは菱形の棚。

んどないが、可能性はゼロではない。

起こりうる変質のひとつが酒石酸塩の沈殿で、小さな糖の結晶のようなものがあらわれる。ワインの質が変わるわけではないが、見た目が損なわれるのは確かだ。

それ以上にやっかいなのがいわゆる「酸敗」で、ワインを気温の高すぎる場所や熱源のそばで保存したためにコルクが乾燥・収縮して起きる。瓶に空気が入ってワインが変質し、たいてい茶色い澱が生じる。

そのほか、ワインに酢酸菌や酵母菌が入りこんで起きる変質もある。酢酸菌はワインを酸敗させ、酵母菌は発酵によって炭酸ガスを発生させ、ワインに濁りや澱が生じる。澱引き、ろ過、発酵後の処理など、醸造所での加工プロセスにおけるなんらかの失敗が原因でこうしたバクテリアが混入することもある。

スパークリングワインにあてるのが妥当である。

変質の可能性

指示どおりの条件で保管し、これまで述べたアドバイスにもすべて従っていれば、ワインが変質することはほと

家庭用の小樽

比較的最近まで、醸造樽を模した小さな木樽に入れて自宅でワインを保存するやり方が広く行なわれていた。おしゃれでノスタルジックな光景かもしれないが、まったくお勧めできない。いくら上質な樽でも、中に空気が入ったりバクテリアが繁殖しないよう家庭で正しく管理するのは非常に難しい。

マリアージュ

目を奪う色、嗅覚を魅了する香り、味覚を虜(とりこ)にする味。おいしい料理の話？ それともワインの話？ 五感が炸裂するこの感覚は、料理とワインの絶妙なコンビネーションがあってはじめて得られる。

複雑な感覚

食物とワインの適切な組み合わせ——完璧なマリアージュは、一筋縄ではいかない。ワインも食物もけっして「混じりけのない」味ではなく、苦みや甘さ、塩味、酸味が複雑に組み合わさったものだからだ。さらに、温度によっても味覚は変化する。

「肉料理には赤、魚料理には白」という大前提は単純すぎてもはや意味をなさない。食物とワインの組み合わせはたえず変化するもので、まして好みや味覚、常識、経験、伝統的なルールの問題となるとなおさらである。

味覚の相互作用

食物とワインのマリアージュにはっきりした答えはないが、ワインの個性と食材の相互作用については、つねに念頭に置いて参考にすべき指標がいくつかある。たとえば酸味の強いワインは、白、赤、ロゼを問わず、塩気のある食物とよく調和する。逆に甘い食物と合わせると、ワインの酸味が際立ちすぎておいしくない。

タンニンを多く含むワインは脂っぽい食物とよく合うが、甘い食物と合わせると風味が薄れてしまう。ワインのタンニン感は、塩気のある食材やタンニンを含まない食材と摂取すると心地よく増幅される。

甘口のワインは、甘い食物と一緒に飲むとより甘みが強くなり、軽い塩味のものと組み合わせると甘さが弱まってワインの果実味が際立つ。

ふたつの鉄則

第一の鉄則はワインをサービスする順序。一度の食事で何種類かのワインを飲む場合、各ワインの個性を堪能するために、軽い飲み口のワインは必ずコクのあるワインよりも先に出す。辛口の白は、赤よりも先。冷やして出すものは、そうでないものよりも先だ。アルコール度も目安になる。度数が高いものほど、食事が進んでから出すようにしよう。

第二の鉄則は、料理とワインの軽さや複雑さをそろえること。味のまろやかな軽い料理には同じような特徴をもつワインを合わせ、料理の複雑さや力強さが増せば、ワインもそれに合ったものを選ばなければならない。もちろん、料理にワインが使われたならば、一緒に出すワインもそれと同じタイプのものになるだろう。

ほぼ完璧なマリアージュ

以上を考慮に入れ、常識にも沿った、ほぼ失敗しようのない組み合わせがいくつかある。魚は料理法がシンプルな場合が多く、白ワインとよく合う。ただし、濃厚なソースやスパイシーなソースを使った魚料理には、複雑味のあるしっかりした白ワインかロゼを選ぶといいだろう。エビ、カニ、貝類は、たいてい香りがよくフルーティな若飲みタイプの白がよく合う。

鶏肉、七面鳥などの白身肉または仔牛肉は、ボディがしっかりした白、ロゼ、軽口の赤が合う。カーボニック・マセレーション（炭酸ガス浸漬法）で造られた赤ワインとも、非常に相性がいいかもしれない。

赤身の肉、身のしまったロースト肉、ジビエは、クリアンサやレセルバ級のワインとじつによく合う。甘いデザートには、ヘネロソ、マラガ・ワイン、ポートワインなど、デザートのおいしさをより引き立てるワインが必要だ。

米料理やパスタ、豆料理など、「パートナー」がはっきり決まっていない場合は、料理のタイプを考えて常識で判断しなければならないだろう。チーズに関してもはっきりした決まりはなく、好みに応じて組み合わせを選べばいい。

前菜やカクテルスタイルの軽食など、いろいろな味の料理が少しずつ出される場合には、カバタイプのスパークリングワインや辛口のシェリーを選ぶとうまくいく。

熟成チーズや腸詰のパートナーにはコクのあるワイン、パスタなどの軽い料理には白ワインか若飲みタイプの赤ワインが合う。

Vinos de España

ワインのサービス

丹念にブドウの樹を植え、ちょうど熟した頃合いに実を摘み取るよう目配りをする。加工から熟成、適切なボトルやコルク選びに至るまで、すべてに細心の注意を払う。このように精魂込めて造られたワインには、テーブルでの細やかなサービスがふさわしい。

ワインボトル：形と色の世界

ガラスの製造工程は大昔から知られていたが、ワインを運搬するための瓶をガラスでつくるようになったのは18世紀、その瓶が最初に使われたのはフランスのボルドー地方である。

最初のボトルは、底が窪んで内側に盛り上がっていた。もともとそういうデザインだったのではなく、製造上そういう形にならざるを得なかったのだが、その窪みのおかげで澱が底にたまり、さらに瓶の強度がかなり高まった。

現在のボトルは、首の長さと「肩」を念頭にデザインされ、その特徴でボトルの種類を見分けられる。最も

良好な状態

コルクは非常に耐久性の高い素材だが、永遠に使えるわけではない。よい状態をできるだけ長く維持するには、ワインセラーの湿度を約80％に保ち、ボトルを寝かせて置くことが重要だ。こうすることでコルクの乾燥を防げる。

一般的なのはボルドー型で、白ワイン用は無色か淡緑色、赤ワイン用は暗緑色か黒だ。ブルゴーニュ型はボルドー型よりもがっしりとして、なで肩、色は伝統的に枯葉のようなくすんだ緑色をしている。アルザス型はもっと背が高く細身で、赤、白、ロゼのいずれにも使われる。最後にカバや一般的なスパークリングワインのボトルだが、こちらはほかのボトルに比べて本体も首も太く、ガラスも分厚くできている。

コルク：完全密閉

ワインの運搬に用いられた最初のガラス瓶は栓もガラス製で、砥石の粉と油で削って調整した栓をはめ、上から縄で縛っていた。当然ながら、このような栓では中身

ブルゴーニュ型

ボルドー型

アルザス型

カバ

シェリー

の質が保てるほどの密閉性は得られなかった。

ボトルの栓にはじめてコルクを使ったのは、かの有名な修道士ドン・ペリニヨンだと言われている。彼の場合は、シャンパンのボトルであったが、実際、気体も匂いも水分もほとんど通さないコルクは、完全密閉に必要なあらゆる特性を備えていると言える。

ワインボトルに使う場合、若飲み用ワインか高級ワインかによってコルクの長さは45～60mmと幅がある。コルクの上からかぶせたスズかプラスチック製のキャップシールが、まだ封を切っていないしるしとなる。

最近では、天然コルクの値段が高騰したため、従来のコルク栓の代わりにコルクチップを固めたものや人工素材の栓が代用されることもある。

適温

ワインの個性を余すところなく堪能するには、各ワインに最適な温度でのサービスが重要だ。一般的な目安として、若飲みタイプの白は10℃前後、アロマと風味が最も豊かに感じとれる温度である。熟成タイプの白とロゼは12～13℃。赤ワインで同じように豊かなアロマや風味を得ようとするなら、サービスする温度は18℃を超えてはならない。若飲みタ

基本的なワインサービスセットとして、次のものがあげられる。上質なコルク抜き、フォイルカッター、温度計、デキャンティングポアラー、デキャンタ。

イプならば、それよりも少し低めの約13〜15℃が適温である。

スパークリングワインにちょうどいい温度は約8℃、フィノ、マンサニーリャ、ビノ・ドゥルセも同じである。

抜栓

ワインの栓を抜く前に、キャップシールの汚れや破損、コルクの変形がないかをチェックする。それらは、ワインが変質している徴候だからだ。その後、瓶口の下のくびれにソムリエナイフを当ててキャップシールを切る。その際、ワインに金属片が落ちないようにする。

栓を抜いたらコルクの状態を見て、底、つまりワインと接していた側だけ色がついていることを確認する。もしも縦に長く色がついていれば、なんらかの液漏れがあり、瓶内に空気が入っていたことになる。

デキャンタージュで呼吸させる

ワインをサービスする前にデキャンタージュする目的は、ボトル内のアロマを空気中の酸素に触れさせ、よりいっそう引き立たせることにある。言わば、ワインに「呼吸」をさせるのだ。

昔の製造工程は今ほど入念でなかったため、澱が大量に入っていることが多く、ワインを別の容器に移し替えるデキャンタージュが不可欠だった。今のワインは非常に清澄度が高いので、空気に触れさせるには、グラスに少量のワインを注いで軽くグラスを回すだけで十分だ。もっとも、タンニンの多いワインにはデキャンタージュが向いている。空気に触れるとタンニンがやわらぎ、よりいっそうアロマや風味が感じられるようになるからだ。

デキャンタージュを正しく行なうには、ボトルを揺らさないようにしながら、途中で止めずゆっくりとデキャンタに注ぎ入れる。最後の澱に到達する前に止めること。

グラス

ワイン用に選ばれるグラスの種類も、ほかの様々な側面と同様、流行に大きく左右される。今日、なめらかで透明な薄手のグラスが好まれるのは、ワインの色を観賞しやすいからだろう。

酸素に触れたワインはアロマを全開させ、同時に瓶内熟成の段階で生じた澱が沈殿する。デキャンタージュは、ボトルを揺らさないようにしながら時間をかけてゆっくり行なわなければならない。ワインを飲む1、2時間前に行なうのがおすすめ。

ワインのサービス

水

赤ワイン

ロゼワイン

白ワイン

シェリー

　形に関しては、アロマを逃がさないよう、鼻がグラスの縁に当たって香りをかぎにくくならない程度に口がすぼまっているものが望ましい。グラスのボウル部分に手が触れてワインに体温が伝わらないように、脚は細く長いものがいい。
　サイズに関しては、いちばんのおすすめは容量が250mℓのもの。赤にも白にも使えるが、白ワイン用にはもう少し小さなもの（容量200mℓ程度）を選んでもいいかもしれない。赤ワインを注ぐ場合はグラスの3分の1を超えないように、白ワインの場合は半分までは注いでいい。
　シャンパングラスは、泡が長もちするよう背が高く細長い形のものがいい。口がやや細くなったチューリップ型、完全にまっすぐのフルート型、口がやや広がったトランペット型の3種類ある。
　ワインを注ぐ前に、必ずグラスを水でよくすすぎ布巾で拭いておく。そうすれば、ワインにおかしな風味が移るのを防ぐことができる。グラスは絶対に伏せて置いてはいけない！

いよいよサービスの時

　上等なワインには、やや格式ばったサービスがふさわしい。その際、丁寧に以下の手順を踏むこと。

- ボトルをゲストの前に持っていき、ラベルを見せ、これから楽しむワインを紹介する。
- 前述のように、ソムリエナイフでキャップシールを切り、ナプキンで瓶口を拭く。
- 抜栓してコルクの状態をチェックし、底以外に着色がないこと、ワイン以外の異臭がない完璧な状態であることを確認する。そのあと、コルクのかすが残らないよう再度瓶口を拭く。
- 接待役（ホスト）またはテイスティングする人のグラスに少量のワインを注ぐ。その人の了解が出たら、ほかの人たちのグラスにワインを注ぐことができる。注ぐ量については、すでに述べたとおり。最後のグラスに注いだら、テーブルクロスを汚さないよう、ボトルを静かに90度ほどひねって滴を切る。

グラスはいくつ？

　通常、テーブルに並べるグラスは、ワイン用と水用のふたつで十分だ。ワイン用の右側に水用を置く。どちらも同じ大きさでかまわない。数種類のワインを出す場合は、ワインが変わるときにグラスを交換すればいい。食事の格式を強調したい場合にのみ、各種ワインに必要なグラスがずらりと並ぶことになる。

Vinos de España

正式なテイスティングは、コルクのチェックから始まる。形がしっかり保たれ、異臭がないのがよいしるし。

テイスティング

　上手にテイスティングを行なうには、ワインの声を聴き、色合いから酸や熟成度といった情報を読みとり、ひとつひとつのアロマや風味を感じとり、ワインから伝わる複雑な感覚を言葉で表現する方法を習得しなければならない。それは集中力を必要とする作業であり、感性を研ぎ澄ませる技でもある。そしてまた、ワインが与えてくれるつかのまのはかない印象をどう言葉で表現するかを学ぶ、感覚的で知的な鍛錬なのである。

誰でもワインテイスターになれるのか？

　理論上は、そのテクニックを習得するのに必要な資質は誰もがもっている。テイスティングとは、視覚、嗅覚、味覚を働かせ、そこから得た情報を処理する作業である。しかし、それを実践するのはそう簡単ではない。

　あらゆる外部刺激を遮断し、ワインがもたらす印象だけに的をしぼるには、相当な注意力と集中力が求められる。そのため、テイスティングではほかの参加者の気を散らせるような行為や大声でのコメントは避けなければならない。また、醸造所はテイスティングを行なう場所としてふさわしくない。独特な空気やその場に染みついた香りが、感覚に影響を及ぼしかねないからだ。

　もうひとつ、優れたテイスターに不可欠な資質が記憶力、とりわけ感覚と結びついた記憶力である。あるワインがもたらす印象を表現するにも、それをほかのワインと比較するにも記憶力を働かせなければならない。

　もちろん、経験も大いに役立つだろう。感覚や記憶が経験と連動していることは脳の断層写真からも科学的に証明されている。日頃から一定の鍛錬をしている人の脳の断層写真を解析すると、そうでない人と比べて、その鍛錬をつかさどる部分の脳が発達しているのがわかる。

テイスティングの準備

　テイスティングのためにすべき準備は、ごくわずかだ。色がついていない薄手のグラスがいくつかあればいい。ボウルに触れてワインに体温が伝わらないように、脚が長いものがいい。グラスの口はボウルよりもやや細くなっているほうが、アロマが逃げにくい。

　また、白いクロスをかけたテーブルと十分な照明も欠

テイスティングのタイプ

テイスティングの目的はつねに、ワインの感覚的特性を分析することだが、たいていは1種類だけではなく数種類のワインを比較し、それぞれを関連づける形で行なわれる。選ばれたワインや試飲のしかたによって、テイスティングは以下のタイプに分かれる。

- 水平テイスティング：同じ産地、同じヴィンテージなど、類似したワインを飲み比べる
- 垂直テイスティング：同じ銘柄でヴィンテージの異なるワインを飲み比べる
- 品種別テイスティング：同じ品種のブドウで造られたワインだけを飲み比べる
- ブラインド・テイスティング：ボトルのラベルを隠して行なう。ほかにもコルクやキャップシールなど、なんらかの情報を与える要素は見えないようにする

かせない。どちらも、適切にワインの色を評価するためだ。

最後に、スピトゥーンというワインを吐き出す壺も必要だ。普通はワインを飲みこまないからだ。

食後すぐや空腹時はテイスティングに向かない。また、テイスティングの前2時間は、コーヒーやタバコを控えること。嗅覚の妨げになる香水やオーデコロン、シェービングローションの使用も控えたほうがいい。

準備が整ったらいよいよ本番だ。テイスティングは3段階で行なう。まず視覚的に分析し、次に嗅覚でアロマをとらえ、最後に口に広がるワインの印象を分析する。

ワインの見かたを学ぶ

外観は、ワインのテイスティングで最初に知覚するものだ。視覚的分析では、色調、透明度、輝き、粘度、色の濃淡、スパークリングワインの場合は泡立ちも評価する。

まずグラスを目の高さに持ち、光にかざしてワインを観察する。このようにして清澄度（透明度）や輝きを評価する。次に白いテーブルクロスの上でグラスを傾け、色の濃淡や色合いを見る。ここで得る情報は重要だ。色素によって経年変化が異なるため、黄色みが強いか赤みが強いかでワインの年齢がわかるからだ。

たとえば、若い白ワインはほぼ透明で黄色みを帯びているが、色調が強ければ、それは樽熟成によるブーケが生まれていることを示す。赤ワインの場合は、若いほど紫色に近い赤紫色をしており、レンガ色を帯びている

テイスティングノートを作成する際の基本項目は、色、香り、味の3つ。次にテイスターの主観的なコメントも書き留めておく。あるテイスターが「焙煎コーヒー」の香りと感じたものも別のテイスターには「トースト」の香りに感じられるかもしれない。

のは熟成を経たしるしである。

最後に、グラスを回しながらグラスの内側にワインを付着させると、ワインの粘度がわかる。グラスの内側を尾を引くように「涙」が伝いおりてきたら、アルコール度

数が高い確かな証拠だ。

スパークリングワインの場合は、泡の形成や発生、つながりかた、頻度、持続性、大きさなどを観察する。

香りの世界

おそらくこれが、テイスティングの鍵となるステップである。香りをかぎ分け、清澄度や複雑味、凝縮度を見極める意味で、当然ながらテイスターの経験が最も物を言う場面である。

アロマ分析の正しい方法は、まずグラスを回さずに、かすかなアロマや、ワインになんらかの問題があることを示す異臭をかぎとる。そのあとグラスをすばやく回し、あらためてワインが放つ香りをとらえる。

一般的ルールとして、香りはワインの加工段階に応じて分類される。「第1アロマ」と呼ばれる香りは原料のブドウに由来し、主にフローラル系（アカシア、アーモンドの樹、タイム、バラなど）、フルーツ系（ブルーベリー、ピスタチオ、グレープフルーツなど）、ハーベイシャスまたはグリーン系（干し草、コケ、木の葉など）に分類される。

2番目に感じられる「第2アロマ」は発酵のプロセスで生成され、パンの白い部分や酵母、バターなどの香りとして定義される。加工に問題があると、たとえばアセトンや発酵したキャベツを連想させる匂いがする。

最後の「第3アロマ」はブーケとも呼ばれ、もっぱら熟成によって生まれる。通常は5つの系列に分類される。燻香（マツ、樹脂、ビャクダン）、木材（オーク、ヒマラヤスギ、樹皮）、スパイスやキノコ（コショウ、ナツメグ、クローブ、トリュフ）、動物的な香り（肉、皮革、麝香、濡れた髪の毛）、焙煎したものや焦がしたもの（コーヒー、カラメル、トースト、煤煙）である。

口に広がる味

ワインが口の中で生み出す印象は、これまで述べた色や香りに比べてより複雑だ。口の中では味覚だけでなく嗅覚も働くためだ。

まず少量のワインを口に含み、ゆっくりと口全体に行き渡らせる。こうすることで、味蕾が甘さ、塩気、酸味、苦みを感知しはじめ、それを脳に送る。同時にワインの「口当たり」がなめらかか、粗いか、硬いか、ぴりぴりしているかが感知される。

口に含むうちにワインが温まって香りがふくらみ、嗅球に達する。口をすぼめて空気を少し吸いこみ、ワインを酸素に触れさせるようにすると、香りがより強く感じられる。そのあと鼻から空気を出す。耳障りな音が出て初心者を驚かせるこの方法は「つぶやき」と呼ばれる。

ワインは最後に吐き出すか飲みこむが、印象が消えることはない。ワイン——とりわけ上等なワインは、しばらく口に残る余韻という「おみやげ」を残してくれる。

印象を言葉にする

最後は、試飲したワインについて感じたことをすべて言葉にし、「テイスティングノート」に記入する作業である。各自が感じたことを、できるだけ直喩を多用して具体的に描写する。つい漠然とした表現を使いがちだが、必ず誰にでもわかる普遍的な表現を用いること。「熟したマルベリーのような濃い赤紫色」といった表現ならば誰でもわかるだろう。ところが、「母が作るクリスマス料理のような香り」などという表現ではわかりにくい。

テイスティングノートでは、まずワインの外観、色、明度、色の濃淡、清澄度、そのほか重要だと思うことをすべて評価する。そのあと香りだが、鮮明さ、強さを記録し、詳細な描写と、欠陥が感じられればそれも書き留めておく。味わいについて書く欄では、アタック（第一印象）、広がりと余韻、全体のバランスと骨格、凝縮感、口に含んだときの香りの特性、香りの持続性、そのほか味に関して重要だと思うことをすべて書き留める。そして最後に結論を述べ、点数をつけて（テイスティングによって5点、10点、もしくは20点満点）評価する。

レッドベリー系の香りなどの第1アロマはブドウそのものに由来する香り。もっとずっと複雑でコーヒーやバニラ、チョコレートにたとえられる第3アロマは、熟成中にオーク樽がもたらす香り。それらが第2アロマと一緒になって、ワインに独特な官能特性を与える。

EU 規定に基づく
  スペインワインの分類

　EU 加盟によって、スペインのワイン業界は国産ワインの分類基準を EU 規定に合わせるよう義務づけられた。その分類は、2003 年に「ブドウ畑およびワインに関する法令」とビノ・デ・ラ・ティエラ（V. T.）に関する規則が施行されて以降、ますます複雑化している。

　これらの法規の目的は、生産工程に関する厳しい規制や要件を設けることで原産地およびワインの質を守るとともに、熟成期間を統制する共通の規範を示すことである。

ワインの製造要件の等級による分類

特選原産地呼称ワイン
（D.O.Ca.：デノミナシオン・デ・オリヘン・カリフィカーダ）

　長期にわたり最高級品質を維持したワインに適用される。これに該当するワインは次の要件を満たさなければならない。

- 原産地呼称ワイン（D.O.）に認定されてから、少なくとも 10 年経過していること。
- 自治体より、D.O.Ca. 認定ワインの生産に適した土地に指定されていること。
- 瓶詰めされたワインはすべて、指定地域に所属する登録醸造所が販売すること。
- 同一の醸造所が、D.O.Ca. 認定を受けたワインと受けていないワインの両方を製造することはできない。ただし、同地域に所属しその規制下にある単一ブドウ畑限定高級ワイン（V.P.）の場合は例外である。

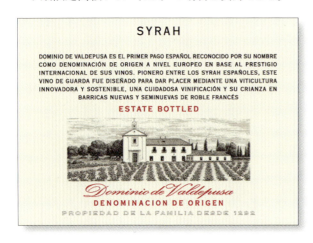

- 生産の初期段階から販売に至るまで、厳格なシステムのもとで管理すること。

原産地呼称ワイン
（D.O.：デノミナシオン・デ・オリヘン）

　限定地域内で生産され、原産地呼称統制委員会が定める厳しい品質基準および要件に則って加工された信頼性の高いワインに適用される。次の要件を満たさなければならない。

- その原産地に含まれる地方、地域、または地区で生産されたブドウを使って加工されたものであること。
- 品質および特徴は、地理的環境に由来するものであること。
- 原産地が、定評ある商業的に定評を得ていること。
- 地域名称付き高級ワイン（V. C.）に認定されてから、少なくとも 5 年経過していること。

地域名称付き高級ワイン
（V.C.I.G.：ビノ・デ・カリダ・コン・インディカシオン・ヘオグラフィカ）

　特定の地域で、その地域の高級ブドウを使って加工されたワインで、ブドウの生産、ワインの製造および熟成において、地理的環境、人的要素およびその両方に由来する質、評判、特徴を備えたものに適用される。また、ラベルでは Vino de calidad de のあとに生産地名を入れて表示される。

単一ブドウ畑限定高級ワイン（V.P.：ビノ・デ・パゴ）

　このカテゴリーは、周囲と区別される独自の気候および地質的特徴をもつ「パゴ」すなわち生産地区または畑で生産されるワインに適用される。つまり、そのワインは

EU規定に基づくスペインワインの分類

他に類を見ない特徴や性質をもち、生産および販売は、少なくとも特選原産地呼称ワインに求められる要件を満たす質の高い一貫したシステムによって行なわなければならない。

テーブルワイン

これまで述べたものに比べて要件のレベルは低いが、同等あるいはそれ以上の品質をもつものもある。

ビノ・デ・ラ・ティエラ（V. T.）

特定の地域で生産され、その地域の特徴が認められるワインに適用される呼称。地理的特徴を示す要素に加え、一定のアルコール度数に達していなければならない。

ビノ

このカテゴリーには、前述の各項の要件を満たさないワインが含まれる。

熟成の特徴による分類

グラン・レセルバ

赤ワインの場合、60ヵ月以上の熟成が求められ、そのうち18ヵ月以上は樽熟成させなければならない。

白ワインとロゼワインについては、48ヵ月以上の熟成、そのうち6ヵ月以上は樽熟成させるよう定められている。

スパークリングワインに関しては、グラン・レセルバという格付けは「カバ」という呼称で保護されたもののみに適用され、ティラージュ（瓶詰めの前のリキュール添加）からデゴルジュマンまで、30ヵ月以上の熟成が求められる。その他の高級スパークリングワインは、「プレミアム」または「レセルバ」と表示することができる。

レセルバ

赤ワインの場合、36ヵ月以上の熟成が求められ、そのうち12ヵ月以上は樽熟成、残りは瓶内熟成させなければならない。

白ワインとロゼワインについては、24ヵ月以上の熟成、そのうち6ヵ月以上は樽熟成させるよう定められている。

クリアンサ

赤ワインの場合、24ヵ月以上の熟成が求められ、そのうち6ヵ月以上は容量330ℓ以下のオーク樽で熟成させなければならない。

白ワインとロゼワインについては、最低熟成期間は18ヵ月。そのうち6ヵ月以上は樽熟成させるよう定められている。

ビノ・ビエホ

このカテゴリーは、36ヵ月以上熟成させたワインに適用される。さらに、熟成は光、酸素、熱、またはそのすべての作用により酸化熟成した風味を帯びていなければならない。

ビノ・アニェホ

容量600ℓ以下のオーク樽、もしくは瓶で、24ヵ月以上熟成させたもの。

ビノ・ノーブレ

容量600ℓ以下のオーク樽、もしくは瓶で、18ヵ月以上熟成させたもの。

第2部 スペインの原産地呼称ワイン

アンダルシア州

アンダルシアのワインの名声と評判は、千年以上にわたるブドウ栽培とワイン醸造の伝統によるものである。アンダルシア南部の港町カディスを経由して、紀元前1100年頃イベリア半島にはじめてブドウの樹を持ちこんだのは、フェニキア人だと考えられている。

良好な環境条件

アンダルシアが長い伝統を誇っているのは、気候、地形、土壌の多様性など、この土地の良好な環境条件のおかげである。

気候は地中海性だが、場所によって著しく変化する。降水量は西から東に行くにつれ減少し、最も雨の多い地点は、カディスのグラサレマ山脈、最も乾燥した地点はアルメリアのタベルナス砂漠。気温も場所によって大きく変動する。グアダルキビル川流域の気温は非常に高く、最高気温が45℃を超える一方、グラナダとハエンの山脈の気温はかなり低い。

地形も重要な要因であり、非常に変化に富んでいる。標高100m未満のアンダルシア低地一帯とは対照的に、州の15%が標高1000m以上に位置している。

このようにアンダルシアの環境は多様性に富んでおり、ブドウ栽培に絶好の条件を備えている。州内全県でブドウ栽培が行なわれ、栽培総面積が約4万ヘクタールにも及ぶことを見ても、それは明らかだ。ブドウ畑の70%は原産地呼称で保護され、V. T. あるいは V. C. の表示を認められた16の地理的表示がある。

ヘネロソの産地

アンダルシアで伝統的に生産されてきたビノ・ヘネロソとビノ・ドゥルセは、固有のスタイル、個性、独自性、並外れた品質を兼ね備えている。このタイプのワインには非常に専門的な栽培法が求められるとともに、「クリアデラ」および「ソレラ」と呼ばれるプロセス（P.64

アンダルシアのフィノとヘネロソは、前菜やデザートに見事にマッチするワインである。

参照）で製造される。このプロセスでは、ワインは高く積まれた樽の最上段に貯蔵された後、下段の樽へと移し替えられていく。

これらのワインは、一昔前にはイギリス、オランダあるいはドイツ向けの輸出でトップの座を占めていたが、現在は消費の落ちこみなどにより、不遇の時代を迎えているが、消費者の好みが変化するなかで、醸造所は新たな突破口となる素晴らしいワインを造りだそうと努力を重ねてきた。

だが、代わりとなるワインを見つけるのは容易ではなかった。なぜなら、高い気温と強烈な太陽のもとでヘネロソ以外のワインを造るのは難しいとされていたからだ。しかし、3つの決定的要因がこの状況に変化をもたらした。まず、時代とともに生産設備が近代化したこと。次に、高地にブドウ畑がつくられ、アンダルシアの山地がブドウ栽培に非常に適していたことが証明されたこと。高地では、日中の豊富な日照量が夜間の寒気とあいまって、絶好の条件下でブドウが成熟するのだ。

最後に、先のふたつと同じく重要なのが、オーソドックスな

外国品種の導入である。黒ブドウではカベルネ・ソーヴィニヨン、メルロ、シラーなどが、寒冷な気候に適応した白ブドウではツヴァイゲルト、レンベルガーなどが栽培されるようになった。これらの外国品種を、ガルナッチャやテンプラニーリョといったスペインの固有品種や、モリニーリャ・デ・バイレンおよびティンティーリャ・デ・ロタのように衰えをみせていた品種とブレンドすることにより、非常によい結果が生み出されたのである。

D.O. コンダード・デ・ウエルバ

ウエルバ県の南東部、グアダルキビル川下流の平野に位置するこの地域内には、伝統的にビノ・ヘネロソを造ってきた地区が広がっている。しかし、現在では、ビノ・ヘネロソの生産は二番手に格下げされ、若飲みタイプの白ワインと短期間の熟成を経たワインが主力となり、売上の70%から80%を占めている。

地理・自然環境

このD.O.には、18の自治体（アルモンテ、ベアス、ボリューリョス・パル・デル・コンダード、ボナレス、チュセナ、ヒブラレオン、イノホス、ラ・パルマ・デル・コンダード、ルセナ・デル・プエルト、マンサニーリャ、モゲル、ニエブラ、パロス・デ・ラ・フロンテーラ、ロシアナ・デル・コンダード、サン・フアン・

ワインの液面に発生するフロール（産膜酵母）の下で熟成されたワイン（写真下）のアルコール度数は、気温、湿度といった環境要因、醸造者の手によって、酵母が耐えうる限界を超えて上昇する。

DENOMINACIONES DE ORIGEN
CONDADO DE HUELVA
Y VINAGRE DEL CONDADO DE HUELVA

グアダルキビル川下流の平野には約6000ヘクタールの畑が広がり、ブドウの年間平均生産量は4万トンである。

デル・プエルト、トゥリゲロス、ビリャルバ・デル・アルコル、ビリャラサ）が含まれ、合計で約6000ヘクタールのブドウ畑がある。ブドウ栽培は上記のすべての自治体で行なわれているが、ワインを醸造しているのは以下の自治体に限られる。アルモンテ、ボリュリョス・パル・デル・コンダード、チュセナ、ラ・パルマ・デル・コンダード、マンサニーリャ、モゲル、ロシアナ・デル・コンダード、サン・フアン・デル・プエルト、ビリャルバ・デル・アルコルである。

コンダード・デ・ウエルバは栽培に絶好の気候条件を備えている。大西洋の影響による穏やかな地中海性気候で、年間平均気温は18℃、湿度は60〜80％の間で変動する。ブドウ畑は、平地や少々起伏のある土地に広がっており、土壌は中性または弱アルカリ性で肥沃である。グアダルキビル川に近い地域では、土壌は赤みがかった沖積土になる。

ブドウの品種

すでに述べたように、この地域では主に白ワインとヘネロソを産出している。そのため、白ブドウ品種が栽培面積の大半を占める。認定品種はサレマ（全栽培の86％）、パロミノ、リスタン・デ・ウエルバ、ガリド・フィノ、モスカテル・デ・アレハンドリア、ペドロ・ヒメネス、シャルドネ、コロンバード、ソーヴィニヨン・ブランである。

近年、赤ワインも生産されるようになり、テンプラニーリョ、メルロ、シラー、カベルネ・ソーヴィニヨン、カベルネ・フランといった品種が使用されている。

バラエティ豊かなワイン

現在、最も流通しているのは白ワインで、使用品種や熟成度によって、3つに分類される。一般的に口当たりがよく、ほのかに野菜のニュアンスが感じられる。

だが、このD.O.の最高峰は、なんといってもビノ・ヘネロソだろう。アンダルシアのフィノほかと非常に類似点が多い「コンダード・パリド」、最も伝統的で現在ではごく限られた醸造所でしか製造していない「コンダード・ビエホ」、さらにビノ・ヘネロソ・デ・リコールは残糖量（ワイン中の糖含量）によって「ペイル・ドライ」「ミディアム」「クリーム」「ペイル・クリーム」に分けられる。

最近D.O.コンダード・デ・ウエルバの保護対象になった赤ワインは、2年間熟成（そのうち6ヵ月以上樽熟成）させたク

白ワイン		
コンダード・ブランコ	コンダード・ホベン	コンダード・トラディシオナル
収穫年のワイン	サレマ種	熟成：1年
伝統的製法	早摘み	
アルコール度数：10〜14.5%	アルコール度数：10〜12%	
	均一の発酵温度：18〜20℃	
	原料ブドウの香りを保つため、ステンレスタンクにて発酵	

リアランサ、3年間熟成（そのうち1年樽熟成）させたレセルバ、そして5年間熟成（そのうち18ヵ月樽熟成）させたグラン・レセルバが流通している。

D.O. ヘレス・ヘレス・シェリー&マンサニーリャ・デ・サンルーカル・デ・バラメーダ

ヘレスのワインがもつ独特で純粋な個性は、単にカディスの特殊な自然条件の影響だけによるものではない。その真髄は、この地の偉大なワインを生み出すために様々な文明と文化が足跡を残してきた、何千年にも及ぶ長いワイン醸造の歴史にあるのだ。

地理的環境

このD.O.地区はカディス県の北西部に広がっており、「ヘレスの三角地帯」をなすヘレス・デ・ラ・フロンテーラ、エル・プエルト・デ・サンタ・マリア、サンルーカル・デ・バラメーダ、そしてチクラナ・デ・ラ・フロンテーラ、チピオナ、プエルト・レアル、ロタ、トレブヘナ、レブリハ（セビーリャ県）が含まれる。合計で約1万ヘクタールのブドウ畑が保護されている。ブドウ栽培はすべての地区で行なわれているが、醸造はヘレス・デ・ラ・フロンテーラ、エル・プエルト・デ・サンタ・マリア、サンルーカル・デ・バラメーダのみで行なわれている。

三千年の歴史

スペインにはじめてブドウとワイン造りを伝えたのは、紀元前1100年頃、交易の民であるフェニキア人であったと考えられている。彼らは紀元前700年頃、

ヘネロソ		
コンダード・ブランコ	コンダード・ホベン	コンダード・トラディシオナル
原料のブドウ：パロミノ、ガリド・フィノ、リスタン・デ・ウエルバ	原料のブドウ：サレマ、パロミノ、ガリド・フィノ、リスタン・デ・ウエルバ	辛口または中辛口（残糖量による）
クリアデラおよびソレラのシステム（生物学的熟成）	オークの樽で熟成（酸化熟成）	タイプ：ペイル・ドライ、ミディアム、クリーム、ペイル・クリーム
熟成は3年以上	熟成は3年以上	熟成は2年以上
アルコール度数：15～17%	アルコール度数：15～22%	アルコール度数：15～22%
芳香が感じられる	香りが高い、辛口または中辛口（残糖量による）	

コンダード・デ・ウエルバは生産性の高いサレマ種を使った白ワインで知られているが、最近では良質の赤ワインも出てきている。

Vinos de España

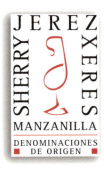

現在ヘレスがある地域を Xera(ヘラ) と名づけて精力的にワイン造りを開始し、地中海全域にワインを広めていった。

ギリシャ人、カルタゴ人、ローマ人もワイン文化に貢献した。特にローマ人が Ceret(セレット)（ローマ時代のヘレスの名称）のワインの交易をさかんに行ない、この地のワインをローマ帝国へと広めた。こうして「セレットのワイン」は名声を獲得し、交易の民フェニキア人によって運命づけられたとおり「旅するワイン」として海を渡りつづけた。ヘレスのブドウ畑がいかに重要であったかは、1世紀はじめにルシオ・モデラート・コルメラが著書『De rustica（デ・ルスティカ 畑仕事について）』のなかで、土壌、畑、作業、搾汁などヘレスワインのあらゆる観点について記していることからもよくわかる。

これらの土地とブドウ畑の繁栄は、5世紀にわたるアラブ人の支配下でも衰えをみせなかった。唯一、変わったのは土地の名前である。このワイン産地は Sherish(シェリシュ) と呼ばれるようになった。コーランで飲酒が禁じられていたため、栽培の目的は主に干しブドウの生産や、香水や軟膏用のアルコール確保のためであったが、ワイン造りが完全に廃れたわけではなかった。というのも、ワインの薬品への使用が認められていたため、ワイン造りを続けるよい口実があったのだ。さらに、上流の社交界においてワインが非常に好まれ、消費されていたことが知られている。1264年、ヘレスはカスティーリャの賢王アルフォンソ10世の軍に征服される。アルフォンソ10世は、過去数十年にわたりカトリック勢力のスペインとイスラム勢力のグラナダ・ナスル王朝の境界にあったこの地を Jeres de la(ヘレス デラ) Frontera(フロンテーラ)（国境のヘレス）と命名した。抗争とレコンキスタ（キリスト教徒による国土回復運動）で混乱していた当時、ブドウ栽培は穀物栽培と並んでカスティーリャ王国の経済と食糧を支えた。国王自身もヘレスの地にブドウ畑をもっていたほどである。

当時ヘレスのワイン（シェリー）は、イギリスですでに大変な人気を博していた。カスティーリャ国王エンリケ1世がイギリスの羊毛とシェリーを取引する協定を結ぶと交易が著しく増加していた。イギリスに加え、フランスやフランダースからの需要も増加したため、「ヘレスの干しぶどうならびに収穫同業者組合条例」の制定を余儀なくされた。これが今日の原産地呼称につながる最初の法律である。ここには収穫から「ボタ」（ワイン熟成用の木樽）の特徴、熟成方法、商品化ま

ヘレスで生産される全タイプのシェリー

パロミノ種のブドウ

言い伝えによれば、ヘレスのワインに用いられる特徴的なブドウ品種「パロミノ」の名は、アルフォンソ10世の軍隊で最も功績をあげ、報酬として王国から領地を授かったフェラン・イバニェス・パロミノを讃えてつけられたとされている。

イギリス人は最初にシェリーの経済的な潜在力に気づき（写真上）、主にパロミノ種のブドウ（写真下）で造られたこれらのワインの輸出を他国に先駆けて行なった。

でもが定められていた。

15〜16世紀にかけて欧州諸国への輸出が安定したことに加え、アメリカ大陸への到達によって新たな成長市場を獲得したことから、シェリーの流通は大幅に拡大した。その重要性は、アメリカとの全交易船の積み荷の3分の1がワイン用に特別に確保されていたという事実からもうかがい知ることができる。こうして、それまで零細な家族経営の集合体だったシェリー製造は、一大ワイン産業へと発展を遂げたのである。

イギリス人の登場

ワイン産業の繁栄のおかげで、17、18世紀にイギリス人をはじめとする多くの外国商人がこの地に定住し、独自のワイン醸造ビジネスを展開していった。19世紀にはスペイン人の投資家、特に独立した中南米諸国から戻ってきた人々がワインビジネスに加わった。

シェリーの世界的な高需要は、すでに軋轢を生じていて、ブドウ栽培農家からなる生産者組合とシェリー出荷業者の関係を悪化させた。生産者は収穫年のシェリーや熟成の短いタイプ、つまり輸送中の腐敗を防ぐために酒精強化されたワインの可能性に賭けていた。一方、出荷業者は、その類のワインは時代遅れだと考え、安定した品質で勝負すべきだと主張していた。いわゆる「出荷業者訴訟」は19世紀はじめにワイン生産者組合の消滅とともに決着したが、この一連の騒動が今日知られるシェリーのアイデンティティの確立を決定づけた。なぜなら、品質へのこだわりによってクリアデラとソレラによる熟成システムが生まれ、酒精強化はアルコール度の低いシェリーを安定させるための単なる手段に過ぎなくなったからである。

フィロキセラ禍は1894年にヘレスの地に及び、ブドウ畑は壊滅した。だが復興は比較的早く、結果的にブドウが淘汰され、現在用いられている品種が残った。ヘレスのブドウ畑は、20世紀初頭の輸送や通信の発達により再び活況を取り戻した。しかし、シェリー産業の問題はその後も続くことになる。というのも、イギリス人による不正な競争に巻きこまれていったからである。彼らはシェリーに似たスタイルのワインの生産と流通を始めていた。そのため、偽物に対してブランドを保護する国際的な法律の制定が必要になった。こうして原産地呼称の概念が生まれ、1933年、ワイン法によりスペインではじめて原産地呼称制度が定められた。その2年後の1935年、ヘレスにおいてスペイン初のD.O.ヘレス統制法が公布され、統制委員会が設立された。

試飲用のグラスに注ぐ技術(細長い柄杓のベネンシアでシェリーを樽から汲み出し、1mもの高さからグラスに注ぐ)は、確かな腕と鋭い感覚を要する難しい技である。樽の中の「膜」の消失を防ぎ、ワインを空気に触れさせるために行なわれる。

「旅するワイン」はこのような歴史を経て、良質のシェリーを愛する人々に。今日まで楽しみと喜びを与えつづけている。

自然環境

ヨーロッパ大陸南端に位置するこのワイン産地は、とにかく暑い。年間の日照時間は約3,000時間、夏の気温は40℃に達し、冬は0℃まで下がる。年間降水量はおよそ600mm。このような気候のもとでは風、特に気温を和らげ湿度をもたらしてくれる西風が重要となる。

次に重要な要素は土壌である。「アルバリサ」と呼ばれる炭酸カルシウムを多く含んだ土壌で、有機化合物や窒素は少なく、保水性を高める多孔質の白い土からなる。上質のブドウができる土地はこのアルバリサで覆われている。沿岸部では、土壌は石灰岩含有量20％以下の砂質。丘の裾野部や低地の土壌はより肥沃で、粘土、砂、腐敗した有機物を含む黒土「バロス」からなる。

認定品種は、白ブドウのパロミノ・フィノ、パロミノ・デ・ヘレス、ペドロ・ヒメネス、モスカテルのみ。

自然、伝統、技術

この3つの要因が、シェリーに独特の個性を与える。収穫後は、酸化を防ぐためすぐに低圧でブドウの圧搾が行なわれる。果汁はプリメラ・シェマ(第1のシェマ)、セグンダ・シェマ(第2のシェマ)、蒸留用の3つにランク分けされる。その後、22～26℃に温度管理された大型のステンレスタンクで果汁を発酵させる。発酵には、通常、官能特性のよいワインを造り出してくれる酵母が選ばれる。醸造所によっては、特徴的なワインを造るために今でもオーク樽での発酵にこだわっているところもある。

こうして、11月終わり頃に辛口で少し酸味のある白ワイン(ベースワイン)ができる。その後、このベースワインは底に残った澱あるいは沈殿物を除去するために澱引きされる。この段階で、ワインの表面に「フロール」と呼ばれる新たな酵母の膜が自然発生しはじめる。フロールはワインの表面を完全に覆い尽くし、酸化を防ぐ。さらに、ワインの中に含まれるアルコール成分および残留物を新陳代謝させ、最終的な官能特性の因子となるアセトアルデヒドなど新たな化合物を生み出して

現代では自動式のポンプが代わりを務めているため、ソレラ・システムでワインの移し替えに使われていた古い水差しと漏斗は博物館の展示物となっている。

いく。ここでカタドール（テイスター）が登場する。彼らによってワインは二種類に分けられ、色が薄く軽いものがフィノやマンサニーリャに、より骨格がしっかりしたものがオロロソになる。

酒精強化、分類と熟成

酒精強化ワインは、一定のアルコール量をワインに加えてアルコール度数を上昇させたものである。アルコール度数の違いが樽の中におけるワインの熟成の度合いを決定づける。

フィノはアルコールを15度まで強化され、始終フロールの膜の下で生物学的熟成を経る。この膜がワインを酸化から守り、同時に、熟成されたワインならではの鼻を刺すような独特の香りをもたらす。オロロソの場合、酒精強化は17度に達するため、フロールの膜は維持されない。したがってワインは酸化熟成を経て、濃い色に変わっていく。

酒精強化されたこれらのワインはソレラシステム（P.64参照）に移す前の「ソブレタブラ」と呼ばれる樽に移し変えられ、その中で6〜8ヵ月間保存される。その後、2回目の分類が行なわれる。オロロソはソブレタブラの期間を経ず、すぐに熟成を始めても構わないが、通常はオロロソに分類された同じ収穫年のワインはひとまとめにして保存される。このワインを「アニャダ」と呼ぶ。第二段階の分類で、ワインは次のタイプに分けられる。

- **フィノ**：フロールを活発に保っており、酸化していないため、素晴らしいフィネス（繊細さ）が感じられる
- **パロ・コルタド**：フロールと素晴らしい繊細さを保ちながらも、なんらかの特性により酸化熟成に転換される
- **オロロソ**：フロールがあまり維持されず、消失するものもある。17度まで酒精強化され、酸化熟成に向けられる
- **不適合**：シェリー統制委員会が定める特徴が見られない

> **醸造所**
>
> ワインの熟成がなされる醸造所は、ワインと同様に独特の特徴を備えている。建物のスタイルや規模は違うが、醸造所には以下の共通点がある。十分な空気量を得るための非常に高い天井、換気をよくする一方で日光を遮るために高い位置につくられた窓、大西洋からの風がもたらす湿度を利用するために海側を向いた建物、さらに、湿度を高く保つ目的で、地面に砂を敷き壁を厚くしている。

ヘレスの醸造所の多くは100年以上の歴史を有す。その建物はじつに貴重な産業建築。

ビノ・ヘネロソ（パロミノ種のブドウおよび完全発酵）				
フィノ	マンサニーリャ	アモンティリャード	オロロソ	パロ・コルタド
生物学的熟成に限る	生物学的熟成に限る	一部フロールのもとで熟成	酸化熟成に限る	非常に繊細な果汁で酸化熟成
アルコール度数：15〜17%	アルコール度数：15〜17%	アルコール度数：16〜22%	アルコール度数：17〜22%	アルコール度数：17〜22%
麦わらのような淡い黄色	ごく淡い麦わらのような黄色	琥珀または淡いマホガニー色	熟成が長いほど濃いマホガニー色	濃いマホガニー色
シャープな、パンのような香り（酵母による）	シャープな、酵母、アーモンド、カモミールの香り	シャープさのあるヘーゼルナッツのような香調	非常に高い香り、アルコールの強さを感じさせ、丸みを帯びたアロマ	アモンティリャードのシャープな香りとオロロソの豊満な味を兼ねる
辛口で繊細なアーモンドのような味わい	辛口でさわやか、心地よい苦味のあるフィニッシュ、ソフトで軽い口当たり	軽やかでソフト、辛口、長いアフターテイスト	ソフトでフルボディ、グリセリンが感じられ余韻が長い	特徴的な乳酸系の香調

ビノ・ドゥルセ・ナトゥラル	
（天日干ししたペドロ・ヒメネスおよびモスカテル種を用いる）	
ペドロ・ヒメネス	モスカテル
アルコール度：15～22%	アルコール度：15～22%
残糖量：350～500 g/ℓ	残糖量：250～500 g/ℓ
ヨード色がかった非常に濃いマホガニー色、濃度の高さが見て取れる	やや濃いマホガニー色、濃度の高さが見て取れる
干しブドウの強い香り	モスカテル種のフルーティな香り
ロースト系の香りとリコリスの香り	干しブドウの香調
極甘口、ソフトで粘り気のある口当たり、長いアフターテイスト	極甘口、フレッシュでビロードのような口当たり、長いアフターテイスト

クリアデラとソレラ

醸造プロセスにおける決定的な最終段階は熟成である。様々なタイプのワインの個性がここで決まる。原産地呼称統制委員会によると、熟成期間は3年以上でなければならない。すでに、生物学的熟成と酸化熟成、2種類の特徴は説明した。どちらの熟成の場合も、クリアデラとソレラを使ったシステムが用いられる。

ワインは「ボタ」と呼ばれる容量600ℓのアメリカンオーク樽に保存されるが、樽に入れる量は500ℓ以下にして上部に空間を残しておく。これはフロールの生育を維持するためである。樽の木材には酸素透過性があるうえに、ワインの水分も吸収する。それにより樽の中のワインは減少し、成分がより凝縮され、アルコール度数が高まっていくとともにワインに樹の香りが移る。

樽は熟成期間に応じて規則正しくクリアデラ方式で上下に積まれる。つまり、最も若いワインが上の段に、瓶詰めできる状態のワインが地面に接する最下段「ソレラ」に並ぶ。

定期的にソレラから決まった量のワインを抜き出し（この作業を「サカ」と呼ぶ）、減った分を第1クリアデラにあるワインから補充（ロシオ）する。同じく第1クリアデラの減った分を第2クリアデラのワインから補充する。こうして、最も上段のクリアデラがソブレタブラに保存された収穫年のワインで満たされる。

このダイナミックなシステムにより、瓶詰めされるソレラのワインの品質は均一に保たれ、異なる収穫年のワインの品質にバラつきが生じなくなる。

最後のサカの後、ワインの透明化および濾過を行ない、冷却し、再び濾過をすることによって品質を安定させる。こうしてようやく瓶詰めできる状態になる。

ビノ・ドゥルセの醸造

ビノ・ドゥルセ用のブドウ（ペドロ・ヒメネスおよびモスカテル）の醸造プロセスは、辛口ワ

ソレラシステム

ペドロ・ヒメネスは肉料理やバーベキューのソースとしても最適である。

辛口で塩気のあるマンサニーリャは、アルコール度数15度のアペリティフにぴったりのワイン。よく冷やしてから飲むのがおすすめ。

インとは違う点がある。

ビノ・ドゥルセの場合、ブドウは収穫後、天日干しされ、水分を失って干しブドウになる。この工程を「ソレオ」と呼ぶ。ソレオによってブドウの糖分がより凝縮される。色が濃くなった果粒は、密度と粘り気を増し、同時に新たな香りが生じる。夜間は露がつかないようにカバーがかけられる。このプロセスは7〜15日間続く。

強力な圧搾によって得られた濃い色の果汁は、糖度が高いため自然に発酵を始める。一定のアルコール度数に達したとみなされると、10度まで酒精が強化され、発酵が止まる。そこでワインは澱引きされ、アルコール度数15〜17度まで強化される。ここまでくれば、酸化熟成に移ることができる。

マンサニーリャ

マンサニーリャはそれ自体が原産地呼称だが、D.O.ヘレス・ケレス・シェリーと産地、醸造法、熟成と管理が共通しており、両者とも同じ統制委員会によって管理されている。

主な違いは、熟成プロセス(いずれのワインも生物学的熟成)がサンルーカル・デ・バラメーダの醸造所でのみ行なわれる点と、当地区の特殊な気候条件が特有のフロールの生育を促す点である。

D.O.マラガ＆シエラス・デ・マラガ

ブドウ畑の面積が比較的小さいにもかかわらず、この地域は起伏のある土地、気候、変化に富む土壌に恵まれているため、マラガの伝統的で特徴あるタイプから赤、白の辛口、甘口タイプまで、非常に多様なワインを生産している。

ブレンドワイン、ビノ・ヘネロソ・デ・リコール(ビノ・ヘネロソにビノ・ドゥルセまたは精留濃縮果汁をブレンド)		
ペイル・クリーム	ミディアム	クリーム
アルコール度数：15.5〜22%	アルコール度数：15〜22%	アルコール度数：15.5〜22%
残糖量：45〜115g/ℓ	残糖量：115g/ℓ未満	残糖量：115g/ℓ以上
淡い麦わらのような黄色	琥珀から明るいマホガニー色、より色が濃くボディが充実したものは「ゴールデン」と呼ばれる	濃いマホガニー色で外観から粘り気が見て取れる
ややシャープ、アーモンドと生物学的熟成の香調	ほのかなヘーゼルナッツの香り	オロロソの高い香りに干しブドウの風味を伴う
甘口、軽やかでフレッシュな口当たり	やや甘口、ソフトでまろやかな口当たり	甘口でビロードのようなきめ細やかさ、フルボディ

Vinos de España

ボデガス・アルミハラでは、コンペタ／アサルキア産のモスカテル・デ・アレハ種を用いたワイン〈Jarel ハレル〉を造っており、D.O. シエラス・デ・マラガに認定されている。

地理・自然環境

このD.O.地域は、マラガ県内の様々な産地におよび、アサルキア、モンテス、ノルテ、コスタ・オクシデンタル、セラニア・デ・ロンダ地区にある66の自治体が該当する。各地区の気候はそれぞれ異なっており、最北部は気温が高く降水量は約500mm、西部はより乾燥しているが、アサルキア地区は地中海性の温暖な気候を享受している。

気候における多様性は土壌の種類に、ひいてはブドウ栽培に影響を及ぼし、熟したブドウとワインに極めて豊かな風味や特性をもたらす。

ブドウ品種の多様性

認定品種はD.O.マラガとD.O.シエラス・デ・マラガで違いがある。D.O.マラガに認定されている白ブドウ品種はペドロ・ヒメネスとモスカテルのみである。一方、D.O.シエラス・デ・マラガはこれら２品種に加え、次の品種を認めている。ライレン（アイレン）、ドラディーリャ、シャルドネ、マカベオ、ソーヴィニヨン・ブラン。

黒ブドウ品種はD.O.シエラス・デ・マラガでのみ栽培されており、認定品種はテンプラニーリョ、ガルナッチャ、メルロ、シラー、カベルネ・ソーヴィニヨン、カベルネ・フラン、ロメ、ピノ・ノワール、コロンバード、プティ・ヴェルドである。

あらゆる嗜好を満たすワイン

当然のことだが、このような多様性が、D.O.マラガで生産される伝統的なマラガワインから、果汁を自然発酵させて造るD.O.シエラス・デ・マラガのスティルワインまで、非常に幅広いワインをもたらしている。

D.O. モンティーリャ - モリレス

コルドバの南部に広範囲に点在するブドウ畑は、伝統的で名高いビノ・ヘネロソを産出

マラガのワインには黄色から黒まで様々な色合いがあり、若いワインは非常にフルーティで、熟成ワインはひときわ複雑な香りをもっている。

Andalucía

している。醸造法が非常に似通っているためシェリーと類似点もあるが、コルドバ産のヘネロソはパロミノ種ではなくペドロ・ヒメネスを用いており、ワインに酒精強化をしていない。こうして、よりデリケートな味わいと香りを獲得し、はっきりした個性をもつワインが生まれる。

地理・自然環境

このD.O.産地はコルドバ県の大部分を占め、点在する多くの自治体を擁している。

気候は大陸性に近い地中海性であり、夏は長く、非常に暑く乾燥している。一方、冬は短い。降水量は醸造を行なう地域ではわずかで、500〜1000mmと場所により変化する。ブドウ畑は標高125〜690mmに位置し、砂壌土（砂土よりも粘土の多い土壌）、またはより高い所で石灰質土壌となる。この石灰質土壌から上質

のブドウができる。

ブドウとワイン

白ブドウの認定品種は、ペドロ・ヒメネス（主力）、モスカテル、アイレン、バラディ、トロンテス、ベルデホ、モンテピラ。黒ブドウは、テンプラニーリョ、シラー、カベルネ・ソーヴィニヨン。

この地域では、ビノ・ヘネロソとビノ・ドゥルセ・ナトゥラルが盛んに生産されている。最近では白の若飲みタイプや短期熟成タイプも登場している。

コルドバのワインは酒精強化されないため、ペドロ・ヒメネスがビノ・ヘネロソに極めて繊細な香りを与える。下の写真は、多彩な色調をもつモンティーリャ-モリレスのワイン。

Vinos de España

アラゴン州

この地域で主に栽培されているガルナッチャの古樹。この品種が生産量を支えている。

アラゴンにおけるここ20年のブドウ栽培の動向をひと言であらわすならば、おそらく「変革」であろう。実際、ブドウ栽培、製造過程、商品化において、様々な変革がなされてきた。すべては、古い伝統に支えられてきたアラゴンのワインの品質を改良するためである。

北からの変革

この地にはじめてブドウの樹が植えられたのはローマ時代だった。それ以来、アラゴンのブドウ栽培は拡大発展しつづけている。だが、ここ何十年もの間、力強く濃厚なアラゴンの伝統的ワインは、消費者の好みと合わなくなっていた。

そこで約20年前、ソモンターノのワイン醸造業者の一部が、市場でのかつての地位を取り戻そうと、変革に取り組みはじめた。固有品種を復活させる一方で新たな品種を導入し、近代的な製造法を取り入れて、価格と質で他と競合できるようなワインを造ることを目指したのだ。その結果、アラゴンのワインは色合いが豊かで品があり、個性が強く、評価の高いワインのひとつに数えられるまでになった。『ギア・ペニン・セレクション2011』（スペインワインの権威ホセ・ペニンにより創設された有名なワインガイド）で、アラゴンで製造された59のワインに高得点の90点がつけられたことはよく知られている。

こうした変革戦略は、アラゴンのほかのワイン醸造業者にも波及した。もともとこの地域は、気候においても土壌においてもワイン造りに適した素晴らしい条件を備えていたが、それに生産者の努力が加わり、将来に希望がもてるようになってきた。ブドウ畑の総面積は4万418.95ヘクタール（2010年12月時点）だが、そのなかに4つのD.O.と6つのV. T.、そして1つのV.P.、パゴ・デ・アイレス〈原書出版後の認定のため記載なし〉がある。

V. T.（ビノ・デ・ラ・ティエラ）

D.O.認定された地域の生産者と同じく、V. T.に指定された地域の生産者も活気づいた。ブドウ畑を復活し、伝統的な固有品種や外来品種を試すなど様々な努力が続けられている。なかでも特に勢いのある地域は、カタルーニャ州に隣接するウエスカ県のシンカ渓谷と、低アラゴンの地域である。低アラゴンは、テルエルとサラゴサの間に広大なブドウ畑を抱えており、地形においても、気候や土壌においてもブドウ栽培に適した条件をいくつも備えている。

とりわけ素晴らしい可能性を秘めているのは、ヒロカ渓谷である。イベリア山系の斜面にブドウ畑を有するこの地域では、個性的な上質のワインが造られている。カンポ・デ・ベルチテとカンポ・デ・バルデハロンも興味深い。このほかにも、V. T.のなかでは栽培面積も生産量も比較的小規模ではある

Vinos de España

認定品種	
白ブドウ	黒ブドウ
マカベオ	ガルナッチャ・ティンタ
マルバシア	テンプラニーリョ
ガルナッチャ・ブランカ	マスエラ
シャルドネ	モナストレル
	シラー
	カベルネ・ソーヴィニヨン
	メルロ

ボデガ・ランガのレジェス・デ・アラゴン農園の手入れの行き届いたブドウ畑。カラタユド地区の中央に位置し、エル・フラスノに隣接する。モンテカヨ山麓の爽やかな気候のなかワインはゆっくりと時間をかけて薫り高く熟成する。下の写真は有名な〈Langa Garnacha Centenaria ランガ・ガルナッチャ・センテナリア〉。フルボディの赤ワインで、複雑な味わいと豊富なミネラルが特徴。口当たりがよくコストパフォーマンスも高い。

が、ガリェゴ川流域とシンコ・ビリャスも注目されている。

D.O. カラタユド

カラタユドは、ガルナッチャの大地ともいえる。この土地にはブドウ栽培の長い伝統があり、自然環境はブドウ栽培に最適であった。それにもかかわらず、数年前までワインの品質改善に取り組んでこなかった。だが、最近になって、ワインの質の向上に努めた結果、前途が開け、将来が期待できるまでになった。

D.O.地区は、サラゴサ県南西端のエブロ渓谷にある。この地域に網の目のように張り巡っているハロン川、ヒロカ川、メサ川、ピエドラ川、マヌブレス川、リボタ川といったエブロ川の支流が、気候や降水量に大きく作用している。ブドウ畑は標高550～880mに位置し、大陸性気候で降水量が少なく乾燥しており、1年のほぼ半分は霜にさらされる。

土壌は変化に富んでいるが、ブドウ栽培に適しているのは、水はけがよく適度に有機物を含んでいる粘板岩質である。

この地域で特徴的なロゼワインは、フレッシュで香りが強く、コストパフォーマンスが高い。赤ワインは高品質で色合いは深く、香りが強い。

D.O. カンポ・デ・ボルハ

アラゴンといえば、ガルナッチャの古樹である。樹齢30～50年とされるこの古樹は、生産量こそ少ないが環境保護の点からは非常に評価されている。骨格のしっかりした香りのよい、複雑な味わいのワインができる。保護地域は16の自治体に及び、モンカヨ山の麓からエブロ川支流のウエチャ川流域の段々畑を経て、低地に至る。生産地域が広範囲に及ぶため、ブドウ畑は標高350～700mといった高低差のなかで展開されている。こうした地勢条件は、気候や多様な組成の土壌と結びついて特異な環境を生み出し、それがワインの特徴に影響している。標高が高い地域でできるワインは、ほのかな香りと上品な味わいが特徴。ブドウ畑の面積が最も広い中間の地域では、より肉付き

が豊かで力強く、複雑な味わいをもつワインが産出される。また低地では、ブドウが早く熟すため、アルコール感が高く濃厚でコクがあり、香りがとてもよい。

ワインは、種類に関係なく上質である。なかでも赤ワインは、ガルナッチャ100％のものも、他品種とブレンドしたものも、どちらも非常にバランスがとれていて、フルーティで花の香りが高く、個性がはっきりしている。ホベンは、ボディと酸味のバランスがよく、クリアンサは濃厚で複雑な味わいである。複数の古樹のガルナッチャから造られるワインもあり、なかには樹齢100年を超える樹から産出されるものまである。

このほかにも、花の香りが強い上質なロゼや、軽い口当たりの白ワインも造られている。カバ、モスカテル、ミステラといった、のど越しのよい飲みやすい白ワインもカンポ・デ・ボルハのワインである。

D.O. カリニェナ

カリニェナはアラゴンのなか

認定品種	
白ブドウ	黒ブドウ
マカベオ	ガルナッチャ
モスカテル	テンプラニーリョ
シャルドネ	マスエラ
	シラー
	カベルネ・ソーヴィニヨン
	メルロ

モンカヨ山の麓からエブロ川流域の段々畑までの地域には、小麦畑とブドウ畑が混在している。ブドウ畑の主役ガルナッチャから軽い飲み口の白、素晴らしいロゼ、上質の赤が造られる。

で最も古いD.O.である。この地がD.O.認定されたおかげで、私たちは長い変遷を経たワインに出会うことができたとも言える。この地域は、古くから受け継がれてきた固有品種という遺産を維持しながら、近代化に成功し、現在の嗜好に適応するようにワインの醸造法を転換してきた。栽培地域であるサラゴサ県のエブロ渓谷には14の自治体が含まれており、いたるところでブドウ栽培が行なわれている。標高、起伏、土壌、気候といった様々な要素が調和したこの地域は、ワイン醸造に適した条件が整っている。最も特徴があるのは赤ワインだ。ホベンも、クリアンサも、レセルバも、上質でボディがしっかり

Vinos de España

摘み採ったブドウの酸化や変質を防ぐために、ブドウの夜摘みは近年ますます頻繁に行なわれている。

している。ホベンは、ダークチェリーを思わせる色で、香りは熟したフルーツ、口当たりはしっかりしていて秀逸である。これらの特徴は、クリアンサになると少し角が取れてなめらかな味わいになるものの、その品のよさや複雑さ、風味の豊かさはそのまま維持されている。ロゼのホベンは、赤ワインと同様に上質である。白ワインのホベンは生産量はわずかだが、フルーティな香りが際立っている。

辛口のワイン以外にも、やや辛口、やや甘口、甘口のワインが造られている。これらはワインの品質を変えずに残糖の割合を変えるために、熟成時間を調整したり、辛口ワインに精留したブドウの濃縮果汁を加えることで甘さを調節している。この地域では、混ぜ物のない甘口ワイン、微発泡ワインとスパークリングワインも製造している。これらはモスカテル種から造るバランスのとれた香り高いワインである。

D.O. ソモンターノ

ソモンターノは、1984年にD.O.認定を受けてにわかに活気づき、わずか数年で高品質ワインの生産者として輝かしい地位を獲得するまでに成長した。

地理的条件

ソモンターノ地区は、ウエスカ県の中心であるソモンターノ郡のバルバストロ周辺の43の自治体に及んでいる。地勢別に、ピレネー山脈、麓（裾野）、平原の3つの地域に分けられる。ブドウの栽培面積は4700ヘクタールを超える。

この地域は、冬は寒くて夏は暑く、春と秋は寒暖の差が激しい。年間降水量は約

認定品種	
白ブドウ	黒ブドウ
マカベオ	ガルナッチャ・ティンタ
モスカテル・デ・アレハンドリア	テンプラニーリョ、マスエラ（カリニェナ）
ガルナッチャ・ブランカ	フアン・イバニェス
パレリャーダ	モナストレル
シャルドネ	ビダディーリョ
	シラー
	カベルネ・ソーヴィニヨン
	メルロ

カサ・デ・ラ・ビーニャとワイン

美しい正面玄関を備えたこの醸造所は、1918年に創立された他に例を見ない優れた近代産業建造物で、今ではカリニェナ・ワイン博物館になっている。内部には、原産地呼称委員会の本部のほか、試飲室、地下ワインセラー、図書館がある。図書館は将来、ワインの資料館となる予定だ。博物館といっても、かつての醸造所の圧搾機が並ぶ場所をそのまま展示室として再利用したものだ。だが、施設内をひとめぐりすれば、この地域のワイン醸造の伝統と発展を深く理解できるはずだ。

500mm、北から南、西から東へと行くにつれ降水量は減少する傾向にある。

土壌は多種多様な土質で組成されているが、ブドウ栽培に最も適しているのは、水はけがよくて層が深く、それほど肥沃でない赤茶けた石灰質の土壌である。

「最近の」歴史

D.O.ソモンターノがスペインのワイン醸造業界に参入したのは比較的遅かったため、この地域のブドウ栽培の歴史は浅いと思われがちである。だが、考古学的な見地に立つと、この地では紀元前2世紀にすでにブドウが栽培されており、中世にはそれがアラゴン中に広がっていたことがわかる。

それにもかかわらず、この地はブドウ栽培の面積が非常に小さく、長い間、地元で消費する量しか生産してこなかった。しかし、フランスでフィロキセラ禍によってブドウの樹が壊滅したのをきっかけに、生産量が増えはじめた。というのも、当時のフランスのワイン醸造家たちが再起をかけ、ブドウ栽培に適した土地を求めてソモンターノにこぞってやってきたからだ。現在この地にある格調高い醸造所の始まりは、この時期にさかのぼる。

1960年代、ソブラルベ郡のソモンターノ協同組合は、ブドウ栽培をこの地域の経済発展の原動力とするという新たな決断を下した。これは間違いなく、大きな前進であった。というのも、ソモンターノでは今も新たな醸造所が誕生し、多額の設備投資がなされ、醸造過程や販売においても目覚ましい成長が続いているからである。D.O.ソモンターノは今日、スペインの名だたるワインにおいて確固たる地位を築いている。

ワイン

ソモンターノの最も素晴らしいワインは、アラゴンのほかの地域と同じく赤ワインである。テンプラニーリョとガルナッチャを組み合わせたものや、モリステルやパラレタといった固有品種単独で造られたもの、外来品種と固有品種を組み合わせたワインもある。クリアンサに適しているのは、メルロやカベルネ・ソーヴィニヨンを加えたものだ。

ロゼは現代のスタンダードなタイプに適応しており、軽く、さわやかでフルーティな香りが楽しめる。

上質の白ワインは、醸造過程でシャルドネを投入することによって、若飲みにも適し、樽で熟成させても上質のワインになる。なかでも、ベースにマカベオを使うものは飛び抜けて質が高い。色は麦わらの黄色で、香りはフルーティで爽やかである。

ボデガ・イリウスは、環境に配慮した設備導入の先駆けとなることを目指している。

認定品種	
白ブドウ	黒ブドウ
マカベオ	ガルナッチャ・ティンタ
アルカニョン	テンプラニーリョ
ガルナッチャ・ブランカ	パラレタ
ソーヴィニョン・ブラン	モリステル
シャルドネ	シラー
ゲヴュルツトラミネール	カベルネ・ソーヴィニヨン
リースリング	ピノ・ノワール
	メルロ

Vinos de España

アストゥリアス州

この地域のシンボルといえば銘酒シードルだが、アストゥリアスではブドウも栽培されており、地元消費用のテーブルワイン造りに携わる数百軒の小さな醸造所がある。原産地呼称は存在しないが、なかにはビノ・デ・カリダ（V.C.）の呼称で保護されているものがある。

V.C.I.G. カンガス

保護されたブドウ畑はアストゥリアス州南西の狭い地域に存在する。地域内にはカンガス・デル・ナルセア、アリャンデ、グランダス・デ・サリメ、イリャノ、ペソス、イビアス、デガニャ

アストゥリアスの山間部は起伏が激しい。ブドウ畑の管理作業を機械化することも不可能ではないが、相当困難である。

があり、さらにティネオに属するアルガサ、バルカ、ヘネスタサ、メリリェス、ポンテ、ロディカル、サンティアネス、ソリバ、トゥニャといった各教区も含まれる。

アストゥリアスのような温暖多雨な気候のもとでブドウ畑が増加していったわけは、この地が特殊なマイクロ気候をもち、アストゥリアスのほかの地域に比べ晴天日が多く降水量が少ないためだ。

この地の険しい地形の南側、急勾配の斜面につくられた段々畑で、地元のブドウ栽培農家が手作業で丁寧にブドウを育てている。

栽培の歴史

アストゥリアスにおけるブドウ栽培は、イベリア半島のほかの地域よりも始まりが遅く、9世紀に入ってようやく開始された。だがこの遅れは、サン・フアン・バウティスタ・デ・コリアス修道院のベネディクト会修道士のおかげですぐに挽回されることになる。11世紀に入ると、修道士たちはアストゥリアスのブドウ栽培の強化に着手した。

その時からブドウ栽培は普及しつづけ、カンガス産のアストゥリアスワインは、数十年にわたって地域の内外の住民に供給された。

ところが、ヨーロッパのほかのブドウ畑と同様、19世紀に

アストゥリアスが独自の原産地呼称を獲得する日も近いが、差し当たっては上質な V. C. を味わうことができる。

アストゥリアスも恐るべきフィロキセラ禍に襲われた。その結果、旧来の貴重な品種の一部がカベルネ・ソーヴィニヨンなどのフランス産品種にとって代わられ、以来この土地の固有品種であるベルデホやカラスキンなどとともに栽培されるようになった。

20世紀にはフィロキセラを克服し、アストゥリアスのブドウ畑に再び明るい未来が戻ってきたと思われた。だが、次なる苦難が待ち受けていた。鉱山の繁栄と農地の過疎化である。ブドウ畑の大部分が放棄されたため、多くの醸造家がほかの地区からブドウを買い付けなければならなかった。この厳しい状況は1997年に変化の兆しを見せる。「カンガス・ワイン生産者および醸造者連合」が結成され、ブドウ畑が近代化されたのである。

現在、ブドウ畑はおよそ100ヘクタールしかないが、2000ヘクタール近くあった20世紀初頭の栽培面積を目指して復興が行なわれている。

独特でユニークなワイン

9月の終わりから10月はじめにかけて収穫が行なわれた後、独特の色合いや香り、味わいで私たちを驚かせてくれるワインの醸造が始まる。

赤、白、若飲みワイン、樽熟成ワイン、ブレンドワイン、カラスキンなどこの地域の固有品種から造られる単一品種ワインが商品化されている。こうして独自の個性をもった様々なワインが消費者に提供される。これらのワインは、1年の間ブド

〈La Descarga ラ・デスカルガ〉は、赤ワイン用のベルデホ・ティント、アルバリン、メンシア種をもとに造られた若いワインで、フレンチオークの樽で6ヵ月の熟成を経ている。流通は4000本のみ。

ウに捧げられた丹念な手作業と、近代的な技術、そして醸造所のワイン造りの技術による成果である。

現在、V.C.I.G.カンガスの呼称付きワインの生産を認められている醸造所は、ボデガ・チャコン・ブエルタ、ボデガス・アントニオ・アルバレス、ボデガ・ビデス・イ・ビノ・デ・アストゥリアス、ビノス・ラ・ムリエリャ、モナステリオ・デ・コリアスの5つだ。ボデガ・チャコン・ブエルタはデガーニャに、そのほかの醸造所はカンガス・デル・ナルセアにある。

ルイニャ川の沿岸にあるアントン・アルバレスのブドウ畑。ここでは当地の固有品種であるベルデホ・ネグロ、アルバリン・ネグロ、カラスキン、メンシアが栽培されている。

ボデガス・デル・ナルセアの〈El Pesgos blanco エル・ペスゴス・ブランコ〉はフレッシュなワイン。緑がかった麦わらのような黄色とフルーティな香りをもつ。

バレアレス諸島州

アルタの近くにあるサン・サルバドール教会の丘からは、マヨルカの中央平原を遠く臨むことができる。その大部分はD.O.プラ・イ・リェバンの地。

ワインの醸造と商品化における先祖代々の伝統をもつバレアレスは、ブドウ畑の壊滅的な状況を乗り越えて、今日、複雑で地中海らしいニュアンスを放つ、この地特有のワインを製造している。バレアレス産ワインの復興の鍵は、フランス産のブドウ品種の栽培と、表現力豊かな地元の固有品種の再生にある。

波乱の歴史

地中海地方の歴史は、古代から文化的、経済的な交易ルートの役割を果たした海の歴史である。それゆえ、ワイン交易は紀元前7～6世紀の早い時期にフェニキア人の到来により始まった。その繁栄の歴史を物語る数々の遺跡が、地中海の島バレアレス諸島で発見されているのもうなずける。

ワインの交易がかなり古くから行なわれていたとはいえ、この地でブドウ栽培が始まったのは、紀元前123年のローマ帝国による占領後であったという。ローマの歴史家、大プリニウスは次のように書いている。「…（中略）バレアレスのワインはローマ最高峰のワインと肩を並べる」。この言葉からわかるように、ブドウ栽培とワイン醸造は、当時すさまじい勢いで普及した。

ワイン醸造の伝統は、アラブ人による支配の時代も守り抜かれ、14世紀以降、キリスト教徒の領土になったのを機に活気を取り戻した。18世紀にはブド

数世紀にわたり、風車とブドウ畑はどちらもマヨルカの景色の主役だった。写真はD.O.プラ・イ・リェバンのアルガイダ地区の近くにある風車。

ウ栽培とワイン醸造は島の重要な経済的支柱のひとつとなり、ブドウ取引やワイン売買が専業として一家総出で行なわれるようになった。

バレアレスのブドウ畑はフィロキセラ禍に見舞われるのが遅かった（1891年）ことから、それまでの数年間、この島は類まれな繁栄を誇った。恐るべき害に見舞われたフランスワイン生産者にブドウ、果汁、ワインを早急に供給しなければならなかったからだ。フランスへのワインの輸出を専門とする海運業者も設立されたほどであった。

そしてついにフィロキセラが襲来し、バレアレスのブドウ畑は荒廃する。その後も、金融危機、市民戦争、戦後、ブドウの樹を抜根するためのEUによる補助金など、厄災は20世紀の間ずっと続いた。そこに観光開発が追い打ちをかけた。多くのワイン生産者がブドウ畑をホテルや飲食店に変えてしまったのだ。そのうえ観光客の殺到で、より安く質の悪いスペイン本土のワインが大量に消費されることとなった。

幸運にも、20世紀末にはワイン産業を立て直す最初の政策がとられ、地元固有品種の保護、外来品種の導入、必要不可欠だった醸造所の技術革新が後押しされた。これらすべてが伝統的産業の再出発に貢献し、バレアレスのワインはもはや将来が期待される製品ではなく、確かな品質を備えた島の代表的な製品となった。

D.O. と V. T.

バレアレス諸島には、ビニサレムとプラ・イ・リェバンのふたつのD.O.と、フォルメンテーラ、イビサ、イレス・バレアレス、イスラ・デ・メノルカ、マヨルカ、セッラ・デ・トラムンタナ - コスタ・ノルドの6つのV. T. がある。

ビニサレムはブドウ栽培とワイン醸造の伝統を古くから受け継ぐ地域であり、ワイン造りには主に島固有の品種が用いられている。プラ・イ・リェバンでも島固有の品種が使用されているが、外来品種をブレンドし、醸造と熟成に新しい技術が導入されている。

V. T. に関しては、生産量、醸造所ともに、マヨルカとセッラ・デ・トラムンタナ - コスタ・ノルドに集中している。ブドウ畑の面積が最も狭い地域はフォルメンテーラで13ヘクタール。醸造所はふたつしかなく、伝統的な赤と白のワインを生産している。

V. T. イレス・バレアレスのワインはほとんどが地元の消費用だが、イビサのワインは徐々に島の外への流通を増やしている。イスラ・デ・メノルカでは、主にフランス産の品種を用いて赤と白のワインが造られている。

D.O. ビニサレム

歴史あるこのD.O.地区では、トラムンタナ山脈が形成する独特の景観のもと、伝統を回復したブドウ農園でワインに個性をもたらす固有品種が育まれている。これらのブドウを丹

精込めて栽培しているのは、先祖代々のブドウ栽培農家と新参の農家だが、両者の目指すところは一致している。それは、この地本来のワインの品質を取り戻すこと。

地理的条件

このD.O.のブドウ畑は、マヨルカ島のほぼ中心部にあり、サンタ・マリア・デル・カミ、ビニサレム、センセリェス、コンセル、サンタ・エウヘニアの5つの自治体に広がっている。平野を見下ろすなだらかな起伏をもち、トラムンタナ山脈から吹き降ろす北風に守られている。

この地域の気候はブドウ栽培に適した典型的な地中海性気候だが非常に穏やかで、夏は暑く乾燥するが、冬は比較的暖かくて短い。降水量は年間約450mmとごくわずかで、日照時間は大変長い。

このような気候の条件が、非常になだらかな起伏（標高75～220m）や石灰質および石膏を含む粘土質の豊富な土壌とあいまって、最高の条件下で地元の固有の黒ブドウであるマント・ネグロとカリェット、そして白ブドウのモルの生育と成熟を可能にしている。

独特な味わいをもつ品種

黒ブドウの認定品種の主力はマント・ネグロとカリェットで、前者はマルベリー、イチジク、ザクロといったよく熟したフルーツとイナゴマメを思わせる独特の香りが特徴的だ。幹がまっすぐに育ち、明るい緑色の葉と大きな果粒をつける、糖度と香りの高い品種である。この品種から造られるワインは見事なクオリティと強い個性、力強さをもち、ビロードのような口当たりで、非常に快い。アルコール度数は中から高。

地元固有の黒ブドウ品種の二番手カリェットは、赤系果実（イチゴ、マルベリー、ラズベリー）の香りが強い。一方、白ブドウの固有品種モル（プレンサル・ブラン）は、柑橘系（グレープフルーツ）やアニスの花の香りが特徴的であり、洋梨やリンゴのような白系果実の香りと調和している。この品種からできるワインは非常にしっかりした骨格をもち、心地よさと強さが感じられる。

ワインのタイプ

この地域では、赤、ロゼ、白、スパークリングワインを生産しており、それぞれに特徴がある。

赤ワイン

D.O.ビニサレムで最も特徴的なワインであり、生産の4分の3を占める。赤ワインの醸造にはマント・ネグロを30～50%使わなければならない。さらに、カベルネ・ソーヴィニヨン、シラー、またはメルロを30%まで使うことができる。

D.O.ビニサレムのブドウ畑はトラムンタナ山脈の麓に広がり、ワインに素晴らしい個性をもたらすマント・ネグロやカリェットなどの地元の固有品種が育まれている。

現在、流通しているものは、ホベン、クリアンサ、レセルバ、グラン・レセルバである。一般的には、強い個性とバランス、上品さをもつワインとして知られており、オーク樽での熟成に適している。

赤ワインの熟成について定められた期間は次のとおり。

- クリアンサ：24ヵ月以上熟成。そのうちオーク樽での熟成が6ヵ月以上
- レセルバ：36ヵ月以上熟成。そのうちオーク樽での熟成が12ヵ月以上
- グラン・レセルバ：60ヵ月以上の熟成。そのうちオーク樽での熟成が18ヵ月以上

概して控えめな色合いのワインだが、しっかりした骨格をもち、熟したフルーツとカラメルの香りを帯びている。

ロゼワイン

認定品種であればどのブドウを使用してもいいとされている。フルーティでピンク色をしており、アルコール度数は11%以上である。

白ワイン

モル（プレンサル・ブラン）を50%以上使用して造られる。麦わらのような黄色で、青リンゴとドライフルーツのような果実の強い個性があらわれている。しっかりした骨格をもち、快く繊細な口当たり。酸味と甘みのバランスが素晴らしい。

辛口または甘口ワインとして販売するため、モスカテルを50%以上使用したワインもある。花の香りが強く非常にユニークなワイン。

これらの白ワインはオーク樽での短期間の熟成を経て、強い個性を与えられた後に販売される。

スパークリングワイン

白のスパークリングワインにはモルを50%以上、ロゼにはいずれの認定品種も使用することができる。

D.O. プラ・イ・リェバン

この地域のワインを特徴づけているのは、なんといっても「テロワール」であろう。テロワー

認定品種	
白ブドウ	黒ブドウ
モル、別名 プレンサル・ブラン（主体）	マント・ネグロ（主体）
マカベオ	カリェット
パレリャーダ	テンプラニーリョ
モスカテル	モナストレル
シャルドネ	シラー
	カベルネ・ソーヴィニヨン
	メルロ

左の写真は、結実のよさを決めるブドウの樹の間伐と剪定の作業。下は、ブドウ栽培を大規模に行なっているサンタ・マリア・デル・カミ付近の畑。奥には青い瓦が特徴的なサンタ・マリア教会が見える。

Vinos de España

認定品種	
白ブドウ	黒ブドウ
プレンサル・ブラン	マント・ネグロ
パレリャーダ	カリェット
マカベオ	フォゴノー
モスカテル	モナストレル
シャルドネ	テンプラニーリョ
リースリング	シラー
	カベルネ・ソーヴィニヨン
	メルロ
	ピノ・ノワール

ルの定義は難しいが、言うなれば、気候、土壌の種類、ブドウの状態、栽培者による手入れなど、複数の要素が組み合わさった概念である。この地域では、外来品種か地元の固有品種かを問わず、地中海と太陽の香りを帯びたユニークなワインが造られている。

地理・自然環境

D.O. 地区は、マヨルカ島の中央部と東部に位置し、アルガイダ、アリアニィ、アルタ、カンポス、カプデペラ、フェラニッチ、リュクマジョール、マナコル、マリア・デ・ラ・サルー、モントゥイーリ、ムロ、ペトラ、ポレーレス、サン・ジョアン、サン・リョレンス・デス・カルダサル、サンタ・マルガリーダ、シネウ、ヴィラフランカ・デ・ボナニィを含む。

典型的な地中海性気候で、夏は乾燥して暑く、冬はやや寒い。年間平均気温は 17℃、海風の影響を強く受け夏の厳しさが緩和される。降水量は秋の数ヵ月に集中し、年間平均 400～450mm。

ブドウ生育の重要な要素である土壌は、ややアルカリ性の粘土石灰質で、鉄を含むため赤みがかっているが、粘土、炭酸カルシウム、マグネシウムが凝縮して白くなっているところもある。有機物が少なく、石ころの多い土質は、幼根の生育に適している。

ブドウ畑とブドウ

1993 年以降、この地域のブドウ栽培およびワイン醸造は隆盛の一途をたどっている。ブドウの樹が新たに植えられ、栽培技術が向上し、最新技術導入のため醸造所への大規模な投資がなされた。ワインの品質向上のためのこれらすべての試みが功を奏し、1999 年にプラ・イ・リェバンは D.O. 認定され、約 400 ヘクタールのブドウ畑と 13 の醸造所がその対象となった。それを機にプラ・イ・リェバンの統制委員会は、ブドウの品種に応じた 1 ヘクタール当たりの最大生産量を制限し、ワインに含まれる最低アルコール度数（白は 10%、赤は 10.5%、ビノ・デ・リコールは 12%）を定めた。

ワイン

醸造所の規模の大小を問わず、ワイン造りは細心の注意を払って行なわれる。果汁の抽出には適切な圧力をかけ、徹底した条件管理が可能なステンレスタンクで発酵を行ない、伝統的なオーク樽を用いて熟成する、といった具合である。

醸造所のタイプは様々で、伝統的なワインに賭けるところや、新たな組み合わせに挑戦したり、化学肥料や農薬や清澄剤の使用を避けて環境にやさしい生産方法を取り入れるところもある。いずれの醸造所も上質で非常に個性的なワインを産出している。赤、ロゼ、白、スパークリング、微発泡、ビノ・デ・リコールなど、品質の優れた幅広い種類のワインを消費者に提供している。

白ワインは、プレンサル・ブラン、パレリャーダ、マカベオで造ると酸味のある果実の強い香りをもつが、最も特徴的なのはプレンサル・ブランである。シャルドネを用いたワインは、トロピカルフルーツの香りをもつが、木樽で発酵させると乳酸系やバニラの香りを帯びる。一方、モスカテルで造るワインは、花の香りが際立つ。複数の品種をブレンドしたワインもあり、それぞれの品種の特徴が組み合わさっている。

ロゼはビニサレム産のものとよく似ているが、プラ・イ・リェバン産はフランスのブドウ品種の影響が感じられる。

最も興味深いワインは、色が濃く、非常に複雑なフルーツ系の香りを帯びた赤だろう。口の中でソフトなタンニンとバランスのよい酸が感じられ、その心地よいみずみずしさは格別だ。

D.O. プラ・イ・リェバンのバラエティ豊かなワイン。

D.O. プラ・イ・リェバンのアルタにあるブドウ畑からは、城壁に囲まれたサン・サルバドールの境内とゴシック様式の教会を望むことができる。

Vinos de España

カナリア諸島州

フエルテベントゥーラ島にはブドウ畑がほとんどないため、それ以外の6つの島で10の原産地呼称ワインが生産されている。この数からも、カナリア諸島で造られるワインがいかにバラエティに富んでいるかがわかる。さらに各島が、位置や標高によって異なるマイクロ気候を有することを考慮すれば、この地域のワインが一概には説明できないほど複雑であることは容易に想像できる。

原産地呼称
アボナ（テネリフェ）
エル・イエロ
グラン・カナリア
ラ・ゴメラ
ラ・パルマ
ランサローテ
タコロンテ・アセンテホ（テネリフェ）
バジェ・デ・グイーマル（テネリフェ）
バジェ・デ・オロタバ（テネリフェ）
イコデン・ダウテ・イソーラ（テネリフェ）

カナリア諸島のブドウ栽培は、15世紀のジャン・ド・ベタンクール上陸までさかのぼる。写真のバジェ・デ・ラ・オロタバのような典型的な畑は100年近い歴史がある。

類似点と多様性

カナリア諸島のワインに見られる驚くべき多様性の一方で、各島のブドウ畑にはふたつの共通点がある。ひとつはブドウを育む土壌のタイプだ。害草の生育を防ぐ火山灰土壌であり、下層土は湿気（夜露も含む）を非常によく溜めこむ。ふたつめの共通点は貿易風によってもたらされる、温暖で湿潤な気候である。

しかし、もうひとつ重要な点がある。それは島全土にマルバシア種が存在することである。この品種によって、カナリア諸島のワインは16世紀には名が知られていた。現在では、カナリア諸島を象徴するマルバシアがほかのブドウとともに栽培されている所もある。

最後に、カナリア諸島の多様なブドウ栽培、ワイン醸造業界における共通点を挙げておく。それは、どの島も最高の品質を追求し、技術導入により現代の消費者の嗜好に合うワイン造りを目指している点である。

カナリア諸島へのブドウの上陸

カナリア諸島にブドウ栽培が伝わったのは、この地に外国人が上陸し、定住したのと同時期であったと考えられている。まず1402年から1405年の間にジャン・ド・ベタンクールに率いられたノルマン人貴族が、その後、カスティーリャ王国の貴族がブドウ栽培を伝えた。それからしばらくして、ほかのヨーロッパ人、特にポルトガル人とイギリス人がこの地に住みはじめた。植民地開拓者の多様な出身地は、現在まで残る島のブドウ品種の多様性に反映されている。ブドウ栽培はカナリア諸島の火山灰土壌のもとで急速に発展し、早くも16世紀にはこの島々のワインは名声を得て、ヨーロッパのあらゆる宮廷で所望された。もちろんその地理的条件が、ヨーロッパ、アメリカ大陸、アフリカとの交易と輸出に非常に有利に働いた点も忘れてはならない。

しかしその将来性は、様々な軋轢によって打ち砕かれていった。だが1975年以降、原産地呼称統制委員会と多くのブドウ栽培農家の努力により、品質が向上したカナリア諸島のワインは、再び過去の栄光を取り戻そうとしている。

世界に通じるワイン、マルバシア

数世紀にわたり、マルバシアはカナリア諸島のシンボル的な品種である。この品種を用いて、〈カナリアス〉あるいは〈カ

Islas Canarias

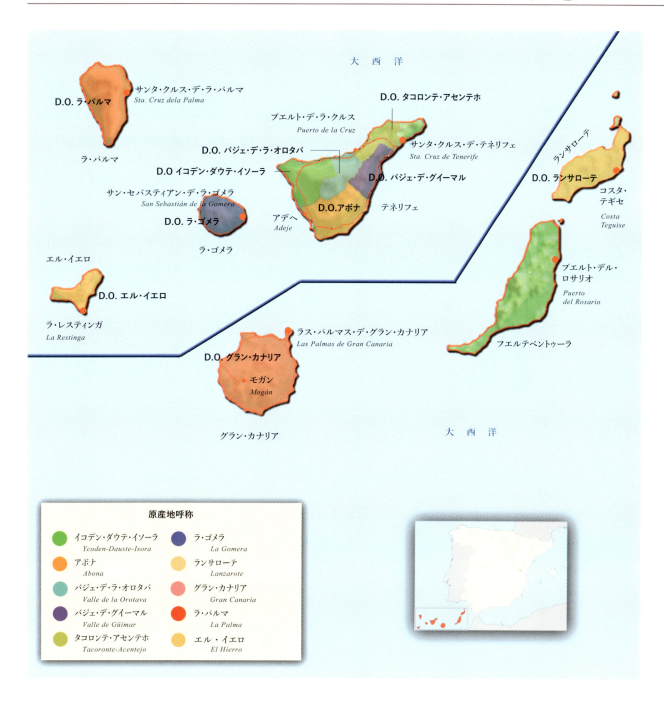

ナリー〉として知られるビノ・ドゥルセが造られ、ヨーロッパの宮廷を虜にした。この美酒を愛し庇護したゴンゴラ、シェークスピア、バイロン男爵、ウォーター・スコットといった著名人が、ワインにまつわる数々の名文句を残している。

現在カナリア諸島では、マルバシア種を使った様々なワインが造られており、ラ・パルマ島の最も伝統的なタイプから、ドライアイスでの低温マセレーションを行なうテネリフェの最先端のタイプまである。しかし、いずれにも共通する特徴は、ブドウを過熟させ必要な酸味を保ったまま高い糖度を得ている（したがってアルコール度数も高くなる）点である。

こうして造られた芳香に富むバランスのよいワインは、将来が非常に期待されている。

Vinos de España

認定品種	
白ブドウ	黒ブドウ
リスタン・ブランコ	リスタン・ネグロ
マルバシア	ネグラモル
モスカテル	カステリャーナ・ネグラ
グアル	ビハリエゴ・ネグロ
バスタルド・ブランコ	バボソ・ネグロ
ベルメフエラ	ティンティーリャ
サブロ	テンプラニーリョ
フォラステラ・ブランカ	シラー
ビハリエゴ	カベルネ・ソーヴィニヨン
ベルデーリョ	メルロ
トロンテス	ピノ・ノワール
ペドロ・ヒメネス	ルビー・カベルネ

D.O. アボナ

　豊富な日照時間、火山灰土壌、ブドウ畑一帯の著しい標高差は、この地区のワインの個性を際立たせている。ワインの醸造を概観すると、歴史的に白ワインの生産に重点が置かれてきたが、近年では赤ワインでもよい結果を出しており、今後が大いに期待できる。

地理・自然環境

　D.O. アボナに認定されている地域はテネリフェ島の南部に位置し、7つの自治体（アデヘ、アロナ、ビラフロール、サン・ミゲル・デ・アボナ、グラナディーリャ・デ・アボナ、アリコ、ファスニア）からなる。ブドウ畑は、テイデ山の斜面から海岸までの1200ヘクタールに及び、標高200〜1750m（ヨーロッパで最も標高が高いランク）に位置する。

　気候は標高によって変化する。海岸地域は乾燥した地中海性気候だが、内陸部は貿易風の影響で比較的涼しい。降水量はごく少ないが、湿気を保ちやすい砂質土壌で、表面を「ハブレ」と呼ばれる白っぽい火山灰に覆われている。高地では上質なブドウを多く生産しており、土壌は粘土質である。

ブドウとワイン

　ブドウ栽培面積の60%で白ブドウが栽培され、その大半はリスタン・ブランコである。10年前からカナリア諸島の伝統的な品種が再び導入されてきている。グアル、ベルデーリョ、ビハリエゴ、サブロ、ベルメフエラなどだが、マルバシアも忘れてはならない存在だ。ワインは白、ロゼ、赤が生産され、それぞれに個性があり、特に火山を連想させる、ミネラルが際立った香りが豊かである。

　白ワインは最も特徴的で、花の香りとほどよい酸味が調和した、バランスのとれた口当たりだ。ロゼは赤ワイン用のブドウが使われ、白と同様の醸造プロセスを経る。その結果、軽く飲みやすいワインができる。赤ワインは干しブドウの香りを帯び、軽やかな骨格をもつ。

ビラフロールにあるボデガス・メンセイ・チャスナのブドウ畑、フィンカ・ロス・タブレロス。D.O. アボナでは、畑の標高は1700mに達し、ヨーロッパで最も高い位置にある畑。

D.O. エル・イエロのワイン生産地で最も重要なのは、バジェ・デ・エル・ゴルフォ（写真）とエチェド、エル・ピナルである。白ワインはフルボディで、ミネラル、タンニンが豊富でしっかりした酸味と個性が感じられる。ロゼは非常にフルーティで濃厚、オレンジの風味がある。赤は濃い色調でがっしりしているが、口の中でアルコールの強さが感じられる。

認定品種	
白ブドウ	黒ブドウ
ベルメフエラ	バスタルド・ネグロ
グアル	ネグラモル
マルバシア	リスタン・ネグロ
ベルデーリョ	マルバシア・ロサダ
アルビーリョ	ティンティーリャ
バスタルド・ブランコ	ビハリエゴ・ネグロ
ブレバル	
ブラブランカ	
フォラステラ・ブランカ	
リスタン・ブランコ	
モスカテル	
ペドロ・ヒメネス	
トロンテス	
ビハリエゴ	

D.O. エル・イエロ

　大西洋に浮かぶこの小さな島にはフィロキセラが到達せず、古くからの品種が守られたため、接ぎ木を必要としなかった。ブドウ分類学上のこの貴重な財産は、急傾斜の地形、海からの強い影響、温暖で日照量が豊富な気候とあいまって、非常に際立った輪郭のワインを生み出し、ほとんどが島内で消費されている。

地理・自然環境

　他の島々と異なり、エル・イエロは特定の産地を挙げることができない。なぜなら、合計約300ヘクタールのブドウ畑が島全土にまばらに散らばっており、ブドウ畑はエル・ゴルフォ地域のほか、フロンテラ、サビノサ、エル・ピナル、エチェドの大部分を占めているからだ。

　いずれの地域でも、ブドウは太陽に長時間さらされて育つが、海風のおかげで気温が十分に下がるため、温暖な気候条件に恵まれている。気温は年間を通じてほとんど変動せず、28℃を超えることはめったにない。降水量は平均125〜525mm前後と少ないが、貿易風の影響で湿度が高い。伝統的にブドウは比較的標高の高い地域で栽培されていたが、現在では区画の大半がさほど高くない場所にある。そのため果粒の成熟がかなり早い。一般的に土壌は火山性の砂質で、非常に特徴的なミネラルをワインに与えている。

表情豊かでミネラル豊富なワイン

　カナリア諸島のほとんどの島と同様、エル・イエロの主要なワインは若飲みタイプとして造られた白で、かなりフレッシュでフルーティである。ミネラル、タンニンが豊富で、しっかりした酸味と繊細な香りが特徴。アルコール度数は11%以上でなければならない。

　ロゼはオレンジがかった色で、こちらもかなりフレッシュ

特殊なケース

　エル・イエロ島の品種の豊富さとワインの独自性によって、島内に2軒の醸造所しかなかったにもかかわらず、1994年に原産地呼称を獲得した。現在、醸造所は数軒増えたものの、いまだに生産はごく限られており、カナリア諸島の外で流通することはほとんどない。

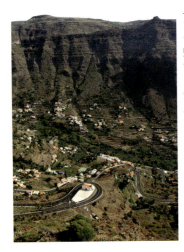

上はバジェ・デ・グラン・レイ、下はバジェエルモソの畑。堅固な地形のゴメラでは、土地を確保するために果てしない労力をつぎ込んで、わずか数メートルの区画の段々畑をつくる。

なタイプ。アルコール度数は11.5％以上。

赤は濃い赤色で、がっしりと力強さがあり、アルコールの強さを感じる。アルコール度数は12％以上。

このほかに、D.O.エル・イエロでは残糖量45g/ℓ以上のクラシックなビノ・ドゥルセとビノ・デ・リコールも生産している。

D.O. ラ・ゴメラ

カナリア諸島で最も新しいD.O.であるため、この地のワインは統制委員会のすべての規定を満たしてはいない。多くの場合、現代的なものより伝統的なワイン造りの方法を優先している。

地理・自然環境

エル・イエロ同様、ブドウ畑が全島に広がっている。ただし畑の大部分が北部のバジェエルモソ、エルミグアに集中している。その他のブドウ畑は、アグロ、バジェ・グラン・レイ、アラヘロの起伏の激しい土地に広がっており、通常、石垣に囲まれた段々畑で栽培されている。気候は亜熱帯性で、平均気温は年間を通して約20℃である。この独特な条件が、ある現象を引き起こしている。貿易風によって生じる「雲海」の影響で、常に湿気があるのだ。このような気象条件のもと、農作物の栽培に適した緑深い谷が形成されている。

土壌の特徴は標高により異なる。山の高い場所では粘土質であり、低くなるに従い地中海性の土壌が優位となっている。

幅広い認定品種

ラ・ゴメラ島の古くからの伝統のためか、それともこのD.O.ワイン自体の浅い歴史のためか、認定品種の多様性には目を見張るものがあり、ほかの地域とはとても比べものにならない。

白ブドウで言えば、最も代表的で香りの強さで評価が高いのがフォラステラ・ゴメラで、栽培地の90％を占めている。推奨品種はアルビーリョ、マルマフエロ、モスカテル・デ・アレハンドリア、マルバシア、グアル、サブロ、ベルデーリョ、ビハリエゴ。認定品種はリスタン・ブランコ、ブレバル、ペドロ・ヒメネス、トロンテス。

黒ブドウの推奨品種はリスタン・ネグロ、ネグラモル、カステリャーナ・ネグラ、ティンティーリャ、マルバシア・ロサダである。認定品種は、リスタン・プリエト、バスタルド・ネグロ、ビハリエゴ・ネグロ、テンプラニーリョ、モスカテル・ネグロ、カベルネ・ソーヴィニヨン、ルビー・カベルネ、ピノ・ノワール、メルロ、シラー。かなりの品種数である。

職人のワイン

ラ・ゴメラ島のブドウ栽培とワイン醸造の大まかな特徴はすでに述べたが、さらにもうひとつ、他とは異なる要素がある。それは、この島のワインがミネラルや火山灰の香りを帯びていないことである。なぜなら、ラ・ゴメラにおける主だった地質現象は火山活動ではなく侵食だからだ。侵食により、切り立つ

た断崖の景観が生み出される。

D.O. ラ・ゴメラの主流ワインは、フォラステラ種で造られた若飲みタイプの白ワインで、その強烈な香りは干しブドウや、アルコールの強さ、荒々しさを感じさせ、時に過熟の香調が強く出ることがある。口に含むと良質な骨格とボディが感じられる。

そのほかに生産されているのは若飲みタイプの赤ワインで、この島の独特な気候から生じる甘味とバルサミコの香りをもちあわせている。フルーティで軽快な飲み口のワインもある。

D.O. グラン・カナリア

原産地呼称統制委員会はカナリア諸島のワイン生産を概観し、グラン・カナリアとモンテ・レンティスカルをD.O.認定した。しかし2006年初頭、これらのワインをより適切に管理するため、ひとつに統合することが決まった。だが、モンテ・レンティスカルがもつ特殊な条件のため、この地域のワインには例外的に産地を記載したラベルの貼付が認められている。

地理・自然環境

保護された地域は、島の面積のほぼすべてに及ぶ。231ヘクタールものブドウ畑は小さい区画に分けられ、標高ゼロに近い約50mの位置から最も高い1300mの山頂まで広がっている。

このように標高に差がある条件下でブドウ栽培が可能なのは、諸島のほかの島と同様にグラン・カナリアにおいても、地形と日照の特徴によって非常に多様な条件のマイクロ気候が生じるためである。島全土が貿易風の影響を受けた穏やかな地中海性気候に恵まれている。

土壌は、異なる地質時代に形成されたため非常に変化に富み、土壌生成の度合いも異なる。それゆえ、ブドウ畑に最適な火山灰でできた多孔質の土壌から、吸水性の低い粘土質までが存在する。

赤ワインの勢力

このD.O.で造られる主要なD.O. グラン・カナリアの南部にあるブドウ畑は、垣根仕立てを用いた段々畑である。

ワインは赤で、カナリア諸島の伝統的な品種が用いられている。主体となる黒ブドウ品種リスタン・ネグロの推定生産量は55万キロである。流通しているのは若飲みタイプで、フルーティな香りを帯び、美しく濃いチェリー・ガーネット色をしている。白ブドウの主体品種はリスタン・ブランコで、生産性の高さから大規模に栽培されている。フルーティさがあり、ハーブの香りをもつ。

モンテ・レンティスカルで

白ブドウ品種	
推奨品種	認定品種
グアル	リスタン・ブランコ
マルバシア	ブラブランカ
モスカテル	バスタルド・ブランコ
ベルメフエラ	トロンテス
ビハリエゴ	ペドロ・ヒメネス
アルビーリョ	ブレバル

黒ブドウ品種	
推奨品種	認定品種
リスタン・ネグロ	バスタルド・ネグロ
ネグラモル	モスカテル・ネグロ
ティンティーリャ	リスタン・プリエト
マルバシア・ロサダ	ビハリエゴ・ネグロ

貿易風は気候を緩和し、気温差をごくわずかに抑え、十分な湿気をもたらしてくれる。

は、赤、辛口の白、玉ネギの皮のような色のロゼも造られている。少量だが中甘口ワインやモスカテルのワインも生産されている。

D.O. ラ・パルマ

イングランドの女王エリザベス1世の命を受けた海賊フランシス・ドレークは、1585年にラ・パルマ島を襲撃し領土を略奪した。そして、マゼラン海峡とペルー沿岸の航海のお供にマルバシア種のワインを1000樽要求したと言われている。このエピソードは、すでに16世紀にはカナリア産ワインが名声を得ていたことを物語っている。今日でも、甘口のマルバシアはラ・パルマ島で最も代表的なワインである。

地理・自然環境

D.O. ラ・パルマの生産地域はラ・パルマ島の全土に広がっているが、それぞれの特徴をもつ3つのサブゾーンに分けることができる。

● ノルテ・デ・ラ・パルマ

プンタリャナ、サン・アンドレス・イ・サウセス、バルロベント、ガラフィア、プンタゴルダ、ティハラフェが含まれる。ブドウは標高100～2000mの場所で栽培されている。

白ブドウ品種
推奨品種
マルバシア
グアル
ベルデーリョ
認定品種
リスタン・ブランコ
アルビーリョ
バスタルド・ブランコ
ベルメフエラ
ブハリエゴ
ブラブランカ
フォラステラ・ブランカ
サブロ
モスカテル・デ・アレハンドリア
トロンテス
ペドロ・ヒメネス
アルムニェコ

黒ブドウ品種
推奨品種
ネグラモル
認定品種
リスタン・ネグロ
バボソ・ネグロ
マルバシア・ロサダ
モスカテル・ネグロ
ティンティーリャ
カスティリャーナ・ネグラ
ビハリエゴ・ネグロ
リスタン・プリエト

低い棚または株仕立て（各樹を離して植える）で、肥沃な土地や、必要に応じて斜面の段々畑に植えられる。

● オヨ・デ・マソ

島の南東部に位置し、ビリャ・デ・マソ、ブレニャ・バハ、ブレニャ・アルタ、サンタ・クルス・デ・ラ・パルマが含まれる。栽培は標高200～700mの火

D.O. ラ・パルマで最高クラスと専門家に評されるボデガス・カルバーリョのマルバシア。

山灰で覆われた斜面で行なわれ、ブドウは地を這うようにして育つ。

● フエンテカリエンテ

島の南西部に位置し、フエンテカリエンテ、エル・パソ、ロス・リャノス・デ・アリダネ、タサコルテが含まれる。「ネグロ・ピコン」（火山灰）でできた表土が特徴で、ブドウは標高200～1900mの間で栽培され、場所によっては風を防ぐために石垣に囲まれている。

ラ・パルマ島の地形は起伏が激しいため、ブドウ畑の大半は非常に不規則な区画で急な斜面にあり、作業の機械化が

困難である。この島の畑の標高は、カナリア諸島のなかで最も高い。火山性の土壌はカナリア諸島全土と同様、ラ・パルマ島全体に広がっている。ただしほかの島々と違い、この島は水が豊富で、細流や小川が各所に見られる。

起伏と土壌、そして貿易風の影響を受けた気候の組み合わせが、この地のワインの個性を生み出している。

甘口のマルバシア

ラ・パルマのワインは、最も個性的で伝統のある甘口のマルバシアなしには語れない。マルバシアはサン・アントニオ火山の麓や、ロス・リャノス・ネグロス・デ・フエンテカリエンテ、オヨ・デル・マソでしか栽培されていない。マルバシア種のなかでもこの島で栽培されている品種は最も古く、ギリシャ産のマルバシアと遺伝子学的に大変似ている。

ブドウは過熟してから収穫される。アルコール度数と酸味のバランスが取れた果汁を得るため、果粒が十分な糖度に達したと思われるときまで収穫を遅らせているのだ。

マルバシアで造られるワインは、法律上、ビノ・ナトゥラル・ドゥルセに分類され、その醸造プロセスでは、発酵を止めるために酵母やアルコールや濃縮果汁を添加することはない。

D.O. ラ・パルマのブドウはバラエティに富み、赤、白の多くのワインを生み出す。

認定品種
白ブドウ
マルバシア
リスタン・ブランコ
モスカテル
ペドロ・ヒメネス
ブラブランカ
ブレバル
ディエゴ

黒ブドウ
ネグラモル
リスタン・ネグロ

こうしてアルコール度数13～22%の、濃い黄金と琥珀色に輝く、豊かな香りと複雑なハーモニーを奏でるワインができあがる。

独特なワイン「ビノ・デ・テア」

ラ・パルマ独特のワインに、「ビノ・デ・テア」と呼ばれるワインがある。ラ・パルマ北部地域の伝統的なワインで、通常、ネグラモル、アルビーリョ、リスタン・プリエトを用い、カナリア松（テア）の樽で最長6ヵ月熟成させる。松やにの強い香りと味わいがもたらされる。

D.O. ランサローテ

暗灰色の火山灰と砂でできた地面には、ブドウ栽培用に穴が掘られており、まるでそれぞれのブドウが自らの「巣」をつくったかのようだ。ひと株ごとに半月状の石垣で囲われている場合もある。これは、火山の噴火によってできた島、ランサローテの伝統的なブドウ栽培の驚くべき光景である。

地理・自然環境

D.O. ランサローテには、3つのワイン醸造地区が含まれる。ヤイサとティアスを擁するラ・ヘリア地区、ティナホとの間に最大のブドウ栽培面積をもつマスダチェ地区、アリアとテギセを擁するイェ・ラハレス地区である。合計で約3355ヘクタールのブドウ畑がある。

これらの地区のブドウ栽培の特徴は以下のとおりだ。まず、島がほぼ平らなため、ブドウ畑は標高100～500mに位置する。もうひとつの特徴は気候である。乾燥した亜熱帯性で、降水量は年間を通して非常に少なく、雨の降る時期も変動し、気温は16～24℃と非常に安定している。時として、乾燥した東風が島に吹きつけ、気温が著しく上昇することがある。3つめの特徴は土壌である。暗灰色の火山灰でできており、夜露や貿易風が運んでくる湿気を留めるスポンジのような役割を果たしている。その湿気が1日かけて少しずつブドウに伝わっていく。このような土壌はランサローテ独自のものだ。

努力と才能

このように島の独特な地勢と環境条件により、ワイン醸造家は与えられた環境をうまく利用する必要に迫られた。そして努力の結果、この島の極めて個性的で魅力的な景観を生んだ独自の栽培システムによって、「ピコン」と呼ばれる火山灰の上でブドウを栽培することに成功したのである。

このシステムでは、ブドウを植える土があらわれるまで火山灰の表土を掘って、漏斗型の穴（深さ2mまで）をつくる。ひとつの穴に1～3本のブドウの樹が植えられ、定期的に風が運んでくる灰で覆われないように、また風そのものからも樹を守るため、穴の周りを半円状の石垣で囲む。

ラ・ヘリア地区では「ピコン」の層の厚さが3mを超える場合があるため、表土に穴を開けるこのシステムを採用している。一方、ティナホ地区とアリアでは、火山灰の層が浅いため、地面に溝を掘る方法が用

ラ・ヘリア地区は、何世紀も前のスタイルのマルバシアワインを造っている。

ラ・ヘリアにあるブドウ畑の囲い。鉱物でできたこの漏斗が、わずかな雨水や露をブドウの根に集めてくれる。

いられている。

独特な白ワイン

収穫されたブドウの大部分は白ワインの生産を目的としている。なかでも、マルバシアのワインの生産量は群を抜いている。マルバシアと言ってもラ・パルマ島で栽培されているものとは異なり、ランサローテのものは非常に強い香りを放ち、独特の個性をもちあわせている。白ワインはアルコール度数が 10.5〜14.5% と定められている。

● マルバシア・セコ・ホベン

麦わらのような黄色、ドライハーブと熟したフルーツの繊細な香りを帯びる。口の中でアルコールの強さを感じさせる。

● マルバシア・ドゥルセ

薄い黄色、非常に複雑で豊かなニュアンス（フェンネル、ハッカ、パイナップル、白い花）をもつ。味わいは力強く、甘みと酸味のバランスがよい。素晴らしい余韻がある。

● マルバシア・セミドゥルセ

金色がかった麦わらのような黄色とマルバシアの強い香りが特徴。ソフトでフレッシュな口当たりでフルーティ。

● 樽発酵のマルバシア・セコ

金色がかった輝く黄色。いぶしたミネラルの香りが熟したフルーツのベースの上に重なる。フレッシュで力強い口当たり。

● ディエゴ・セコ・ホベン

麦わらのような光り輝く黄色、マルバシア種のもつフルーティな香り。非常にうまみがあり長い余韻がある。

● ビノ・デ・リコール　モスカテル・ドゥルセ

古金色のような黄色、アーモンドのベースの上にハチミツの力強い香り。うまみがありバランスがよい。

● モスカテル・ドゥルセ・ナトゥラル

いくつかの醸造所で実験的にこのタイプのワイン造りを始めている。生産全体からみるとまだ少数派。

Vinos de España

認定品種	
白ブドウ	黒ブドウ
フォラステラ・ブランカ	ネグラモル・ネグラ
リスタン・ブランコ	ネグラモル・ロサダ
グアル	リスタン・ネグロ
マルバシア・ブランカ	マルバシア・ロサダ
ブラブランカ	ティンティーリャ
ブレバル	モスカテル・ネグロ
マルマフエロ	カステリャーナ・ネグラ
モスカテル	バスタルド・ネグロ
ペドロ・ヒメネス	リスタン・プリエト
ベルデーリョ	ビハリエゴ・ネグロ
ビハリエゴ	テンプラニーリョ
アルビーリョ	カベルネ・ソーヴィニヨン
サブロ	ルビー・カベルネ
	メルロ
	ピノ・ノワール
	シラー

D.O. タコロンテ・アセンテホ

このD.O.の特徴はバラエティ豊かなワインと様々な醸造法にある。生産の大部分が昔ながらの庶民的な経営者によるものだが、醸造所は徐々に近代的で市場のニーズに合った醸造法を取り入れている。

地理・自然環境

D.O. タコロンテ-アセンテホはテネリフェ島北部に位置し、サンタ・クルス・デ・テネリフェ、サン・クリストバル・デ・ラ・ラグナ、エル・ロサリオ、テゲステ、タコロンテ、エル・サウサル、ラ・マタンサ・デ・アセンテホ、ラ・ビクトリア・デ・アセンテホ、サンタ・ウルスラを擁する。合計2422ヘクタールのブドウ畑は、テネリフェ島の栽培面積の42%、カナリア諸島全体の20%にあたると推定されている。

ブドウは標高100〜1000mまでの段々畑や斜面で栽培され、土壌は有機物を豊富に含み、窒素、リン、カリウムの含有が多く、赤みがかった色の火山性土壌である。これらの条件に、晴天が多く穏やかな気温に恵まれた気候と、貿易風がもたらす非常に高い湿度が加わることにより、ブドウとワインに独自の官能特性が与えられる。

赤ワインの産地

このD.O.では白とロゼも生産しているが、最も特徴的なのは赤ワインである。なかでも若飲みタイプは素晴らしく、紫がかった色味のチェリーレッドで輝きがある。芳香性に富み、レッドベリーを思わせるフルーティさと辛口でしっかりした骨格をもち、長い余韻がある。

赤ワインのなかには、6ヵ月間樽熟成し頑健でフルーティな力強い香りを帯びたものや、オーク樽で6ヵ月以上、瓶で18ヵ月以上熟成させた複雑なアロマをもつクリアンサ、オーク樽で12ヵ月以上、瓶で24ヵ月以上熟成させたトーストやタバコの香りを帯びたレセルバも

テネリフェのD.O.タコロンテ・アセンテホには、1997年にサブゾーンとしてパルケ・ルラル・デ・アナガの地区が加わった。タガナナとエル・バタンに1軒ずつ醸造所が登録されている。写真はタガナナの景観。ブドウ畑が岩山に張り付いているようである。

造られている。

マセレーションを行なった赤ワインはフルーティで強い香りを帯び、口の中で軽やかなタンニンが感じられる。

D.O. バジェ・デ・グイーマル

こちらもカナリア諸島のなかで比較的最近になってD.O.認定された産地である。ヨーロッパで最も標高の高いブドウ畑があり、栽培面積のわりにワイン醸造に携わる人口が多いとされる。魅力的な産地であることは確かだが、まだ今後の道のりは長いと言えるだろう。

地理・自然環境

このD.O.はテネリフェ島の南東部に広がり、アラフォ、カンデラリア、グイーマルがある。バジェ・デ・ラ・オロタバの延長部分と考えることもできる。

この島特有の気候の影響を受ける約1500ヘクタールのブドウ畑は、次のふたつの特徴をもつ。ひとつはごく狭い面積でありながら標高差が激しいこと、もうひとつは周辺地域に比べて貿易風の影響を受けやすいことである。一方で、昼夜の温度差が大きく、収穫の時期が大幅に遅れる。

ブドウ畑は3つの異なる土壌から成っている。標高800～1500mに位置する高地はシルトロームであり、酸性で有機物が少ない。標高150～700mの中間にあたる地域や沿岸部で土壌が痩せておりアルカリ性である。

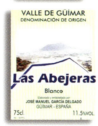

D.O. バジェ・デ・グイーマルの主な銘柄のラベル。

一般的にはブドウ栽培に不適とされる溶岩土壌でブドウを育てている畑もある。

主力は白ワイン

この地域の生産の80％を占める白ワインは、様々なタイプに分類される。

- **辛口白ワイン**：若飲みタイプのワインで、ブドウ品種の特徴がよくあらわれている。アルコール度数は11％～12％
- **中辛口白ワイン**：芳香性があり、バランスのとれた味わい。複雑さとうまみがあり、余韻が長い
- **樽熟成の白ワイン**：フレッシュで、果実とスモークした樹の香りのバランスがよい。口に含むとグリセリンが感じられる

ロゼも数種類ほど生産しており、イチゴやラズベリーを思わせる強いアロマを帯びている。

赤ワインは生産全体から見ると少数で、若飲みタイプを造っており、6ヵ月間の樽熟成と炭酸発酵を経ている。軽やかで野性味のあるワインができる。

認定品種	
白ブドウ	黒ブドウ
リスタン・ブランコ	リスタン・ネグロ
グアル	バスタルド・ネグロ
マルバシア・ブランカ	ネグラモル
モスカテル	マルバシア・ティンタ
ベルデーリョ	ビハリエゴ・ネグロ
ビハリエゴ	モスカテル・ネグロ
	テンプラニーリョ
	カベルネ・ソーヴィニヨン
	ルビー・カベルネ
	メルロ
	ピノ・ノワール
	シラー

D.O. バジェ・デ・ラ・オロタバの豊富なラインナップ。

それ以外にも、上品なアロマと長い余韻のあるマルバシアのビノ・ドゥルセ・ナトゥラル、伝統的な二次発酵方式で造られる、繊細な泡とソフトなうまみが特徴のスパークリングワインがある。

D.O. バジェ・デ・ラ・オロタバ

かつてバジェ・デ・ラ・オロタバはマルバシア王国であり、ブドウ栽培が盛んであった。世界中で親しまれたこのワインの産地は、今日20世紀末に失った地位を取り戻そうと努力している。と言っても遠い思い出と化してしまったマルバシアワインとビノ・ドゥルセを生産するのではなく、白、赤、ロゼをベースに、地元の固有品種を使ったワイン造りを試みている。

地理・自然環境

この D.O. には、テネリフェ島北部に位置する自治体、ラ・オロタバ、ロス・レアレホス、プエルト・デ・ラ・クルスが含まれる。合計で1000ヘクタールのブドウ畑がテイデ山の麓から海に至る谷間に広がっており、標高は150～900mである。ブドウを栽培している地域の気候は、基本的にほかの島について説明したとおりで、年間の気温差がほとんどなく温暖で、貿易風の影響で湿度が高い。

この地域の土壌は浅く吸水性があり、ミネラルが豊富でやや酸性である。

ワインのラインナップ

この地域では「非発泡性」の白、ロゼ、赤が生産されている。白ワインは、バジェ・デ・ラ・オロタバの西側エリアでの生産が多い。麦わらのような黄色の若飲みタイプで、フレッシュかつフルーティ。アニスや草の香りをもつ。辛口、樽発酵の辛口、中辛口、中甘口、甘口の白ワインがある。また、スパークリングとヘネロソの白もある。ロゼは多くはないが今後有望なワインである。ラズベリー色でフレッシュ、野生のフルーツの香りを帯び、非常に心地よい口当たりが特徴。流通の大半は若飲みタイプだが、樽で短期熟成を経たものもある。赤はバジェ・デ・ラ・オロタバの東部と中央部に特有のワインで、紫がかったアメリカンチェリーの赤色をしている。多様な果実を思わせるアロマの強さがあり、ソフトでバランスのとれた口当たり。主

白ブドウ品種	
推奨品種	認定品種
グアル	リスタン・ブランコ
マルバシア	フォラステラ・ブランカ
ベルデーリョ	バスタルド・ブランコ
ビハリエゴ	トロンテス
	ペドロ・ヒメネス
	マルマフエロ
	モスカテル

黒ブドウ品種	
推奨品種	認定品種
リスタン・ネグロ	バスタルド・ネグロ
ネグラモル	モスカテル・ネグロ
マルバシア・ロサダ	ティンティーリャ
	ビハリエゴ・ネグロ

流の赤の若飲みタイプに加え、樽熟成タイプやクリアンサ、カーボニック・マセレーション（炭酸ガス浸漬法）を経たワイン、甘口タイプの赤ワインもある。

D.O. イコデン・ダウテ・イソーラ

この原産地呼称で保護された地域には、樹齢1000年とも言われる竜血樹の巨木が生息する町、イコ・デ・ロス・ビノスが含まれている。これは、この地に長い歴史とワイン造りの実績があることを物語っている。カナリア諸島のほかの島のブドウ畑と同様、近年では地元の固有品種に支えられている。

地理・自然環境

この D.O. はテネリフェ島の北西部に位置し、地区内にはサン・フアン・デ・ラ・ランブラ、ラ・グアンチャ、イコ・デ・ロス・ビノス、ロス・シロス、エル・タンケ、ガラチコ、ブエナビスタ・デル・ノルテ、サンティアゴ・デル・テイデ、ギア・デ・イソーラがある。ブドウが栽培されている1600ヘクタールのうち、統制委員会に管理されているのは335ヘクタールのみである。この地域の気候は地中海性だが、各エリアの地理的条件によって生み出される無数のマイクロ気候がある。年間平均気温は19℃前後、降水量は年間でおよそ540mmである。貿易風が「水平方向の雨」と呼ばれる現象（つねに低い位置にある雲が、植物を湿らせる現象）を引き起こしている。貿易風はここでもブドウが必要とする湿気を運ぶ役割を果たしているのだ。土壌は標高の高い土地では火山性で、中間の土地では粘土質である。

ブドウのもつ香り

現在ブドウ栽培面積の80%を占めるリスタン・ブランコとリスタン・ネグロの特性が、この地域のワインを特徴づけている。最も特徴的なのは白ワインで、概してフレッシュでうまみがあり、豊かな表情をもつ。流通しているのは辛口、中辛口、中甘口、甘口タイプ。ロゼは非常に芳香性が豊かで心地よく、イチゴのような赤色を帯びている。赤ワインは大変フルーティでフレッシュさがあり、時にバルサミコの香調をもつ。流通しているのは、若飲みタイプが比較的多い。

バナナ園とブドウ畑に囲まれたイコ・デ・ロス・ビノスの竜血樹。

カンタブリア州

放牧と穀物栽培の導入により、カンタブリアのブドウ畑は消滅しかけた。写真はバジェ・デル・サハの耕作地。

ブドウ畑の面積は、今日でこそ広いとは言えないが昔は違った。中世には、ブドウ畑はこの県（1州1県）のどこにでも見られる風景で、そのほとんどが教会や修道院の庇護を受けていた。だが、政府による永代所有財産の没収や、放牧の始まりによってブドウ栽培は衰退していった。

現時点では、カンタブリア州には原産地呼称を認定されたブドウ畑はない。ただし、同州のワインは、生産量、品質ともに年々急速に向上している。現在、V. T. コスタ・デ・カンタブリアと、V. T. リエバナの2地区で11種類のワインが保護地理的表示が認められている。

V. T. コスタ・デ・カンタブリア

この呼称で保護されるブドウ畑は、海岸地域から大西洋の影響が及ぶ標高600m以下の内陸の盆地にある。主な栽培地はバジェ・デ・ビリャベルデ、ビドゥラル、バルセナ・デ・シセロ、エスレス、ビリャフフレ、カスティーリョ・ペドロソ、マスクエラスである。この地域にあるブドウ畑の総面積の33%が認定されており、12の生産者と7軒の醸造所が含まれる。

2005年にこの地理的表示で認められた白ブドウ品種は、アルビーリョ、ゴデーリョ、マルバシア、オンダリビ・スリ、ピカポル・ブランコ、ベルデホ・ブランコ、シャルドネである。黒ブドウはオンダリビ・ベルツァ、ベルデホ・ネグロのみである。白ワインのほうが評判が高く、アルコール度数は9.5%、フレッシュで花の香りが強い。赤ワインの最低アルコール度数は10%である。

バスク地方の品種

V. T. コスタ・デ・カンタブリアの生産には、バスク地方に由来するふたつの品種、オンダリビ・スリとオンダリビ・ベルツァが認められている。

オンダリビ・スリは白ブドウで、中くらいのコンパクトな房をつけ、果粒は小さく黄金色である。果汁は柑橘系、熟した果実や草花の香りを帯びる。オンダリビ・ベルツァは黒ブドウで発芽が早く、熟期は遅い。房は小さく粗着で、皮は厚く、青みがかった黒色。ワインに酸味と優れた骨格をもたらす。

V. T. リエバナ

この産地にはV. T. コスタ・デ・カンタブリアで除外された自治体（ポテス、ペサグエロ、カベソン・デ・リエバナ、カマレーニョ、カストロ・シリョリゴ、ベガ・デ・リエバナ）が含まれる。約15.5ヘクタールのブドウ畑が認定され、35の生産者が登録されている。

ブドウの認定品種は、白ブドウはアルビーリョ、ゴデーリョ、パロミノ、ベルデホ、アルバリン・ブランコ、シャルドネ。黒ブドウはメンシア、テンプラニーリョ、ガルナッチャ、グラシアーノ、アルバリン・ネグロ、メルロ、シラー、ピノ・ノワール、カベルネ・ソーヴィニヨン。

生産の主力は若飲みタイプであり、白ワインとメンシアの赤ワインが高く評価されている。最低アルコール度数は、V. T. コスタ・デ・カンタブリアと同じである。

ワインの特性		
	白ワイン	赤ワイン
アルコール度数	9.5%	10%
総酸（酒石酸g/ℓ）	5〜10g/ℓ	5〜8.5g/ℓ
揮発酸（酢酸g/ℓ）	—	0.8g/ℓ（熟成ワインを除く）
亜硫酸含有量	150mm/ℓ	120mm/ℓ
残糖量制限	5g/ℓ	5g/ℓ

V. T. コスタ・デ・カンタブリアのワインは沿岸地区と標高 600m 以下の内陸盆地で生産されている。

カスティーリャ・ラ・マンチャ州

この州ほど広大な土地でブドウ栽培が行なわれているところは、世界中を見てもないだろう。栽培総面積は60万ヘクタール弱、スペイン全土のブドウ畑の50％、ヨーロッパの20％、世界の7％強にあたると推定されている。このどこまでも続く世界最大のブドウ畑で、惜しみなく降り注ぐ太陽の恵みを受けてブドウが育っている。

地域内の多様性

ここでは、伝統的にブドウ栽培が行なわれてきた。特筆すべき歴史はないが、ブドウをはじめてこの地に植えたのはローマ人だったという。そして中世には、ブドウ栽培とワイン醸造があまねく発展した。

現代では、ブドウ品種、栽培方法、技術、品質の面で競争力をもち、ブドウ産業はカスティーリャ・ラ・マンチャの経済において重要なセクターとなっている。広大な面積を有するため、当然ながら生産は非常に多様化している。ブドウの約半分はテーブルワインに、20％強が果汁に、17％が蒸留酒に、6％が原産地呼称ワインに、5％がV.T.に加工される。

同州には9つのD.O.があり、それぞれが互いに異なるユニークな地域性を示している。アルマンサやモンデーハルのように、生産活動が控えめなところもあるが、リベラ・デ・フーカルやウクレスなど、高い目標を掲げ、醸造法の革新を目指す興味深いプロジェクトに乗り出しているところもある。また、ラ・マンチャのような長い歴史をもつ広大な地域が、将来に向けて革新の動きを見せている。醸造所に独自のワインを瓶詰めする意志があり、良質なワインを造ることができるにも関わらず、余剰生産をもたずに一定の売上を得るため、依然として生産の大半、特にガルナッチャを大量にブレンドワインや果汁用に加工しているところもある。

さらに同州には、独特な個性をもつワインを保護する7つの単一ブドウ畑限定高級ワイン（ビノ・デ・パゴ）およびV.T.カスティーリャがある。

ビノ・デ・パゴ（V.P.）

ビノ・デ・パゴは非常に特色のあるワインで、厳密に範囲が定められた単一畑（パゴ）のブドウを用いて、畑内にある醸造所で造られている。その名のとおり、素晴らしい品質と個性をもった最上級のワインと言える。なぜなら、用いられるすべてのブドウは同じ土壌、同じマイクロ気候の下で栽培され、生産量が限られるため、品質の管理が徹底されるからだ。フランスの規定で言うなら、ビノ・デ・パゴは「シャトー」に近い。

カスティーリャ・ラ・マンチャ州ははじめてV.P.の認定を受けた地域であり、現在、この呼称をもつ畑の数はスペイン一である。2014年までの時点で、同州には8つのV.P.（カンポ・デ・ラ・グアルディア、デエサ・デル・カリサル、ドミニオ・デ・パルデプーサ、フィンカ・エレス、ギホソ、パゴ・カサ・デル・ブランコ、パゴ・フロレンティーノ、カルサディーリャ）がある。近いうちに、このリストにパゴ・デ・バリェガルシア（シウダ・レアル県レトゥエルタ・デル・ブリャー

垣根仕立てによる栽培、選別剪定などの技術の導入や、生産設備・プロセスの改善によって、カスティーリャ・ラ・マンチャのワインはごく短期間でしかるべき評価を獲得した。

原産地呼称 （D.O.）	単一ブドウ畑限定高級ワイン（V.P.）	ビノ・デ・ラ・ティエラ（V.T.）
アルマンサ	カンポ・デ・ラ・グアルディア	カスティーリャ
フミーリャ（ムルシア州にまたがる）	デエサ・デル・カリサル	ガルベス
ラ・マンチャ	ドミニオ・デ・バルデプーサ	ポソオンド
マンチュエラ	フィンカ・エレス	シエラ・デ・アルカラス
メントリダ	ギホソ	
モンデーハル	パゴ・カサ・デル・ブランコ	
リベラ・デル・フーカル	パゴ・フロレンティーノ	
ウクレス		
バルデペーニャス		

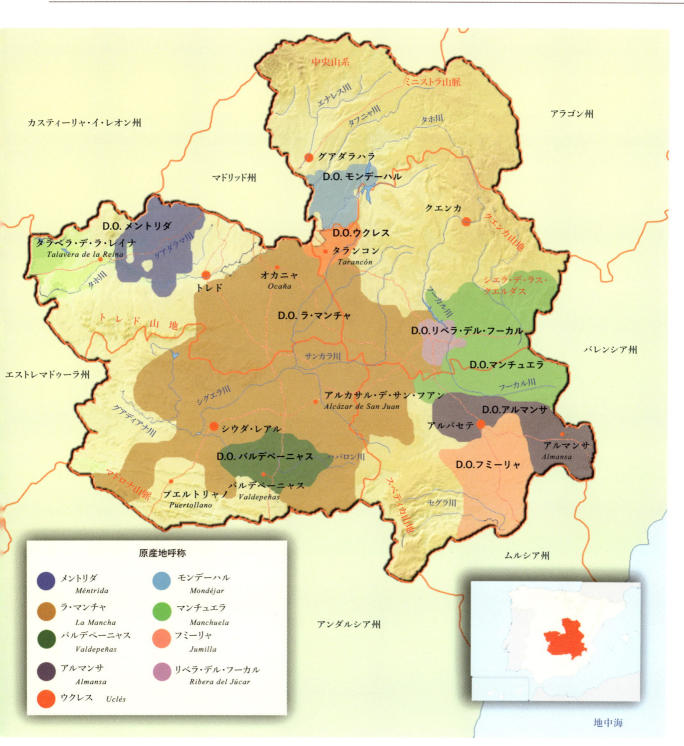

ケ）およびパゴ・デル・アマ（トレド県シガラル・デ・サンタ・マリア）が加わる可能性がある。

V.P.デ・カンポ・デ・ラ・グアルディア

カンポ・デ・ラ・グアルディア（トレド県）は81ヘクタールのブドウ畑を有する。所有者はゴンサレス・ボレーゴ一家の醸造所ボデガス・マルトゥエで、1990年から経営に携わっている。このパゴの栽培品種は、白ブドウはシャルドネ、黒ブドウはカベルネ・ソーヴィニヨン、メルロ、プティ・ヴェルド、マルベック、テンプラニーリョ、シラーである。白ワインは、シャルドネを使って1〜3ヵ月間樽発酵

させたもの、赤ワインは次の3種類を生産している。ひとつめはブレンドワインで、上記の品種を割合を変えて組み合わせ、発酵後10ヵ月以上、オーク樽で熟成させたもの。次は単一品種から造るワインで、9ヵ月以上の樽熟成に加え、その半分の期間を瓶熟成させたもの。残るはスペシャル・セレクションのワインで、前述のワインと同様の熟成を経て、主にカベルネ・ソーヴィニョン、メルロ、シラーを用いて、ほかの品種と割合を変えてブレンドしたものである。

V.P. デエサ・デル・カリサル

このD.O.で保護されているのは、レトゥエルタ・デル・ブリャーケ（シウダ・レアル県）の22ヘクタールの畑である。大陸性の気候で、ブドウ畑は標高900mに位置する。ワインの大部分は、カベルネ・ソーヴィニヨンに加え、メルロ、シラー、白のシャルドネなどフランス産品種で造られている。現時点で6つのタイプがある。樽発酵を経たシャルドネの白ワインが1種類、カベルネ・ソーヴィニヨンかシラーを使った単一品種の赤ワイン、ブレンドの赤ワイン3種類、10ヵ月または13ヵ月の熟成を経たスペシャル・セレクション2種類である。

V.P. ドミニオ・デ・バルデプーサ

ドミニオ・デ・バルデプーサは、マルピカ・デ・タホ（トレド県）のカサ・デ・バカスにあり、マルケス・デ・グリニョンのカルロス・ファルコが所有している。ここでフランスの伝統的な品種と新しい栽培方式が試験的に導入された。このパゴの栽培品種は、カベルネ・ソーヴィニヨン、メルロ、プティ・ヴェルド、グラシアーノ、シラー。単一品種またはブレンドの赤ワインのみを生産する。概して濃い色で深みがあり、ほのかでふくよかな香りを帯び、上品な口当たりである。

V.P. フィンカ・エレス

フィンカ・エレスは2002年7月にスペインではじめてV.P.に認定された。エル・ボニーリョ（アルバセテ県）のシエラ・デ・アルカラスにある約40ヘクタールの畑である。ブドウは標高1080mの地で生育し、この地域のマイクロ気候を享受している。一日の寒暖差が激しく、ブドウの適切な成熟度と品質にとって非常に恵まれた環境である。白品種はシャルドネ、黒品種はカベルネ・ソーヴィニヨン、メルロ、テンプラニーリョ、シラーを栽培。このパゴでは、シャルドネを用いて樽発酵した白ワイン、シラー単一品種の赤ワイン、カベルネ・ソーヴィニヨン、メルロ、テンプラニーリョをブレンドした複数のワインが造られる。これらの赤ワインの熟成期間は、メディア・クリアンサ、クリアンサ、レセルバ、グラン・レセルバに分かれる。概して、頑丈でミネラル感のあるワインである。

V.P. ギホソ

ギホソの畑も同じくエル・ボニーリョ（アルバセテ県）に位置し、標高1000mでグアディ

パゴ・ドミニオ・デ・バルデプーサのブドウ畑とワインのラインナップの一部。

アナ川の水源に近いボデガス・イ・ビニェドス・サンチェス・ムリテルノ（醸造所とブドウ畑名）のブドウ畑の複数の区画が含まれる。標高が高く夜間は非常に冷えこむが、日照量が豊富で良質のブドウができる。ブドウ畑は99ヘクタールで、標高は平均1000m。気候、土壌とも非常に独特で際立っている。栽培品種はカベルネ・ソーヴィニョン、メルロ、シラー、テンプラニーリョ、シャルドネ、ソーヴィニヨン・ブラン。

収穫は手作業で行なわれ、農薬などを使用せず、環境に優しい生産を試みている。このパゴで造られるワインには次の4つのタイプがある。ディヴィヌス（シャルドネ使用、単一品種の白）、ベガ・ギホソ（メルロ63%、カベルネ・ソーヴィニョン7%、シラー30%）、ビニャ・コンソラシオン（カベルネ・ソーヴィニヨン使用、単一品種）、そしてマグニフィクス（シラー100%）である。赤ワインはすべてマグナム瓶（長期保存用の1.5ℓ瓶）に詰められる。

V.P. カサ・デル・ブランコ

マンサナレス（シウダ・レアル県）近くの所有地にある92ヘクタール余りのパゴ。ここでは白ブドウはアイレン、モスカテル・デ・グラノ・メヌード、シャルドネ、ソーヴィニヨン・ブランを、黒ブドウはテンプラニーリョ、ガルナッチャ、カベルネ・ソーヴィニヨン、メルロ、プティ・ヴェルド、マルベック、カベルネ・フラン、シラーを栽培している。ソーヴィニヨン・ブランとシャルドネを混ぜた白ワインと複数の種類をブレンドしたクリアンサタイプの赤ワインを生産している。

V.P. フロレンティーノ

この畑はタブラス・デ・ダイミエル国立公園にほど近いマラゴン（シウダ・レアル県）にあり、フロレンティーノ・アルスアガの所有地である。総面積58ヘクタールのブドウ畑で、南向きの斜面に黒ブドウのテンプラニーリョ、プティ・ヴェルド、シラーのみを栽培。テンプラニーリョ（90%）を主体に他品種（10%）をブレンドしオーク樽で、6〜18ヵ月間、熟成したワインのみを造る。

V. T. カスティーリャ

カスティーリャ・ラ・マンチャ産のブドウを用いたワインは、この地域ならではの良質なワインを求める消費者向けに造られているが、テーブルワインや原産地呼称ワインとは異なる。ワインの表ラベルには、ワインを瓶詰めまたは出荷した町の名前を記載しなければならない。最低アルコール度数は、白とロゼが11度、赤ワインが12度。生産には次の品種が用いられる。赤ブドウの推奨品種は、カベルネ・ソーヴィニヨン、メルロ、シラー、ボバル、ガルナッチャ・ティンタ、モナストレル、プティ・ヴェルド、テンプラニーリョ。補助品種はコロライーリョ、フラスコ、ガルナッチャ・ティントレラ、モラビア・ドゥルセ、ネグラル、ティント・ベラスコ。白ブドウは、アイレン、アルビーリョ、シャルドネ、マカベオ、マルバル、ソーヴィニヨン・ブランが主で、補助品種はメルセゲラ、モスカテル・デ・グラノ・メヌード、パルディーリョ、ペドロ・ヒメネス、トロンテスである。

D.O. アルマンサ

このブドウ栽培地域は、特に「女王」品種であるガルナッチャ・ティントレラをもとに16

上の写真は、エル・ボニーリョ（アルバセテ県）のパゴ・ギホソでのメルロの収穫。下は、ボデガス・イ・ビニェドス・サンチェス・ムリテルノの敷地内にあるエノツーリズム（ワインをテーマとした旅行）用の複合施設。

認定品種	
白ブドウ	黒ブドウ
アイレン	ガルナッチャ・ティントレラ
ベルデホ	モナストレル
モスカテル・デ・グラノ・メヌード	テンプラニーリョ(センシベル)
シャルドネ	カベルネ・ソーヴィニヨン
	シラー
	メルロ
	プティ・ヴェルド

世紀から絶え間なく発展してきた。比較的最近まで収穫の大半が大量生産のワイン用で、寒冷地の欧州産ワインにアルコール度数と色調を強めるため輸出されていた。しかし、近年この傾向が変化し、ガルナッチャ・ティントレラのみを用いたワイン、あるいはガルナッチャ・ティントレラとモナストレルをブレンドしたワインの瓶詰めに成功する醸造家が増えている。

地理・自然環境

このD.O.はアルバセテ県の南西の端に位置し、アルマンサ、アルペラ、ボネテ、コラル・ルビオ、イゲルエラ、オヤ・ゴンサロ、ペトロラ、そしてエル・ビリャル・デ・チンチーリャが含まれる。

カスティーリャ・ラ・マンチャ州の東端、バレンシア州とムルシア州に接するこの地域のブドウ畑は標高700mに位置し、ほとんどが平坦な土地で有機物に乏しい石灰質の土壌だが、粘土質の土壌で栽培されている所もある。

気候は大陸性で、夏は気温が40℃に達することが多く非常に暑い。降水量はごくわずかで年間250mmほどである。

主役のガルナッチャ・ティントレラ

高い気温が特徴的なこのような地域では、ガルナッチャ・ティントレラが生産の主流となる。乾燥や寒さに非常に強い品種で、育てやすく、生産性が高いからである。熟期の遅い黒ブドウで、酸化しやすい。果実は中くらいのサイズ、皮は暗い赤色で、果肉はやや赤みがかっている。強い香りと濃い色合いをもつ、フルボディで豊満な、タンニンと酸味が豊かなワインを生み出す。これらの特性によりガルナッチャ・ティントレラは長らく大量生産のワイン向きとされてきたが、おそらく現代人の嗜好には収れん性（歯茎にまとわりつく渋さ）が強く、味がきつすぎた。しかし、醸造所によってはまさにこの特性を利用して、ブドウの強さを維持しながら、醸造の観点から見てより品質のよいワインを造っている。

2番目に広く栽培されている品種モナストレルは、ガルナッチャ・ティントレラと同様、厳しい気候に耐え、生産性が高い。通常、ワインの骨格を強めるためガルナッチャ・ティントレラとのブレンドされる。

伝統的品種に加え、現在重要性が高まっているのは、テンプラニーリョ（センシベル）で、素晴らしい結果を出している。

赤ワイン王国

D.O.アルマンサには、ガルナッチャ・ティントレラか他品種かを問わず、認定地区で栽培されたブドウで主に赤ワインを生産する12の醸造所がある。

ガルナッチャ・ティントレラを用いて瓶詰めされた赤ワインは、この品種がもたらす力強さと豊満さをもつ一方、心地よい爽やかさとフルーティさもある。テンプラニーリョで造られるワインは若飲み用として流通し、濃いサクランボ色でフルーティさがある。その他の赤ワインは様々な品種がブレンドされ、複雑さをもつ。赤ワインのタイプには、ホベン、樽発酵、クリアンサ、レセルバ、グラン・レセルバがある。

さほど代表的ではないが、アイレンとシャルドネを用いた白ワインも生産している。

ロゼはすべて若飲み用で、ピンクまたはサーモンピンク色、フルーティな香りを帯び、フレッシュでうまみがある。

D.O.ラ・マンチャ

ラ・マンチャの広大な平原を埋め尽くすブドウの海。昔から栽培が続くスペインで約95万ヘクタールものブドウ畑は、すべてが高品質のワイン向けとは

D.O.アルマンサのブドウ畑。背景は石灰岩でできたエル・ムグロン山。

ガルナッチャ・ティントレラはこの地域で最も収穫量の多い品種。

Vinos de España

認定品種	
白ブドウ	黒ブドウ
アイレン	テンプラニーリョ（センシベル）
ベルデホ	ガルナッチャ・ティンタ
モスカテル・デ・グラノ・メヌード	モラビア・ドゥルセ
マカベオ	ボバル
パルディーリャ	メンシア
パレリャーダ	モナストレル
ペドロ・ヒメネス	グラシアーノ
トロンテス	カベルネ・ソーヴィニヨン
シャルドネ	シラー
ソーヴィニヨン・ブラン	メルロ
ゲヴュルツトラミネール	プティ・ヴェルド
リースリング	カベルネ・フラン
ヴィオニエ	マルベック
	ピノ・ノワール

ブドウ畑と風車のある光景は、文学作品『ドン・キホーテ』を思い起こさせる。

限らない。しかし、この状況は変わりつつある。この地に眠る莫大なポテンシャルが引き出され、刷新された栽培方法と、高い品質と革新の両方を実現する醸造の専門家とともに、新たな形で歩み出そうとしているのだ。

地理・自然環境

95万ヘクタール近くというこの地方の驚くべきブドウ栽培総面積のうち、原産地呼称で保護されているのは約16万ヘクタールのみである。とはいえ、けっして「狭い」とは言えない面積である。このD.O.はアルバセテ（12の自治体）、トレド（46）、シウダ・レアル（58）、クエンカ（66）の各県にまたがる合計182の自治体に及ぶ。極度の大陸性気候であり、夏と冬の寒暖の差が激しい（夏の最高気温は40〜45℃、冬は−15℃まで下がる）。乾燥も激しく、年間降水量は300〜400mmしかない。

土地は平坦で目立った高地はなく、土壌は赤みがかった粘土質、石灰質、砂質である。

このような環境条件と長い日照時間は、乾地農業、とりわけブドウの栽培に向いている。

世界最大のブドウ栽培・ワイン醸造地であるラ・マンチャ地方は、95万ヘクタールのブドウ畑を有する。

醸造法の変化

伝統的にラ・マンチャのブドウ栽培の大半は、ブドウの蒸留酒の製造を目的としており、スペインのほかの地方、特にヘレス、あるいは外国（フランス）向けに輸出され、ブランデー、コニャック、アルマニャック（コニャックとアルマニャックは、フレンチブランデーの二大銘酒）の加工に使われていた。

残りのブドウは、並の品質のワイン造りに使われていた。様々な品種を一緒くたに圧搾し、目立った個性のない果汁を得て、屋外のタンクで発酵させる。醸造所の設備は時代遅れもはなはだしかった。

この状況は、品質を問わず収穫したブドウすべてを簡単にさばくには打ってつけであった。しかし1960〜70年代以降、ラ・マンチャ地方の特色を生かして

上質なワインを造ろうとする新たなブドウ栽培農家がこの地に定住したのにともない、状況が変わりはじめた。それにより、伝統的な品種の栽培から醸造方法に至るまで、ワイン産業全体の大革命が求められたのである。

現在では、いくつかの協同組合がアルコールおよびワインの大量生産を続けてはいるが、近代的設備を整えて醸造の専門家の指導を受けた醸造所もでてきている。彼らは、丹精込めた醸造と品質の追求により、傑出したワインを生産している。今後は、このふたつの点が当地のワイン造りの要となるだろう。

新旧の品種

この地域で昔から栽培されてきた品種は白ブドウのアイレンで、栽培のおよそ80%を占めている。この品種はラ・マンチャの自然環境下で非常によく生育し、耐久性と生産性に優れているうえ、酸化しやすいためアルコール生産に向いている。

先に述べた変革を目指し、ラ・マンチャのブドウ畑の一部では、伝統的に行なわれてきた白品種の栽培から黒品種、特にテンプラニーリョ(センシベル)への改植が始まっている。一方、カベルネ・ソーヴィニヨンなど、1970年代にマルケス・デ・グリニョン社のカルロス・ファルコによってこの地ではじめて試作されたフランス産の伝統的な黒品種の栽培にも取り組んでいる。また、シラーとプティ・ヴェルドもこの地域の環境特性に適合し、品種のよさが存分に引き立つワインを生み出している。

ラ・マンチャのワイン

約300の醸造所が認定されていることを考えれば、このD.O.のワインを概観するのは至難の業であることが理解できるだろう。特に考慮すべきは、その長い伝統が多数の異なるワインの流通を後押ししてきた点である。以下に白、ロゼ、赤、の大まかな特徴と醸造法を記す。

アイレンで造られた白ワインはフレッシュで、メロン、バナナ、パイナップルのようなトロピカルフルーツの風味がある。マカベオのワインはバランスがよく、非常に心地よい飲み口。一方で、近年ソーヴィニヨン・ブラン、ビウラ、ベルデホを使ったワインも増えており、将来が大いに期待できる結果を出している。

ロゼの生産はごく限られている。フルーティな香りを帯び、口当たりは非常にソフトで軽やかである。

近年品質が向上しているのは赤ワイン、特にテンプラニーリョを使ったものである。多くは若飲みタイプでブドウの個性が香りにあらわれ、うまみが感じられる。また、この地域の酷暑のもと、カベルネ・ソーヴィニヨンの単一品種ワインも生産されている。

ワインには次のタイプがある。

- **ホベン**：製造後9ヵ月が消費期限
- **オーク樽での熟成ワイン**：最低60日以上の樽での貯蔵が必要
- **クリアンサ**：2年間の自然熟成、うち半年は樽熟成が必要
- **レセルバ**：オーク樽で1年以上、瓶で2年以上の熟成が必要
- **グラン・レセルバ**：オーク樽で18ヵ月以上、瓶で42ヵ月以上の熟成が必要
- **トラディシオナル**：クリアンサとして造られるが、タンクまたはティナハス(土製大壺)で保存される。白のビノ・ナトゥラル・ドゥルセも含まれる
- **微発泡ワイン**：糖分の発酵に由来する少量の炭酸ガスが含まれる
- **スパークリングワイン**：伝統

アイレンはカスティーリャ・ラ・マンチャの栽培全体の80%を占める。旱魃への抵抗力と並外れた生産性が当地の気候と風土に見事に適合する。

Vinos de España

認定品種	
白ブドウ	黒ブドウ
マカベオ	ボバル
モスカテル・デ・グラノ・メヌード	テンプラニーリョ（センシベル）
ベルデホ	ガルナッチャ・ティンタ
パルディーリャ	ガルナッチャ・ティントレラ
アルビーリョ	フラスコ
シャルドネ	マスエロ
ソーヴィニヨン・ブラン	モナストレル
ヴィオニエ	モラビア・アグリア
	モラビア・ドゥルセ
	ロハル
	グラシアーノ
	カベルネ・ソーヴィニヨン
	シラー
	メルロ
	プティ・ヴェルド
	カベルネ・フラン
	マルベック
	ピノ・ノワール

的製法で造られ、9ヵ月以上の瓶熟成が必要

D.O. マンチュエラ

2000年に公式認定されたばかりだが、おそらくカスティーリャ・ラ・マンチャで最も有望なD.O.であろう。この地域は昔からワイン生産の実績があったが、1997年頃に変化の風が吹いてきた。高品質の瓶詰めワインを造るため、ブドウ栽培農家と醸造家たちが力を合わせ、栽培法と技術の近代化に努めた結果、すでに国内外の市場で成功を収めている。

地理・自然環境

生産地はフーカル川とカブリエル川の間に位置し、クエンカ県南東部にある44の自治体と、アルバセテ県の北東部にある25の自治体にまたがる。この地域は、峡谷によって途切れるなだらかな起伏が特徴で、ブドウ畑は標高600〜700m、北部では800mの場所にある。

気候は大陸性で、地中海からの湿気を帯びた風により夏はやや穏やかになり、夜間の気温も下がるため、ブドウの成熟に好都合である。

土壌は粘土質で、河川の堆積物に由来する石灰岩の上を覆っている。この類の土地は保水力が高く、ブドウ栽培に非常に適している。

将来性のあるワイン

最も特徴的なのは、テンプラニーリョ（センシベル）またはボバルを使った赤ワインである。しっかりした濃い色で、用いる品種によってサクランボの赤とアメリカン・チェリーの赤の中間の色になる。フルーティな強い香り、アルコール感の強さ、余韻がある。若飲み用の赤ワインのほか、樽発酵のワイン、オーク樽で熟成したもの、クリアンサ、レセルバ、グラン・レセルバ、カーボニック・マセレーション（炭酸ガス浸漬法）を経たワインも造られている。

ロゼは赤ワインと同じ品種のブドウで造られる。イチゴまたはラズベリーのようなピンク色で輝きがあり、フルーティでフレッシュな香りと調和のとれた味わいが特徴。

白ワインは主にマカベオで造られ、薄い黄色で透明度と芳

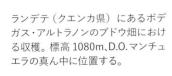

ランデテ（クエンカ県）にあるボデガス・アルトラノンのブドウ畑における収穫。標高1080m、D.O.マンチュエラの真ん中に位置する。

Castilla-La Mancha

認定品種	
白ブドウ	黒ブドウ
アルビーリョ	ガルナッチャ・ティンタ
ベルデホ	テンプラニーリョ（センシベル）
マカベオ	グラシアーノ
シャルドネ	カベルネ・ソーヴィニヨン
ソーヴィニヨン・ブラン	シラー
	メルロ
	プティ・ヴェルド
	カベルネ・フラン

D.O. メントリダの生産者のなかには、今でも地下の古いワインセラーを使っている所がある。多くは数百年の歴史がある。

香があり、ほのかな酸味が感じられる。複雑な味わいをもつ樽発酵の白も生産している。

スパークリングの白とロゼは、フルーティな香りとバランスのよさを併せもっている。

D.O. メントリダ

マドリッドの居酒屋でつまみを片手に飲むようなワイン産地として知られ、ハプスブルク家の時代にさかのぼる長い歴史をもつ。しかし、時代は変わり、今日の消費者の嗜好は違うタイプのワインを求めている。当地はそのための生産条件を備えている。ガルナッチャやシラーを使った赤ワインに上質なものが出てきており、将来への道が開かれ、非常に有望視されている。

地理・自然環境

このD.O.は、トレド県の北部、グレドス山脈の麓に位置し、北はアビラとマドリッド、東はタホ川と接している。51の自治体がアルバセテ川の下流域にあり、1万500ヘクタールのブドウ畑が表面を覆っている。標高は400～800m。気候は極度の大陸性であり、グレドス山脈の影響で幾分緩和されてはいるものの、夏は暑く、冬は長いうえに寒い。降水量はごくわずかで年間300mmしかない。

地形はなだらかな起伏があり、土壌は花崗岩からなる砂質土。酸性で石灰分が少ないため、ワインのフィネス（エレガントさ、繊細さ）を強調するのに適した条件が整っている。

新しいワイン

1976年に認定されて以来、ワイン生産に多くの変化がもたらされた。近年開設された近代的設備を有する醸造所が、この地が表現力に富むワインを産出する素晴らしい力をもっていることを証明している。

赤ワインは最高の結果を出している。濃いブラックチェリー色、熟した果実のアロマ、アルコール感の強いソフトな口当たり。大半はガルナッチャを主体にフランス産の伝統的品種をブレンドして造られている。

ロゼもほとんどがガルナッチャから造られ、ラズベリーの色でフルーティな香り、ソフトな口当たりのワインだ。

これらとは対照的に、白ワインは期待に応えられるほどの豊かな表現力はない。

D.O. モンデーハル

2100ヘクタールのブドウ畑と2軒の醸造所が認定されており、州内で最も小さいD.O.である。ワイン生産の伝統は古く、マドリッドに近かったため、

16世紀および17世紀には宮廷にワインを納めていた。しかし、現在市場で求められている品質基準を満たすには、この地区の革新と近代化はまだ十分とは言えない。

地理・自然環境

原産地呼称で保護されている産地は、グアダラハラ県の南西部に広がっており、タホ川とタフニャ川沿岸の次の自治体が含まれる。アルバラテ・デ・ソリタ、アルバレス、アルモゲラ、アルモアシッド・デ・ソリタ、ドリエベス、エスカリチェ、エスコペテ、フエンテノビーリャ、イリャナ、ロランカ・デ・タフニャ、マスエコス、モンデーハル、パストラナ、ピオス、ポソ・デ・アルモゲラ、サセドン、サヤトン、バルデコンチャ、イェブラ、ソリタ・デ・ロス・カネス。

気候は大陸性の要素を含んではいるが、温暖な地中海性である。年間平均気温は18℃前後、降水量は年間500mmで不規則に分布している。

霜は11月半ばから4月はじめにかけてよく見られる。

地形は特徴的で、タホ川とタフニャ川の河床がもたらす管状に伸びた土地、広大な平原、傾斜地がある。標高は平均800m未満。土壌はふたつのタイプに分かれる。砂利の混じった砂泥粘土質の堆積物を含む赤土は、浸透性と通気性にすぐれ、有機物とリンに乏しく、カリウムが豊富。もうひとつは泥灰岩と砂岩と礫岩の上を覆う褐色の石灰質土壌で、カルシウムと炭酸塩に富む。前者はこのD.O.の南部、後者は北部に特徴的な土壌である。

テンプラニーリョとマルバルのワイン

D.O.モンデーハルの主流品種はマルバルとテンプラニーリョで、それぞれ白ブドウと黒ブドウの栽培全体の80%および95%を占めている。

赤ワインはこの地域で最も代表的なワインで、テンプラニーリョを80%使う。ルビー色で強い芳香性があり、バランスがとれている。

ロゼでは、テンプラニーリョとマルバルのブレンドが多い。心地よく、ソフトで軽やかなワインで、生パスタと白身の肉に非常によく合う。

白ワインのほとんどはマルバルを70%使っている。薄い麦わらのような黄色で、ソフトでフルーティな香り、軽やかな口当たりが特徴。

D.O. リベラ・デル・フーカル

協同組合と醸造所、そしてクエンカ県の自治体による働きとイノベーション志向によって、リベラ・デル・フーカルはブドウ栽培とワイン醸造の伝統を結集させ、この分野の先端を行く地域へと発展した。この地域では、D.O. リベラ・デル・フーカルの規定を満たす品質のワインとD.O. ラ・マンチャのラベル付きで販売されるワイン、そしてV. T. カスティーリャの地理的表示で保護されたワインの3種を生産している。

認定品種
白ブドウ
マルバル
トロンテス
マカベオ
モスカテル
ベルデホ
ソーヴィニョン・ブラン

黒ブドウ
テンプラニーリョ（センシベル）
カベルネ・ソーヴィニヨン
シラー
メルロ

D.O.モンデーハルの醸造所には、一般向け直売店を設けている所もある。ボデガス・マリスカルもそのひとつ。

地理・自然環境

この産地にはフーカル川流域にあるクエンカ県南部の7つの自治体、カサス・デ・ベニーテス、カサス・デ・フェルナンド・アロンソ、カサス・デ・ギハロ、カサス・デ・アロ、エル・ピカソ、ポソアマルゴ、シサンテが含まれる。ブドウ畑の総面積は9000ヘクタール強、標高650〜750mの位置にある。

気候は温暖な地中海性で、年間平均気温は約14℃、一日の気温差が大きく、地中海からの穏やかで湿気を帯びた風の恩恵を受けている。年間平均降水量は450〜550mm。この地域は気候条件に加え、「バロ・コロラオ」と呼ばれる粘土質で肥沃な土壌にも恵まれている。表面が丸い小石で覆われていて水はけがよい。この地域は、ブドウ栽培に適した見事な条件を併せもっている。

独自のアイデンティティ

リベラ・デル・フーカルは、その位置からして完全にラ・マンチャのブドウ栽培およびワイン醸造の伝統を受け継いでいるが、土壌と気候の条件が、シウダ・レアルトレドの平原とも隣のラ・マンチュエラ地区とも違う興味深い特徴を生み出している。

まさしく、その特徴こそが、この原産地呼称をつくるきっかけになった。2001年に多方面にわたるプロジェクトが立ち上げられ、新技術を取り入れて施設を近代化するとともに、補助品種から伝統的な品種への栽培品種の再転換を行ない、生態系の調和と維持にも配慮した。すべては高品質のワイン造りと、付随的な経済活動としてのエノツーリズム（ワインをテーマとした旅行）のプロモーションを視野に入れて行なわれた。

赤ワインにとっての天国

このD.O.で特に名高いのは、間違いなく赤ワインである。十分な色を得るために10〜12日間の発酵を経てからマセレーションに移り、瓶詰め前に軽く圧搾される。これらのワインは輝きのある濃い赤色で紫がかっており、中程度の強さの澄んだアロマを帯びて熟したレッドベリーのタッチがあり、うまみと力強さ、表現力に富んでいる。

クリアンサ（熟成2年間、そのうち樽で6ヵ月以上）には、樽から移ったバニラの香りやロースト香がある。レセルバは、レンガ、ルビー、ガーネットの色調があり、花のような香りに加え、ロースト香やスパイスの香りが強く出る。余韻は長く強く複雑。ロゼはクリアでフレッシュ、適度なボディとわずかな酸味がある。白ワインはフルーティでソフト。酸味と残糖のバランスがよい。

ポソアマルゴ（クエンカ県）にあるボデガス・イリャナの施設。宿泊も可能で、醸造プロセスの見学ツアーに参加できる。

D.O. ウクレス

2005年、この地域に新たな原産地呼称を獲得するため8軒の醸造所がイニシアチブをとり、D.O.ラ・マンチャから独立した。クエンカとトレドにまたがる変化に富む地形、気候の特徴、土壌の多様性と深さが、ラ・マンチャのほかの地域と異なる点が決め手となった。D.O.ウクレスの歴史はまだ浅いが、高品質で非常に独特なワインが造られている。

地理・自然環境

産地はクエンカ県東部とトレド県北西部の28の自治体に広がっている。クエンカ側の自

認定品種
白ブドウ
モスカテル・デ・グラノ・メヌード
ソーヴィニョン・ブラン
黒ブドウ
テンプラニーリョ（センシベル）
ボバル
カベルネ・ソーヴィニョン
シラー
メルロ
プティ・ヴェルド
カベルネ・フラン

認定品種	
白ブドウ	黒ブドウ
モスカテル・デ・グラノ・メヌード	テンプラニーリョ（センシベル）
ビウラ（マカベオ）	ガルナッチャ・ティンタ
ベルデホ	カベルネ・ソーヴィニヨン
ソーヴィニヨン・ブラン	シラー
	メルロ

治体は、エル・アセブロン、アルカサル・デル・レイ、アルメンドロス、ベリンチョン、カラスコサ・デル・カンポ、フエンテ・デ・ペドロ・ナバロ、オルカホ・デ・サンティアゴ、ウエルベス、ウエテ、ランガ、ロランカ・デル・カンポ、パレデス、ポソルビオ、ロサレン・デル・モンテ、サエリセス、タランコン、トルビア・デル・カンポ、トリバルドス、ウクレス、バルパライソ・デ・アリーバ、バルパライソ・デ・アバホ、ベリスカ、ビリャマヨル・デ・サンティアゴ、ビリャルビオ、サルサ・デ・タホである。トレド側には、カベサメサダ、コラル・デ・アルマゲル、サンタ・クルス・デ・ラ・サルサがある。

標高はアルトミラ山地を境に西側が500～800m、東側が600～1200m。この変化に富む起伏が、特殊な気候を生む原因になっている。大陸性の気候だが、降水量は地中海性に近く、年間500mm未満である。

土壌は非常に多様性があるが、主に砂質で深く痩せており、リアンサレス川とベディハ川沿いでは粘土質になる。

ブドウ畑の構成

ブドウ栽培総面積17万5000ヘクタールのうち、この原産地呼称で保護されているのは1500ヘクタールのみである。残りの畑は認定外の品種が栽培され、D.O. ラ・マンチャまたはV. T. カスティーリャのワインが造られている。

D.O. ウクレスの地域にあるブドウ畑は、ブドウの樹齢によって40年以上、15年以上40年未満、6年以上15年未満の3種類に分類される。6年未満の樹からとれたブドウはこの原産地呼称のワインには使えない。この区分はとても興味深く、樹齢に応じてヘクタールあたりの最大収量が規定されている。

ワインの分類

この地域の特徴は、テンプラニーリョを高い割合で使う赤ワインに見られる。若飲みタイプとして流通しているものは、輝きのあるチェリーレッドで、青みがかった赤紫を帯び、花とフルーツのはっきりとした強い香りがある。力強さとバランスの

現在1500ヘクタールのブドウ畑があり、地質学的に3つの地区に分かれる。アルトミラ山地、西部地区、そして第三紀の堆積物でできた中間低地の東部地区である。

よい味わいが特徴だ。

クリアンサはルビーまたはガーネット色で複雑な香りでバニラ、バルサミコ、スパイスの香調。フルボディで長く強い余韻がある。一方、レセルバはレンガ色、アロマは非常に複雑で、ロースト香と野菜の香調が混じる。バランスがよく、ソフトなビロード様の口当たりで、中程度のタンニンが感じられる。

2007年12月から辛口、中辛口、中甘口、甘口の白ワインの生産も認められ、高い表現力を見せはじめている。

もうひとつ新たに生産されているのはスパークリングワインだ。主に白色で薄く輝いており、泡は小さく持続性がある。フルーティ、フレッシュでバランスのとれた味わいをもつ。

D.O. バルデペーニャス

このD.O.はスペイン国内で最も長い歴史と高い知名度を

誇っている。伝統的にバルデペーニャスのワインはコストパフォーマンスのよさが売りで、今もその路線を維持しているが、この地域の潜在力の高さから、さらに質のよいワインを生み出せると考えられている。現代のブドウ栽培農家はその点に注力している。

ワイン列車

この原産地呼称の規定は1968年、1976年、1994年に改定されてはいるが、D.O. バルデペーニャスは1932年の時点ですでに有名であった。しかし、イベリア人の居住跡であるセロ・デ・ラス・カベサス遺跡（紀元前7〜4世紀）で発見された遺物が示すように、その歴史はもっと古い。

ワイン醸造はローマ帝国の統治時代にも発展しつづけ、イスラム教徒の支配下でも途絶えることはなかった。コルドバのウマイヤ朝（後ウマイヤ朝）では、バルデペーニャス産であればワインを飲んでも構わないという勅書が発布されたほどであったという。もちろん、このような逸話にどれだけ信憑性があるかは不明だ。

ワイン造りは、この地がカラトラバ騎士団に支配された12世紀以降に強化され、14世紀に入るとここでのワイン生産を保護する法律と文書がつくられた。当時、バルデペーニャスで造られていたワインは「アロケ」（淡紅色の意）と呼ばれ、白ワイン用と赤ワイン用の果汁を混ぜて土器で発酵させたもので

ボデガス・フォンタナはD.O.ウクレスの最高級ワインを数種類生産。テンプラニーリョで造られ、オーク樽で14ヵ月の熟成を経た〈Esencia de Fontana エセンシア・デ・フォンタナ〉を主力商品としている。

ボデガス・フェルナンド・カストロの〈Raíces Gran Reserva ライセス・グラン・レセルバ〉。熟したレッドベリーのアロマにロースト系の香調がある。

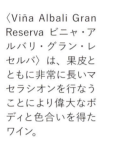

〈Viña Albali Gran Reserva ビニャ・アルバリ・グラン・レセルバ〉は、果皮とともに非常に長いマセラシオンを行なうことにより偉大なボディと色合いを得たワイン。

〈Diego de Almagro Gran Reserva ディエゴ・デアルマグロ・グラン・レセルバ〉は、テンプラニーリョ100%のワインで、樽で2年、瓶で5年の熟成を経たものである。

あった。このワインは大好評を博し、19世紀にはマドリッド、アンダルシア、レバンテ地方にまで運ばれるほどであった。いわゆる「ワイン列車」が走りはじめ、この頃に貨物用のプラットホームと、醸造所を通る支線のホームが設けられた。この列車は毎日30両分のワインの皮袋を輸送していたと言われている。

繁栄はフィロキセラ禍により途絶え、その後ブドウ栽培とワイン醸造の新たな時代に入り、現在に至っている。消費者の嗜好を満たし、ひと昔前に享受していた品質を取り戻すことが、当面の課題である。

地理・自然環境

この原産地呼称で保護されている地域は、シウダ・レアル県ラ・マンチャ平野の南部に位置し、次の自治体が含まれる。バルデペーニャス、アルクビーリャス、モラル・デ・カラトラバ、サン・カルロス・デル・バジェ、サンタ・クルス・デ・ムデラ、トレヌエバ、トレ・デ・フアン・アバッド、グラナトゥラ・デ・カラトラバ、アランブラ、モンティエルの一部である。

小さな丘があちこちに現れては地平線を揺らすラ・マンチャの典型的な起伏のある平野のなかに、およそ3万ヘクタールのブドウ畑がある。この地域は極端な大陸性気候で、冬の気温は－10℃まで下がり夏は40℃に達する。1年を通して降水量はわずかで年間200〜400mmほど、日照時間は豊富である。土壌は有機物に乏しく、粘土質で黄色がかった赤土と石灰質の土が交互に広がり、どちらもブドウ栽培によく適合する。

ワイン醸造のポテンシャル

バルデペーニャスの白ワインはアイレンで造られ、薄い黄色でアルコール度数が低く、ほどよい酸味がある。フレッシュでフルーティな香りを帯び、心地よい口当たりだ。

センシベルを使った赤は、若飲みタイプであれば紫色がかった赤色で、強めのフルーティなアロマをもち、非常に心地よい飲み口。熟成向きで、樽木の香りを身にまといソフトな口当たりを維持しつつ、うまみもかなりある。

ロゼも生産しており、サーモンピンク色でフルーティ、心地よい飲み口である。

現代のワイン列車

現代では、昔の「ワイン列車」にヒントを得て、文化・レジャーを目的とした企画が始動している。列車でバルデペーニャスに行き、村や醸造所、セロ・デ・ラス・カベサス遺跡を訪ね、ワインのテイスティング入門講座に参加できるというプランである。

ラ・マンチャの広大な土地をブドウ畑と穀物畑が二分している。

Vinos de España

カスティーリャ・イ・レオン州

カスティーリャ・イ・レオン州のワイン生産について語るとき、原産地呼称のスターであるリベラ・デル・ドゥエロは外せない。それは、この地が州内唯一の高級ワイン銘醸地だからではなく、現代スペイン・ワインの発信地のひとつだからである。とはいえ、そのほかの地域も忘れてはならない。ルエダの素晴らしい白ワイン、トロの濃厚な赤ワイン、シガレスのロゼワイン、ビエルソ産メンシアのビロード感あふれるワイン――。カスティーリャ・イ・レオンの大地はブドウ畑そのものなのである。

伝統あるブドウ畑

同州ではどんなに辺鄙なところを歩いても、どの町の歴史ある醸造所をのぞいても、ブドウ栽培とワイン醸造の文化が深く根付いていることがよくわかる。イベリア半島のほかの多くの地域と同様に、この地にブドウを持ちこんだのはやはりローマ人であった。その後、栽培は断続的に行なわれてきたが、中世に入り、州内各所に建てられた多くの修道院がブドウ栽培とワイン醸造の発展をけん引する重要な役目を果たした。

この長い伝統こそが、今日の名声のゆえんだ。ブドウ栽培とワイン醸造はカスティーリャ・イ・レオンにとって最も重要な経済活動のひとつとなっている。近年、エノツーリズムが発展、拡大し、テイスティング講座からグレープシードオイルを使ったマッサージまで、ワインにまつわる様々な活動を提供するホテルの建設も行なわれている。

カスティーリャ・イ・レオン州には、至る所に各地域独自のワインがある。州内に9つもある原産地呼称が、それを物語っている。伝統的な地域はビエルソ、シガレス、リベラ・デル・ドゥエロ、ルエダ、トロの5つであり、2007年末に新たに加わったのがアルランサ、アリベス、ティエラ・デ・レオン、ティエラ・デル・ビノ・デ・サモラの4つである。さらに、地域名称付き高級ワイン（ビノ・デ・カリダ）としてバジェス・デ・ベナベンテとバルティエンダスが認定されているほか、同州で生産され上記呼称の規定を満たさないワインは、すべて地理的表示であるV. T. カスティーリャ・イ・レオンに含まれる。

地域名称付き高級ワイン（V. C.）

V. C. バジェス・デ・ベナベンテは、カスティーリャ・イ・レオンの委員会により2000年に認定され、ベナベンテ、サンティバニェス・デ・ビドリアレス、サン・ペドロ・デ・セケにある50以上の自治体で造られるワインの品質と独自性を示している。この呼称のワインに主要品種として使われるのは、白ブド

県立ワイン博物館は、1999年にバリャドリッド議会によって設立が提案された。目的は、スペインで最多の原産地呼称を有する同県のワイン醸造を知ってもらうことである。博物館の本部は10世紀に建設された堂々たるペニャフィエル城塞に置かれている。

ウはベルデホとマルバシア。黒ブドウはテンプラニーリョ、メンシア、プリエト・ピクードで、補助品種にガルナッチャとカベルネ・ソーヴィニヨンがある。

V. C. バルティエンダスの産地は、セゴビア県北部のドゥラトン川の近くに位置する。大半のワインには、この地で「ティンタ・デル・パイス」と呼ばれるテンプラニーリョが使われている。フルーティなワインで、ブドウ畑の土壌と標高約900mという高さに由来する一定の酸味がある。

ビノ・デ・ラ・ティエラ（V. T.）

V. T. カスティーリャ・イ・レオンに含まれるのは、アビラ、ブルゴス、レオン、パレンシア、サラマンカ、セゴビア、ソリア、バリャドリッド、サモラの317の地区のワインとブドウ畑である。

V. T. という地理的表示がつくられた意義は非常に大きい。なぜなら、原産地呼称統制委員会が存在しない、あるいは品質に関する呼称をもたない地域において、小規模農家が良質で評判の高いワインを造れるようになったからである。たとえば、セブレロスや、ドゥエロ川の中流域にあるバリャドリッド地区がそれに該当する。ブドウ栽培農家や醸造家の努力によって、これらの地域は将来的には原産地呼称を獲得できるだろう。

Vinos de España

認定品種	
白ブドウ	黒ブドウ
アルビーリョ	テンプラニーリョ（ティンタ・デル・パイス）
ビウラ（マカベオ）	ガルナッチャ
	メンシア
	カベルネ・ソーヴィニヨン
	プティ・ヴェルド
	メルロ

D.O. アルランサのブドウ畑。背景にマンブラス山地を望む。

D.O. アルランサ

アルランサ川流域にあるモニュメント、歴史、自然の比類なき豊かさに加え、近年もうひとつこの地の魅力が増えた。ワインである。10年以上前から醸造家とブドウ栽培農家がともに努力を重ね、D.O. アルランサのワインの売上を年々伸ばしている。それはまぎれもなく、彼らが品質の向上に取り組んできた証だ。7世紀頃、キンタニーリャ・デ・ラス・ビニャスと名付けられたブドウ畑は、今日再びその見事な果実を実らせている。

カスティーリャ・イ・レオン州でのブドウ栽培は、非常に古い歴史がある。キンタニーリャ・デ・ラス・ビニャス（ブルゴス県）のサンタ・マリア礼拝堂に見られる西ゴート族の浅浮き彫り（8世紀）が、そのことを証明している。

地理・自然環境

この D.O.で保護された地域には、ブルゴス県の45の自治体とパレンシア県の5つの自治体が含まれる。アルランサ川の中流から下流とその支流、さらにピスエルガ川との合流点にまで達する沿岸地域である。中世から連綿と続くブドウ栽培地域だが、20世紀半ばには、農村から新興都市への大規模な人口移動によってほとんどの畑が放棄されてしまった。幸いにも、1990年代にブドウ栽培農家たちが昔の繁栄を取り戻そうと決意し、しかるべく成功を収めた。現在、D.O. アルランサの呼称で認定されている財産は、およそ450ヘクタールのブドウ畑と320名のブドウ栽培農家、15軒の醸造所である。この地域には、ブドウを適度に成熟させ、質の高いワインを醸造するのに最適な条件が備わっている。気候は極度の大陸性だが、西に行くほど気温がぐっと低くなる。東部では強い雨が降り、最も標高の高いソリアでは年間800mmに達する。この気候上の欠点を土壌の質が補っている。

土壌は概ね深さがあり水はけがよく、下層は風化しやすい柔らかい岩でできているため根を張りめぐらせやすい。花崗岩と砂質で二酸化ケイ素を含んだ土壌や、石灰質の泥灰石で形成された土壌が多く、いずれも有機物に乏しく、ブドウ栽培に非常に適している。

ティンタ・デル・パイスを用いて

ワインに使われるのは、主にテンプラニーリョである。この地では「ティンタ・デル・パイス」と呼ばれる品種で、ブドウ畑の総面積の約90%で栽培されている。この地域で最も特徴的な赤ワインの生産には、統制委員会の規定によりティンタ・デル・パイスを75%以上使用するよう求められ、補助品種とし

てガルナッチャ、メンシア、カベルネ・ソーヴィニヨン、メルロ、プティ・ヴェルドの使用が認められている。こうして造られたワインは、標高の低い産地ではタンニンが柔らかでより力強く、アルコール度の高いものとなる。リベラ・デル・ドゥエロのワインとの共通点もいくつかある。それもそのはず、D.O. リベラ・デル・ドゥエロのブドウ畑の一部は、アルランサ流域からそう遠くない場所にあるのだ。

赤ワインのほかにも、ティンタ・デル・パイスを60％以上使い、アルビーリョ種を補助品種として加えた非常に興味深いロゼも造りはじめている。白ワインもあるが、生産全体からみるとかなり少数である。

D.O. アリベス

ドゥエロ川を挟む切り立った峡谷、固い花崗岩でできた高低差700mの断崖。ほとんど手つかずのアリベスの景観は、現在アリベス・デル・ドゥエロ自然公園となっている。

地理・自然環境

D.O. 地域はサモラ県南西部とサラマンカ県北西部にまたがり、750ヘクタールのブドウ畑を形成している。そのうち90％はフェルモセリェ地区の周辺に位置する。この地の景観は、地形学的にふたつに分けられる。ひとつはドゥエロ川と支流沿いの谷と峡谷、もうひとつは準平原や高地である。

この地方は砂質で浅い土壌が広がり、砂利が多く有機物が少ない。下層は粘板岩で、日中に蓄積した熱を夜の間に少しずつ放出するのを促す。この自然の気温調節がブドウの適切な成熟に非常に適している。

気候は地中海性でありながら大西洋の影響を受け、夏は乾燥して暑く晴れわたり、植物の生育サイクルに合った降雨がある。それらの気候的要因とブドウ畑の斜面の角度や向きがあいまって、栽培に理想的な環境となっている。

固有品種

このD.O. の特徴のひとつは、地元の固有品種のみを栽培している点である。とりわけ黒ブドウのフアン・ガルシアからは偉大なる個性とフィネス（エレガントさ、繊細さ）をもったワインができる。さらに、黒ブドウで主要品種とされるのがルフェテとテンプラニーリョであり、後者はこの地で「ティンタ・セラーナ」または「ティント・マドリッド」として知られる。補助品種はガルナッチャとメンシア。白

ブルニャルの果房。生産力があまりに低く、絶滅寸前であった。

ワインの種類			
赤		ロゼ	白
ホベン	クリアンサ		
フアン・ガルシア、ルフェテ、テンプラニーリョを使用	熟成2年、そのうち6ヵ月以上は330ℓのオーク樽で熟成	フアン・ガルシア、ルフェテ、テンプラニーリョ（これらを60％以上）および白・黒ブドウの補助品種を使用	マルバシア（60％以上）および補助品種としてベルデホやアルビーリョ
紫がかった赤色、澄んでいて輝きがある	アメリカンチェリーの赤にレンガ色が混じる	イチゴのピンク色、澄んでいて輝きがある	緑がかった麦わら色で輝きがある
ベリー、マーマレード、革、リコリスのクリアなアロマで、ベースにミネラル感がある	熟したベリーと樹の香り	フルーティで、多肉果やベリーの強いアロマ	エキゾチックな果実の強い芳香があり、柑橘類、花、草のタッチ
素晴らしい骨格とボディ、十分な酸味、繊細なフィニッシュ	辛口で粘り気があり、余韻が長くバランスのよい酸味	十分な骨格をもち酸味、アルコールのバランスがよく繊細	辛口、バランスのよい酸味でやや苦味がある

認定品種	
白ブドウ	黒ブドウ
ドニャ・ブランカ	メンシア
ゴデーリョ	ガルナッチャ・ティントレラ
マルバシア	テンプラニーリョ
パロミノ	カベルネ・ソーヴィニヨン
	メルロ

ブドウの主要品種はマルバシアで、認定品種はベルデホとアルビーリョである。そのほかにも、この地でかつて栽培されていた黒ブドウのブルニャルやバスタルディーリョ・チコ、白ブドウのプエスタ・エン・クルスといった品種も、醸造への潜在力が評価され、栽培の革新を図るべく試作されている。

D.O. ビエルソ

ビエルソ地区は、適度な年数のブドウ畑、栽培に適した土壌、大西洋気候と地中海性気候の中間的な気候を有するため、良質なワイン生産の大きな可能性を秘めていると見られている。しかし、分散していた小規模なブドウ畑の集約と、レオンおよびガリシア南東部の固有品種とされるメンシアの栽培に後押しされて、20世紀末になってようやく始動したばかりだ。

金鉱からサンティアゴ巡礼路へ

ガリシア、レオン、アストゥリアスに隣接するビエルソ地区の地の利と、ラス・メドゥラスの金鉱の存在がこの地への早期入植を促した。ブドウ栽培が導入されたのはローマ時代と考えられており、その後、修道院の働きとこの地を通過して聖地サンティアゴに向かう巡礼者たちのおかげで、中世に最盛期を迎えた。それにより、確かに地区のブドウ栽培農家やワイン醸造家は潤ったが、意外にも良質なワインを生産するきっかけにはならなかった。なぜなら、大量生産のワインが隣接する全地域にたやすく流通してしまったからである。幸運にも、現在ではその傾向は変わり、ブドウの栽培地域は再生した。それを可能にしたのは、メンシアの栽培と、これまで非常に小さく分散していて一定の品質を得ることが難しかったブドウ畑の区画の統合である。

地理・自然環境

このD.O.には、レオン県北西部にある23の自治体が属している。アルガンサ、ベンビブレ、ボレネス、カバニャス・ララス、カカベロス、カンポナラヤ、カラセデロ、カルセド、カストロポダメ、コンゴスト、コルリョン、クビーリョス・デル・シル、フレスネド、モリナセカ、ノセダ、ポンフェラダ、プリアランサ、プエンテ・ドミンゴ・フローレス、サンセド、トラル・デ・ロス・バ

スペイン最高のワインと国内外で評される〈La Faraona ラ・ファラオナ〉はJ. パラシオスの子孫がエル・ビエルソで造っている。評論家によるビンテージ2007年の評点は、『ギア・プロエンサ2011』で99点、『ギア・ペニン・セレクション2011』で98点(その年の最高点)であった。

Castilla y León

左の写真は、D.O. ビエルソにあるサン・ロマン・デ・ベンビブレのブドウ畑。

メンシア100%の〈Pitta-cum 2004 ピタクム 2004〉。

ゴデーリョ100%の〈Peique Godello ペイケ・ゴデーリョ〉。

ゴデーリョ85%、ドニャ・ブランカ15%使用の〈Val de Paxariñas "Capricho" バル・デ・パサリーニャス"カプリッチョ"〉。

ドス、ベガ・デ・エスピナレダ、ビリャデカネス、ビリャフランカ・デル・ビエルソである。

　山間の小さな盆地が密集する地域で、広く平らな中央低地や平原でつながっており、東と南はレオン、北はアストゥリアス、西はガリシアと接している。地理的位置と独特の地形によって栽培方法が左右される。地形も気候に影響を及ぼしており、穏やかで温暖なマイクロ気候である。平均気温は12～13℃前後で、豊富な日照時間、ガリシアから来る一定の湿気に恵まれている。降水量は年間720mm。もうひとつ考慮すべき大きな環境要因は、標高が低いためめったに遅霜が発生しないということだ。

　ブドウの生育には、湿気を帯びたやや酸性の褐色の土が最も適している。最高品質のブドウが生産されるのは、川沿いの地域（シル川とその支流）や斜面の段々畑、標高450～1000mの間の急な勾配のある地域である。

メンシアのワイン

　ビエルソは、大きな潜在力をもったワイン醸造地域であることはすでに述べた。この地のワインは、まだ国内のブドウ栽培、ワイン醸造界で十分定着しているとは言えないものの、国際的には広く知られてきている。

　このD.O.で最も特徴的なのは、メンシアを70%以上使った赤ワインだ。若飲みタイプは紫がかった濃い鮮紅色で、フルーティで非常に強いアロマをもっている。味わいは辛口でメンシアの個性とミネラル感がある。カスティーリャ・イ・レオンのほかのワインに比べるとよりソフトで、ビロードのようなワインである。メンシアが非常によく

右の写真は、D.O. シガレスのブドウ畑の大部分に見られる、典型的な砂利質の土地。

適合し、その個性が最大限発揮される樽熟成の赤も生産しており、うまみのあるしっかりした骨格をもつワインができる。

ロゼはメンシアを50%以上使い、玉ねぎの皮の色とオレンジがかった薄いピンクの間の色をもつ。芳香性に優れ、この品種自体がもつイチゴやラズベリーの香りが優勢で、口当たりはソフトで軽やかである。

白ワインはまだ表現力を出しきっていないが、特にゴデーリョとドニャ・ブランカから注目すべきワインが生まれてきている。大半は、その年に収穫されたブドウから造った若いワインで、薄い黄色を帯び、第1アロマは強く、果実のはっきりした個性が感じられる。

D.O. シガレス

カスティーリャ・イ・レオン州で最も新しいD.O.であるシガレスは、見事なロゼワインで群を抜いており、この種のワインではなかなか表現できないフレッシュさと強いアロマをもつロゼを産出している。また、若飲みタイプと熟成タイプ、いずれの赤ワインも見逃せない。この地で「ティンタ・デル・パイス」と呼ばれるテンプラニーリョをベースとしたこれらのワインは、スペイン国内外の市場での地位を徐々に獲得し、真の立役者となっている。

宝の持ちぐされ

シガレスのD.O.認定は1991年であったが、この地におけるワイン醸造の伝統は、ブドウ畑の存在が文書に記録された10世紀にさかのぼる。古くから、シガレスで生産されたワインは非常に高く評価されていたという。というのも、カスティーリャ王国がバリャドリッドに遷都した頃、時の宮廷において愛飲されていたからだ。また、16世紀にはシガレスのワインがメディナのワインとともに、この地域で栄えていたワイン貿易の土台となっていたことが、数々の文書に記されている。

かつてシガレスには広大なブドウ畑があった。そのことは、フィロキセラの甚大な被害に遭う前の1888年、この地で1万5000トン以上のブドウが生産されていたというデータからも明らかである。

しかしながら、同州のほかの地域、たとえば、1980年代に醸造法の近代化とワインの品質向上に向けて大躍進を遂げた

奥にサンティアゴ・デ・シガレスの教会を望むブドウ畑。

リベラ・デル・ドゥエロやルエダと違って、シガレスはずっと伝統に固執してきた。そのため、主に地域内で消費されるロゼワインを造りつづけてきたのだ。

幸いにもその傾向は変化し、シガレスでは現在、テンプラニーリョとそれ以外の黒ブドウ、白ブドウを混ぜ合わせて白ワインを造り、そこから傑出したロゼワインを生産している。伝統的なロゼを製造する一方で、よりモダンなスタイルや熟成タイプのロゼも市場に出している。この地域の醸造経験を生かした赤ワインも将来が有望視されており、目が離せない。

地理・自然環境

このD.O.は574km²の面積を占めており、ドゥエロ川低地の北部、ピスエルガ川の両岸に広がっている。バリャドリッドの一部（パゴ・エル・ベロカル）からパレンシアのドゥエニャスにまたがる地域には、カベソン・デ・ピスエルガ、シガレス、コルコス・デル・バジェ、クビーリャス・デ・サンタ・マルタ、フエンサルダーニャ、ムシエンテス、キンタニーリャ・デ・トリゲロス、サン・マルティン・デ・バルベニ、トリゲロス・デル・バジェ、バロリア・ラ・ブエナが含まれる。

気候は大陸性だが大西洋の影響を受けるため、日較差（1日のうちの最高気温と最低気温との差）が大きく、季節による気温差も激しい。冬は霜と霧が多い。降雨は不規則で年間およそ425mmである。ブドウ畑の標高は平均750m、砂質、石灰質、粘土、石膏の土壌が粘土質と泥灰石の上を覆い、有機物に乏しく、場所によって石灰質の量が異なる。

認定品種

2011年9月29日にD.O.シガレスの統制法が改定された。それまでの規定から大きく進展し、白、スパークリング、甘口が新たに認定された。さらに、試験的であった品種のソーヴィニヨン・ブラン、カベルネ・ソーヴィニヨン、メルロ、シラーが補助品種となった。主要品種は、黒ブドウはテンプラニーリョとガルナッチャ、白ブドウはビウラ、アルビーリョ、ベルデホ。この地の歴史と名のあるロゼワインに欠かせない存在である。

特徴的な品種はテンプラニーリョ、別名「ティンタ・デル・パイス」で、ブドウ栽培面積の70%を占め、ワインに濃い色と偉大な力強い香りをもたらす。赤ワインはテンプラニーリョ100%で、この品種はロゼでも

ワインの種類		
ロゼ （ティンタ・デル・パイスを60%以上と 白ブドウ品種を20%以上使用）	赤 （ティンタ・デル・パイスとガルナッチャを85%以上使用）	
	ホベン	クリアンサ
イチゴからラズベリーの間で、典型的な玉ねぎの皮の色が混じる複雑なピンク色	アメリカンチェリーの濃い赤色で、鮮紅色・青・藍・薄紫色のニュアンスをもつ	濃いアメリカンチェリーの赤色に薄紫色のニュアンス、顕著な涙
第1アロマはボリュームがあって鼻を刺し、青い果実とより熟した果実の香り 第2アロマは豊かで発酵に由来する香りを帯び、繊細で余韻がある	第1アロマは力強く熟した果実と野生の赤系果実の香り 第2アロマは豊かで個性的	第1・第2アロマとも弱い 第3アロマは、樹とバニラのタッチが好バランス、スモークと煙草の香り
ソフトで軽く、アルコール度がやや高い アルコール度数と酸味のバランスが素晴らしい ブレンドする品種によって味わいが変わる	タンニンの要素が十分にあり、酸味を上回るグリセリン量	うまみがあり、力強く豊か アルコールと酸味のバランスがよい バニラと煙草のような味 品種を思わせる、熟成由来の力強いブーケ
タイプ： ●シガレス・ヌエボ：収穫年に流通。収穫年をラベルに明示 ●コン・クリアンサ：6ヵ月以上の樽熟成と1年以上の瓶熟成を経たもの		タイプ： ●クリアンサ：1年の樽熟成。醸造から2年以降に流通 ●レセルバ：1年の樽熟成。醸造から3年以降に流通 ●グラン・レセルバ：2年の樽熟成。醸造から5年以降に流通。

Vinos de España

優勢である。ロゼではテンプラニーリョ以外の品種の使用が20%までしか認められていない。

次に多く栽培されているのはガルナッチャ・ティンタで、ブドウ畑の20%を占める。これとブレンドされるのが、たった1%の栽培面積しか占有していないガルナッチャ・グリスである。

D.O. リベラ・デル・ドゥエロ

スペインのようなワイン生産

リベラ・デル・ドゥエロは中央台地北部に位置し、カスティーリャ・イ・レオン州を構成するブルゴス、セゴビア、ソリア、バリャドリッドの4県が隣接する地点にある。下の写真は、ペニャフィエル（バリャドリッド県）の平原。

大国においては、このD.O.はリオハに次いで売上第2位となるが、この順位は成功以外の何ものでもなく、この地のワインがもつ優れた品質の証である。さらに、リベラ・デル・ドゥエロは歴史上、もうひとつの成功を収めた。スペインのワイン界に変革をもたらしたのである。つねに品質を追求しながら、伝統的なワイン、あるいは「ビノ・デ・アウトール」（個人ブランドのワイン）のもつ潜在力を証明し、新たな醸造法とともに醸造所の近代化とブドウ畑の再編成が進められてきたのだ。

地理・歴史

D.O. リベラ・デル・ドゥエロはカスティーリャ・イ・レオン州のブルゴス、バリャドリッド、ソリア、セゴビアの4県が接する地域にある。他から隔てられたこの地域では、大地と太陽の恵みにより最高の果実が実る。

ブドウもそのひとつで、2000年前にはこの地に根ざし、文化の一部となっていた。その時代に最初のブドウ栽培がこの地のパゴ（単一畑）で行なわれたことを示す資料がある。バニョス・デ・バルデアラドスの考古学遺跡にある、バッカス神（ギリシャ神話の酒神）を描いたローマ時代の巨大なモザイクだ。次に古い資料は10〜11世紀の文書で、サン・エステバン・デ・ゴルマス、ロア、アランダ・デ・ドゥエロ、ペニャフィエルなど重要な集落がブドウ栽培と関係していたことを証明している。この地域で発見された最初の醸造所は13世紀のものである。

これらのことから考えられるのは、ワイン生産が地域経済の基盤として、そして当然ながら近隣の集落やカスティーリャ王国のほかの地域との貿易の基盤として、徐々に強化されていったということである。15世紀には、すでにカスティーリャ法において生産管理と貿易保

護に関する規定があった。この地域に属する集落のブドウ収穫量を見れば、ブドウ畑の経済的重要性は明らかだ。

ブドウ栽培の繁栄と発展は、19世紀半ばまで絶え間なく続いた。当時、ブルゴス県だけでブドウ畑の面積は4万ヘクタールにも及んでいた。しかし、フィロキセラ禍によって貴重な富の源が根こそぎになり、それまで大規模なブドウ畑だった場所が穀物やその他の作物の畑に再転換されてしまった。生き延びたわずかなブドウは、白ブドウや黒ブドウをブレンドした凡庸なワインの生産に使われた。

しかし、その逆境のさなかに進取の気性に富む人々があらわれ、彼らの精神によって新たな醸造所が創設された。たとえば、エロイ・レカンダが1864年に創立し1904年にドミンゴ・ガラミオラが再建した、かの有名なベガ・シシリア。ほかにも、カリスト・セイハスが所有するボデガ・トレミラノス（1903年）、ペニャフィエルのブドウ栽培農家の協同組合が設立したボデガス・プロトス（1927年）などがある。すべて今日では国際的な名声を得ており、これらの醸造所のおかげで復興への道が開かれたのである。

D.O. リベラ・デル・ドゥエロの誕生

1980年7月に暫定的な統制委員会の規定がはじめて公式文書に収められ、それから2年後の1982年7月、ついにリベラ・デル・ドゥエロに対して原産地呼称が認められた。

しかしながら、D.O.認定を目指す動きはそのずっと前に始まっていた。1950年代頃には、地域の多くのブドウ栽培農家と醸造家がワインの品質をアピールするための主導権を取りはじめ、1980年代になりやっとブドウ畑の改革に乗り出した。特にテンプラニーリョに着目して栽培方法を改善し、最新の技術を備えるべく醸造所の革新にも着手した。

その革新は技術面だけに留まらなかった。品種の表現力や瓶熟成の期間をうまく組み合わせて、さらなる表現力とより

バッカスのモザイク

1972年の収穫期、歴史的な偶然が起こった。バニョス・デ・バルデアラドス（ブルゴス県）で複数の部屋をもつローマ時代の別荘が発見されたのである。ひとつの部屋は面積66㎡の見事なモザイクで飾られており、中央にはバッカス神が右手で愛するアリアドナをとらえ、左腕を恋人である若者アンペロスに回している姿を見ることができる。このモザイク画は周囲をブドウの葉や房のついたつるで縁取られている。

Vinos de España

冬は寒く霜や雪が多い一方、夏は非常に暑く、気温の日較差も大きい。上の写真は、冬のブドウ畑。右は夏のクリエル・デ・ドゥエロ城。バリャドリッド最古の城である。

複雑なアロマを得ようという取り組み、つまり品質向上への努力も始まったのである。

革新の波は「伝統的」なワインのみならず、生産数を少なくして管理を徹底したワイン、つまり高価格で大成功を収めたビノ・デ・アウトールにも及んだ。大小の醸造所で、高級ワインだけでなく、手頃な値段の良質なワイン造りも進められている。

これらすべてが功を奏し、D.O.リベラ・デル・ドゥエロは北米の複数のワイン専門誌で2010年に世界最高のワイン産地に選ばれた。

産地

D.O.リベラ・デル・ドゥエロは、イベリア半島の中央台地北部に位置する100以上の自治体にまたがり、ドゥエロ川を軸として東西115km南北35kmに広がる地帯である。ブルゴス県の60の自治体、バリャドリッド県の19の自治体、ソリア県の19の自治体、セゴビア県の4つの自治体が含まれている。総面積2万ヘクタール以上のブドウ畑だが、その半分以上はブルゴス県に集中している。

この産地は1982年に原産地呼称を獲得して以来、既存の保護地区に隣接する自治体が新たに産地として含まれることはなく、面積はほとんど変化していない。なぜなら、ブドウとたいして価値の変わらないほかの作物のために、ブドウ畑の面積が縮小しているからである。にもかかわらず、これらの自治体には名高い醸造所がある。こういった状況は、将来的に解決されるべきであろう。

この地域の気候の特徴や土壌を考慮して、D.O.リベラ・デル・ドゥエロでは、ブドウの最大収量が1ヘクタールあたり7トンと決められている。

気候

気候は、大西洋の影響である程度緩和されているものの、大陸性である。冬は長く冷えこんで、気温は－18℃まで下がり、夏は暑く乾燥する。降水量は適度であり、通常年間500mm前後。日較差も季節による気温差も大きく、日照は年間で約2400時間と豊富である。

この気候条件は上質なワインを造るために特に重要である。なぜなら、これらの条件がブドウの生育と適切な成熟度を決めるからである。考慮すべき唯一のリスク要因は、例年多い春霜の影響である。

多くの醸造所では、ブドウに傷がつくのを極力防ぐため、機械を使わず手作業で収穫を行なっている。

土壌

リベラ・デル・ドゥエロでは、ブドウ畑は標高900m近い河間地域の丘に位置し、盆地では標高750～850mにある。つまり、ほとんど標高差がない。なだらかな起伏を見せる景色は、中新世の時代にできた速度の遅い侵食によるものだ。こうしてできた地域の土壌は沖積土で砂泥や粘土が豊富だが、場所によっては石灰岩や泥灰石の層と入れ替わる。全体的に痩せていて石灰岩が多く緩い土壌のため、ブドウの栽培に非常に適している。

ブドウの品種

このD.O.における最高の品種は「ティンタ・デル・パイス」と呼ばれるテンプラニーリョである。この地域の気候条件と土壌に完全に適合し、中程度の大きさのコンパクトな房をつける。この品種が高品質の赤ワインに最高の表現力をもたらし、紫色がかった濃い色、マルベリーに森のブラックベリーが加わったアロマ、中程度の酸味を帯びたフルボディのワインを生む。過熟した実は、甘みのあるしっかりしたタンニンを出す。

黒ブドウの認定品種

テンプラニーリョのほかにガルナッチャ、カベルネ・ソーヴィニヨン、マルベック、メルロが統制委員会によって認められている。

伝統的な品種の栽培を忠実に続けていたにもかかわらず、この地域はフィロキセラによる危機によってブドウ畑の改植を余儀なくされた。それにともない、今日でも使われているフランス産の正統派の品種導入が促され、D.O.ワインへの使用を認められたのである。これらのフランス産のブドウは、この地域で最も古く名高い醸造所、ベガ・シシリアの手によってもたらされたと考えられている。1864年に同醸造所を創業したエロイ・レカンダが、ワインではなくブランデーやラタフィア（果実、葉、種をアルコールベースに漬けてできたリキュール）を造るために、ボルドーからカベルネ・

テンプラニーリョ

カベルネ・ソーヴィニヨン

ソーヴィニヨン、マルベック、ピノ・ノワール、メルロを持ちこんだ。

● **カベルネ・ソーヴィニヨン**

発芽が遅い品種で、この地域での栽培に非常によく適合している。酸度が高くタンニンが強いうえ、青ピーマンの香りを帯びたワインを生む。過熟させると果実が黒くなる。

● **マルベック**

カベルネ・ソーヴィニヨンと同じく発芽が遅いが、カベルネ・ソーヴィニヨンほど適合性がよくない。ワインに加えると高い酸度と中程度のタンニン、黒系果実のアロマにメントール系のバルサミコのニュアンスをもたらす。

● **メルロ**

この地に程々に適合する。結実しにくく成熟が遅いため、収量は少ない。しかし、官能特性に優れ、ワインに中程度の酸とタンニンをもたらし、黒系果実にドライフルーツが混ざった香りを帯びる。

● **ガルナッチャ・ティンタ**

非常に生産力が高く、この地域での栽培に最適である。果実は成熟が遅く、極めて力強いワインを生み、熟した果実の強い香りを帯びる。色は薄く、酸度とタンニンは中程度である。

白ブドウの認定品種

リベラ・デル・ドゥエロで栽培が続けられ、統制委員会に認められている唯一の白ブドウはアルビーリョである。非常に

メルロ

ガルナッチャ・ティンタ

アルビーリョ

適合性が高く、早期に成熟するが、生産性は中程度。

ロゼと赤ワインの醸造に使われ、ワインになめらかさ、中程度の酸、リンゴや桃といった種のある果実のアロマが映える。色は薄い(薄い麦わらのような黄色から薄いはがね色の間)が、黒ブドウの色素定着を助ける。

エレガントで複雑なワイン

このD.O.のワインはしっかりした骨格とエレガントさ、潜在力と味わいが卓越している。これらの特徴は、ポテンシャルを十分に引き出すために効果的に育て上げられたテンプラニーリョの表現力の豊かさによるものだ。樽の中で非常によく熟成する複雑なワインである。この地域の醸造家は品質と現代性に賭けており、国内外のワインリストにおいて例年高い割合で「優」の評価を獲得している。

ロゼワイン

醸造には認定黒ブドウを50%以上使い、発酵は果皮を除いて行なわなくてはならない。収穫後の早い時期に飲むことができるワインで、色合いはイチゴのピンク色から玉ねぎの皮の色の間、スグリのニュアンスを帯びる。エッジ(ワイン液面の縁の部分)は、紫がかった淡い虹色をしている。

アロマはフルーティで、野生の多肉果と熟した果実のニュアンスがある。このタイプのアロマはテンプラニーリョとアルビー

リョに非常に特徴的である。したがって、それらの品種を使う割合によってニュアンスの強弱が変わる。

概してフレッシュでうまみがあり、心地よい酸味をもつ。たまにアルコール分が残り、その特徴的なフレッシュさを失う場合がある。

赤ワイン

赤ワインにはテンプラニーリョを最低75%使用することが義務づけられている。だが、テンプラニーリョをフランス産の伝統品種（カベルネ・ソーヴィニヨン、メルロ、マルベック）とブレンドする場合は95%を下回ってはならない。それゆえ、ガルナッチャ・ティンタもアルビーリョも、5%以上使われることはない。

赤ワインには熟成ありとなしのタイプが流通している。これをふまえて、以下のように分類される。

● ティント・ホベン

樽熟成を経ないものと12ヵ月未満の樽熟成を経たワイン。収穫から数ヵ月のうちに流通する。

サクランボのような濃く鮮やかな赤色で、青みがかった色や藍色、赤紫、薄紫の色調が目立つ。ルビーレッドのニュアンスも少しある。

香りはよく熟した果実と野生の多肉果（マルベリー、ラズベリー、ブラックベリー）の非常に際立った、密度の濃い第1アロマが感じられる。野生的な風味が強いものや、果皮の個性がはっきり出たものもある。

味わい豊かで、うまみとインパクトがあり、タンニンと酸のバランスがよい。

● ティント・クリアンサ

最低12ヵ月間オーク樽で熟成したワイン。収穫から2年目の10月1日以降に流通する。若飲みタイプより色合いが濃くなり、色調はビガロー種のサクランボの赤からアメリカンチェリーの赤の間。若飲みのものと同じく、エッジに紫色がかったニュアンスがある。

香りは、ごく強いフルーティなアロマと高級な樹木（バニラ、リコリス、トースト香、ロースト香）のアロマが混じり合っている。味わいは力強くまろやかで、しっかりした骨格があり、バランスのよいタンニンの要素をもつ。口当たりはビロードのようで余韻が持続する。

● ティント・レセルバ

36ヵ月以上熟成し、そのうち最低12ヵ月をオーク樽、残りを瓶で熟成させたワイン。収穫から3年目の10月1日以降に流通する。

色合いはガーネット系のビガロー種のサクランボの赤からルビーレッドまで、色彩の変化がゆるやかで、濃い色をしている。

香りは上品で、過熟させて砂糖漬けにしたフルーツの奥深く強いアロマに皮革やムスクの香りが重なり、ミネラルやバルサミコの要素も入る。

味わい豊かで、頑丈でふくよかさと力強さがあり、フルボディでバランスがよい。余韻は長く持続する。

● ティント・グラン・レセルバ

60ヵ月以上熟成し、そのうち24ヵ月をオーク樽、残りを瓶で熟成したワイン。収穫から5年目の10月1日以降に流通する。

色調は幅広く、ガーネットからルビーまたはレンガのような赤色まであるが、ベースにサクランボ色が入った濃い色をしている。

香りはコンポートしたフルーツをベースに非常に複雑であ

上から、〈Vega Sicilia Único Reserva Especial ベガ・シシリア・ウニコ・レセルバ〉、〈Tinto Valbuena 5º ティント・バルブエナ・キント〉、〈Vega Sicilia 1986 Único ベガ・シシリア 1986 ウニコ〉。これら伝説のワインに、説明はいらない。

る。熟成で得られた第3アロマは幅広く、トースト香からスパイスやジビエまで感じられる。

極上のワインで骨格があり、アルコールと酸のバランスが素晴らしく、持続性と優雅さ、堅固なタンニンも感じさせる。躍動感のある、調和のとれたワインである。

D.O. ルエダ

伝統的に白ワインを生産しており、15世紀には名声を博していた。現在のD.O.ルエダは、世界でもまれに見る革新と成長を遂げた産地である。白ワインの生産はベルデホの特性とこの地の恵まれた自然条件を生かしており、高品質でコストパフォーマンスに優れている。それゆえにルエダのワインが国内外で評価されるようになったのである。

地理・自然環境

このD.O.はバリャドリッド県南部の72の自治体とセゴビア県東部の17の自治体、アビラ県の北部のふたつの自治体にまたがり、ドゥエロ川とその支流が北部を横切っている。ブドウ畑は保護地域全体に不規則に分布し、特にバリャドリッドの

町ルエダ、セラダ、ラ・セカに集中している。平地、あるいはなだらかな起伏のある土地で、標高は平均700〜800m。

大陸性気候の影響を受け、冬は長く寒冷、春は短く頻繁に霜が降り、夏は暑く乾燥している。降水量はごくわずかで多くの場合、嵐による雨である。そのため、ブドウは水分を求めて下層に深く根を張らざるを得ない。

さらに、ブドウが糖分と酸をバランスよく含有して成熟するために非常に有利な気候条件がふたつある。ひとつは気温の日較差が激しいことであり、果実の酸度を損なわずにすむ。ふたつめは豊富な日照時間（年

認定ブドウの5品種は、100年以上の歴史あるブドウ畑（左）からとれるものもある。これらがバランスよくブレンドされ、丁寧に仕込まれた樽熟成を経て、ロゼやティント・ホベンからグラン・レセルバまで多様なワインを生む。

間約2600時間）で、成熟を早め、糖分の生成を促す。

土壌は、この地域に非常に典型的な砂利質で、褐色の土壌が石ころの多い堆積物の上を覆っており、有機物に乏しく、カルシウムとマグネシウムに富み、通気性と水はけに優れている。これらの土壌の構成は砂泥混じりの砂質から砂泥質である。

ベルデホの特徴と優位性

D.O.ルエダの白ワインの特徴は、当地の固有品種であるベルデホのもつ偉大なる個性から生まれる。ベルデホは11世

品質の証、裏ラベル

D.O.リベラ・デル・ドゥエロ統制委員会の監督下で造られるワインには5つのタイプがある。タイプごとに色分けされ、番号が振られた固有の裏ラベルによって識別できる。認可されている裏ラベルは2種類。ひとつは正方形、もうひとつはより小さい長方形であり、各醸造所が自由に選ぶことができる。この裏ラベルはナンバリングされ、瓶詰めされたワインが本物であることと品質を保証している。

紀頃、アルフォンソ6世の治世下でドゥエロ川流域の再入植が行なわれた時期に、モサラベ（8～15世紀のイスラム支配下におけるスペインのキリスト教徒）が持ちこんだと考えられている。

この地の厳しい気候と土壌に適合するこの白ブドウ品種こそが、ルエダのワインの輪郭を形作り、特徴的なアロマと味わい、フルーティさ、バランスのよい酸味、はっきりした苦味のある口当たりをもたらしている。

主要品種のベルデホのほかに、ソーヴィニヨン・ブラン、ビウラ、パロミノ・フィノも認定されている。ただし、パロミノ・フィノは、既存の畑で栽培されたものに限る。黒ブドウはフィロキセラ禍によりこの地域のワイン界からほぼ完全に姿を消したが、2008年以降再び栽培を認められている。主要品種にはテンプラニーリョをはじめ、カベルネ・ソーヴィニヨン、メルロ、ガルナッチャがある。

歴史あるワイン

15世紀、ルエダがメリノ種の羊の中心的な市場となりヨーロッパ各地の貿易商を引きつけていた頃、この地のワインはすでに商取引につきものとなっていた。カトリック両王（カスティーリャのイサベル1世とアラゴンのフェルナンド2世）の時代にスペイン宮廷御用達のワインとなり、後にマドリッドに遷都した際も引きつづき王室の食卓で重要な位置を占めていた。

当時のワインは現在のものとは異なり、ヘレスやマラガのビノ・ヘネロソ（酒精強化ワイン）に近く、時間の経過や移動に対して非常に耐性があった。アルコール度の高さがベルデホの酸化能力とあいまって、酵母による長期熟成を可能にした。その名残りで今日もルエダ・ドラドが造られており、いくつかの醸造所でルエダ・パリドも生産されている。

現在のルエダのワインに至る変化は1970年代に始まった。スペインのほかの地域から名だたる醸造所が進出してきたのだ。たとえば、ソーヴィニヨン・ブランの使用やベルデホのオーク樽熟成を導入したリオハのマルケス・デ・リスカルなどである。これに多くの醸造所が続いたおかげで、ルエダはD.O.を獲得し、表現力豊かで芳香に富み、偉大なる個性をもちあわせた現在のワインが誕生した。

広大なカスティーリャの平原では、霜や雪も珍しくない。

認定品種	
白ブドウ	黒ブドウ
ベルデホ	テンプラニーリョ
ソーヴィニヨン・ブラン	カベルネ・ソーヴィニヨン
ビウラ	ガルナッチャ
パロミノ・フィノ	メルロ

白ワイン

現在、D.O. ルエダでは5つの異なるタイプの白ワインを生産している。ルエダ・ベルデホ、ルエダ、ルエダ・ソーヴィニヨン、ルエダ・エスプモソ、ルエダ・ドラドである。

最後に述べたルエダ・ドラドは、今日ではほとんど生産されていないルエダ・パリドとともに20世紀初頭までこの地域の伝統的ワインであった。ルエダ・パリドはシェリーと同様に、ワインの酒精を強化し、木樽で5年か6年保存すると、樽の中で酵母による生物学的熟成がなされる。シェリーとの違いは、ルエダ・パリドがビンテージワインであることだ。

● **ルエダ・ベルデホ**

ベルデホ単一品種またはベルデホを85%以上使ったワイン。麦わらのような黄色で、ベルデホの割合が増えるにつれて緑の色調が強くなる。素晴らしい芳香をもち、果実とフェンネルの繊細でエレガントなアロマ、アニスのタッチがある。フルボディで、フレッシュかつフルーティな口当たり。フィニッシュは特徴的な苦味が感じられる。辛口でアルコール度数は11.5度以上。

● **ルエダ**

ベルデホを50%以上使ったワイン。花の香りを帯び、口当たりはフレッシュでソフト。アルコール度数は11度以上。

● **ルエダ・ソーヴィニヨン**

ソーヴィニヨン・ブランを

ベルデホ種は、D.O. ルエダ内で最大の栽培面積を占める。この地域の主要品種。

85%以上使ったワイン。強い芳香があり、花やトロピカルフルーツの要素をもつ。口当たりは心地よくうまみがあり、余韻が長く続く。アルコール度数は11度以上。

● **ルエダ・エスプモソ**

瓶内二次発酵による伝統的製法で造られるワイン。瓶での熟成期間は9ヵ月以上。辛口と中辛口はベルデホを50%以上、ブルットとブルット・ナトゥーレは85%以上使用する。フレッシュで酵母のタッチとベルデホ

Vinos de España

コルク選びはワインを完全な状態で保存するための要である。側面には、通常 D.O. 名と醸造所名の焼き印がある。写真のコルクは、エレデロス・デル・マルケス・デ・リスカルがルエダに設けた会社のものである。

で認可されたばかりで、ルエダでは新しいタイプである。アルコール度数は 15 度以上。

● ロゼ

黒ブドウの認定品種を 50% 以上使って造られるワイン。イチゴのピンク色で、輝きと透明さがあり、ラズベリー、スグリ、マルベリーのフルーティな強い香りを帯びる。うまみがあり、はじけるような酸味がある。

● ロゼ・エスプモソ

瓶内二次発酵による伝統的製法で造られるワイン。瓶での熟成期間は 9 ヵ月以上。醸造にはベルデホを 50% 以上使用することが定められている。アルコール度数は 11.5 度以上。

赤ワイン

D.O. ルエダが国際的に名を馳せたのは白ワインのおかげだが、2008 年以降、統制委員会は黒ブドウのいくつかの品種の栽培と赤ワインの醸造を認めた。基本的にテンプラニーリョとカベルネ・ソーヴィニヨンが使われ、シガレスで現在造られているワインに少し似ている。

● ティント・ホベン

熟成なし、あるいはクリアンサの規定より短い期間の熟成を経たワイン。濃い洋紅色で、紫色がかったニュアンス。野生の果実の強い香りを帯びる。

● ティント・クリアンサ

24 ヵ月以上の熟成を経たワインで、そのうち 6 ヵ月はオーク樽で熟成。輝くサクランボ色の赤で、褐色のニュアンスをもつ。果実と樹の香りを帯びる。

● ティント・レセルバ

36 ヵ月以上の熟成を経たワインで、そのうち 12 ヵ月はオーク樽で熟成。輝く色と複雑なアロマ。皮革とリコリスの風味。うまみとふくよかさがある。

● ティント・グラン・レセルバ

24 ヵ月以上オーク樽で熟成させ、さらに瓶内で 36 ヵ月の熟成を経たワイン。ルビーレッ

の果実味の強さが感じられる。アルコール度数は 11.5 度以上。

● ルエダ・ドラド

酸化熟成で得られるビノ・デ・リコールで、伝統的なビノ・ヘネロソが原型となる。ベルデホを 40% 以上使って造られる。流通の前に 2 年以上オーク樽で保存する必要がある。金色で、木樽で酸化熟成する長いプロセスに由来するトーストの風味がある。

ロゼワイン

2008 年に統制委員会の規定

ルエダの特に名高い各種白ワイン。今や、若飲みタイプからスパークリングワインまで多彩。

ドで濃く輝いており、スパイスとローストの香りをベースに素晴らしく強いアロマを身にまとう。口当たりはビロードのようで繊細なタンニンが感じられる。

D.O. ティエラ・デ・レオン

微発泡の個性的なロゼワインに長い伝統をもつこの地域では、1997年終わり頃、域内のブドウ栽培農家と醸造家により、上質な赤ワインを生むプリエト・ピクード種の品質をアピールしようという新たな取り組みが始まった。その結果、2007年には待望の原産地呼称を獲得し、はじめて国際レベルで認知された。

地理・自然環境

D.O. ティエラ・デ・レオンの保護地域は、レオン県南部の68の自治体とバリャドリッド県の19の自治体にまたがり、エスラ川とセア川の流域に広がっている。面積はおよそ1470ヘクタールを占める。

この広大な土地は寒冷な大陸性気候のもとにあり、気温が非常に低く、長い冬を通して霜と霧が続くが夏は穏やかである。気温の日較差が激しく、ブドウの成熟と香りを強めるのに適している。降水量は年間約500mmで、夏と秋に分布している。もうひとつ特筆すべき環境要因は非常に豊富な日照時間（年間約2700時間）であり、ブドウの均一な成熟を促す。

ブドウ畑は標高900mに位置し、栽培に理想的な条件に恵まれた地層を有している。石ころの多い堆積物を褐色の土壌が覆っているか、あるいはやわらかい地質を石灰質の土壌が覆っており、どちらも沖積土である。水はけがよく、高い保湿力と通気性、根を張り巡らせやすい特性を備えており、有機物に乏しい。

ティエラ・デ・レオンのワイン

このD.O.では、白ブドウの主要品種を50%以上使った白ワインが流通している。緑色がかった黄色から黄金色、レモンイエロー、麦わらのような黄色まである。白系果実、草、スパイスのような香りで口当たりはフレッシュで豊満。十分なアルコール度数がある。

やや酸味のある伝統的な微発泡のロゼに加え、黒ブドウの主要品種を60%以上使い、残りは黒ブドウの認定品種および

平らな地形と垣根仕立てのブドウ畑が栽培の機械化に好都合であった。

Vinos de España

D.O. ティエラ・デ・レオンを代表するのは名高い白ワインである。そのひとつが、ボデガス・ビノス・デ・レオンで造られたベルデホ使用の〈Valjunco バルフンコ〉。

カスティーリャ」（カスティーリャのワインの地）と呼ばれる地方を形成している土地だ。現在は、平均経過年数65年の800ヘクタールのブドウ畑があり、標高750mに位置している。

気候は極度の大陸性で、冬は厳寒で夏は暑いうえに乾燥している。年間降水量はやっと400mに達する程度である。北から南に向かうにつれて、気温が上がり、湿度は下がる。

この気候条件は、豊富な日照時間、通気性と保水力に優れた深く痩せた土壌とあいまって、ブドウ栽培に理想的な環境を与えている。そのおかげで、ブドウは豊かな表現力をもつアロマを備え、高品質のワインを生み出している。

土とミネラルの香りがするワイン

このD.O.で生産される白ワインには、白ブドウの主要品種が60％以上使われている。フレッシュでうまみがあり、適度なアルコール分があるが、心地よい酸味も感じられる。

赤ワインはテンプラニーリョを75％以上使って造られる。濃い色で力強く複雑な香り、軽め

（または）白ブドウの主要品種か認定品種をブレンドしたワインもある。ラズベリー色からレンガ色まで幅があり、赤系の花と果実のアロマを帯びる。プリエト・ピクード種がもつアクセントも顕著。口当たりはバランスがとれていて心地よい。赤ワインは、プリエト・ピクードおよび（または）メンシアを60％以上使わなければならない。非常に濃い色のワインで、草の香りとよく熟した黒系・赤系果実の豊かなアロマを帯びる。タンニンとボディの感じられる口当たり。

D.O. ティエラ・デル・ビノ・デ・サモラ

そう広くない面積のブドウ畑と少数の栽培農家、そしてわずかな醸造所。D.O. ティエラ・デル・ビノ・デ・サモラが、素晴らしいワイン、確固たる個性をもったワインを生産するにはそれだけで充分である。その特徴的な個性は、伝統的な品種やブドウ栽培に好適の標高と土壌に加え、栽培農家と醸造家の丹念で行き届いた作業の賜物である。

地理・自然環境

このD.O.はサモラ県南東部の46の自治体とバリャドリッド県の10の自治体にまたがり、ドゥエロ川の両岸に広がっている。「ティエラ・デル・ビノ・デ・

「マドレオ」

ティエラ・デ・レオンの伝統的な微発泡ロゼワインの生産には、今日でも昔ながらの「マドレオ」という技術が使われている。このD.O.に登録された醸造所の多くが利用するこの技術は、発酵中にブドウの果実や房を丸ごと加え、熟成の過程で生じる炭酸ガスを粒の中に蓄えた後、繊細な泡の形でワインの液中に放つというものである。伝統的に、この製法は洞窟内の醸造所や丘に穴を掘ってつくった狭い場所で用いられてきた。

白ブドウ品種		黒ブドウ品種	
主要品種	認定品種	主要品種	認定品種
アルバリン	パロミノ	プリエト・ピクード	ガルナッチャ
ゴデーリョ	マルバシア	メンシア	テンプラニーリョ
ベルデホ			

の酸もある。熟成を経ない若い状態で、あるいは通常の熟成期間を経て流通する。

知名度は下がるが、クラレットとロゼも生産されている。前者はテンプラニーリョの使用が30％以上で認定品種が40％以下、後者はテンプラニーリョの使用が60％以上となっている。

注目すべき点は、ティエラ・デル・ビノ・デ・サモラは、地理的範囲を限定された、独自の規定と統制法を有する原産地呼称だということである。

この地域では、ブドウ栽培と高品質のワイン生産が昔から経済の基本となっていた。中世の記録では、ティエラ・デル・ビノ（ワインの地）という地名で当地のワインの素晴らしさが表現されている。

20世紀に入るまで、この地域ではブドウだけが単一栽培されており、フィロキセラ禍の影響はあまり顕著ではなかった。だが、近年複数の要因により当地のブドウ畑に重要な展開がもたらされた。

1997年、地域のブドウ栽培農家と醸造家が集まり、それまでの動きに区切りをつけ、原産地呼称獲得を目指す第一歩を踏み出したのである。

D.O. トロ

ブドウ畑は昔から変わることなく、新品種の導入もしていない。土地も同じで、畑を照らす太陽もいつものように輝いている。しかし、トロのワインはも

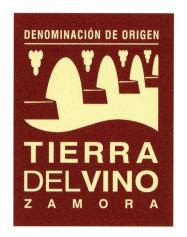

はや以前と同じではない。十数年前から、サモラ県にあるこの地で造られてきた、アルコール度が高く酸味のある色の濃い伝統ワインは、非常に丹念な醸造へと転換し、トロの赤ワインから最高の品質を引き出すことに成功したのである。

古い伝統

トロのワインには、ローマ時代に始まり中世には完全に定着した長い伝統がある。中世にはあまねく名声と人気を博し、場所によっては独占的に流通を許可されるという国王からの特権が与えられるほどであった。

これらのワインは王室の食糧庫を満たし、新世界へと向かう

ブドウ畑は、D.O. ティエラ・デル・ビノ・デ・サモラを東西に横切るドゥエロ川床の南側に位置する。肥沃な大地になだらかな丘が広がり、川がアクセントを添えている。一方、ブドウ栽培に最適なのは、標高600～750mにある石灰質の土壌をもつ土地。

ブドウ品種			
白ブドウ		黒ブドウ	
主要品種	認定品種	主要品種	認定品種
マルバシア	パロミノ	テンプラニーリョ	ガルナッチャ
モスカテル・デ・グラノ・メヌード	アルビーリョ		カベルネ・ソーヴィニヨン
ベルデホ	ゴデーリョ		

Vinos de España

船の貯蔵室に収められ運ばれたようである。確かなのは、ブドウ栽培とワイン醸造はこの地域で大きく発展し、経済的繁栄の基盤となったことだ。その証拠に、ここサモラの大地の下には、無数のワインセラーや地下洞窟がある。現在の規定が適用されたのは1987年だが、トロにはじめて原産地呼称が授けられたのは1933年であった。

地理的環境

この原産地呼称で保護された地域には、サモラ県の12の自治体（アルグヒーリョ、ボベダ・デ・トロ、モラレス・デ・トロ、エル・ペゴ、ペレアゴンサロ、エル・ピニェロ、サン・ミゲル・デ・ラ・リベラ、サンソレス、トロ、バルデフィンハス、ベニアルボ、ビリャヌエバ・デル・プエンテ）に加え、バリャドリッド県の3つの自治体サン・ロマン・デ・ラ・オルニハ、ビリャフランカ・デ・ドゥエロ、そしてペドロサ・デル・レイにあるふたつのパゴ（パゴ・デ・ビリャエステル・デ・アリバとパゴ・デ・ビリャエステル・デ・アバホ）が含まれる。ブドウ畑の総面積は5800ヘクタール強。

この地域の気候は極度の大陸性で、大西洋の影響を受けて乾燥している。冬は厳しく最低気温が非常に低くなり、夏は短く、あまり暑くないが気温の日較差が大きい。平均降水量は年間約350〜400mmで、日照時間は年間2600〜3000時間と豊富である。

ブドウ畑は標高620〜750mのなだらかな土地にあり、主に褐色の土と石灰質の固めの土壌であるため、根を張りやすく水はけがよい。

トロの象徴、赤ワイン

このD.O.の極めつけは、ティンタ・デ・トロ単一品種の赤ワインである。この地元固有の品種は、サモラの畑における気温の変動に強く、あまり極端でないこの地の暑さに非常によく適

認定品種	
白ブドウ	黒ブドウ
ベルデホ	ティンタ・デ・トロ
マルバシア	ガルナッチャ

バジェ・デル・グアレーニャ地区にある冬季休耕中のブドウ畑。

Castilla y León

ワインの種類				
赤				
ホベン	クリアンサ	レセルバ	グラン・レセルバ	ロブレ
ティンタ・デ・トロ 100%	ティンタ・デ・トロ 100%	ティンタ・デ・トロ 100%	ティンタ・デ・トロ 50%　ガルナッチャ 50%	ティンタ・デ・トロ 90%　ガルナッチャ 10%
濃いアメリカンチェリー色、エッジに紫色	中程度の濃さのアメリカンチェリー色、エッジにガーネット色	ルビーレッド、エッジにヨードの赤色	輝くレンガ色のエッジ	濃い鮮紅色の赤、紫色がかっている
レッドベリー、マルベリー、スグリ、リンボク、乳酸系のアロマ	バニラ、トースト香、リコリス、タフィー、過熟したブドウのアロマ	樹、革、落ち葉、柑橘類の皮のアロマ	バルサミコ、薬、カカオ、リコリスのアロマ	トースト香のベースにレッドベリーのコンポートのアロマ
肉付きがよく粘り気があり、心地よいタンニン	骨格があり、樹脂のようなタンニン、スパイシーな後口	洗練されたタンニン、薬のような残り香	なめらかでコンパクト、スパイシーな芳香を感じるフィニッシュ	密度が濃く、フレッシュで芳香がある

ロゼ	白
ティンタ・デ・トロ 50%　ガルナッチャ 50%	マルバシア 100%　または、ベルデホ 100%
輝きのある明るいイチゴ色、エッジに薄紫色が混じる	麦わらのような黄色、エッジに緑色がかった虹色
野菜、イチゴ、レッドベリーのアロマ	青い果実、リンゴ、パイナップル、蜂蜜、アーモンドの花のアロマ
豊満でフルーティな口当たり	繊細でフレッシュな口当たり、苦味のあるフィニッシュ

合している。このような特徴が、ブドウ畑の経過年数や短期間での生産、より現代的なスタイルの醸造法とあいまって、ワイン変革の一助となったのである。

この地域で昔造られていたものと同じく、現代のワインも濃い色ではあるが、より香り高くエレガントで、素晴らしい余韻を放つ。これらのワインは若飲みタイプもあれば、オーク樽での熟成期間により、クリアンサ、レセルバ、グラン・レセルバとして流通しているものもある。

一方で、ガルナッチャを最大10%使い、樽と瓶を組み合わせて熟成させた赤ワインも生産している。裏ラベルにある「Roble」（ロブレ）（オークの意）の記載で判別できる。

D.O.トロの統制委員会は、同じ割合でティンタ・デ・トロとガルナッチャを使ったロゼワインや、認定品種であるマルバシアかベルデホを使った白ワインの生産も認めている。だが、いずれのワインもこの原産地呼称を代表する真のスターである赤ワインにはかなわない。

マルバシアを使った白と、ティンタ・デ・トロやガルナッチャのロゼも造ってはいるが、ティンタ・デ・トロを使った赤こそがD.O.トロを代表するワインである。トロの赤ワインは収れん性と、高いアルコール度数、適度な酸味を兼ね備えている。木樽が熟した果実のアロマと見事な肉付きのよさをもたらしてくれる。

カタルーニャ州

この州の経済にとってワイン産業がいかに重要かは、次の数字からよくわかる。家族経営の小規模な醸造所を除いても、ブドウ栽培面積は7万ヘクタールを超え、11ものD.O.認定地区でワイン造りが行なわれている。そのバラエティ豊かなワイン（白、ロゼ、赤、カバ）は、スペイン内外で楽しまれている。

海と山に囲まれて

変化に富んだ風景や気候は、カタルーニャ産ワインの多様性を生むひとつの要素で、気温が高く海の影響を受けるカタルーニャ海岸山脈付近から、リェイダ周辺の平原、背後にピレネー山脈がそびえる地域まで、独自の風土や土壌を生かしたブドウ栽培がさかんである。

多様な栽培環境を生かし、固有品種（チャレッロ、パレリャーダ、マカベオ）と外来品種（シャルドネ、カベルネ・ソーヴィニヨン、リースリング）がともに栽培され、仏独原産の外来品種も地中海地方らしい性質を獲得している。

このように多様な品種からバラエティ豊かなワインが生まれた。アレーリャの香り高い白、ペネデスの革新的な赤、プリオラートの最高級ワイン、そしてカタルーニャワインの花形「カバ」である。

原産地呼称

カタルーニャにおけるワイン造りの歴史は長く、ギリシャの古代植民地時代からローマの統治下にあった時代を経て脈々と続いてきたが、19世紀終盤のフィロキセラ禍でブドウ畑はほぼ全滅する。20世紀にブドウづくりは少しずつ再開されたが、カタルーニャのブドウ栽

急勾配の土地での過酷な作業を経て、比類ないワインができる。D.O.プリオラートに属するコステル・デ・リコレーリャのブドウ畑。

培が復活したのは1960年代に入ってから。そのころに導入された新たな品種と斬新な手法やテクノロジーが、今の繁栄をもたらしたのである。

現在は11のD.O.があり、そのうち10が州内の4県すべてに分散している。バルセロナ県のペネデスとアレーリャ、ジローナ県のエンポルダ、リェイダ県のコステルス・デル・セグレとプラ・デ・バジェス、タラゴナ県のコンカ・デ・バルベラ、モンサン、プリオラート、タラゴナ、テラ・アルタ。D.O.Ca.プリオラートは、2009年に特選原産地呼称認定地区に昇格している。この栄誉が認められたのは、リオハに次ぐ国内2番目である。

最近になってさらに、D.O.地区に位置しながら保護を受けていなかったカタルーニャ全域のワイン生産地をカバーするD.O.カタルーニャが加わった。そしてもうひとつ、優れたスパークリングワインの生産地D.O.カバがある。D.O.カバは多くの地方にまたがる原産地呼称で、生産地の大半（95%）はカタルーニャ州（特にバルセロナとタラゴナ）にあるが、アラゴン州、ナバーラ州、エストレマドゥーラ州、バレンシア州にも存在する。

品種構成

概して白ブドウ品種のほうが黒ブドウ品種よりも優勢。最も多く栽培されている白ブドウは固有品種のマカベオ、チャレッロ、パレリャーダで、ピカポルとスモイがこれに続く。古くからの品種として、モナストレル、マルバシア、モスカテル、

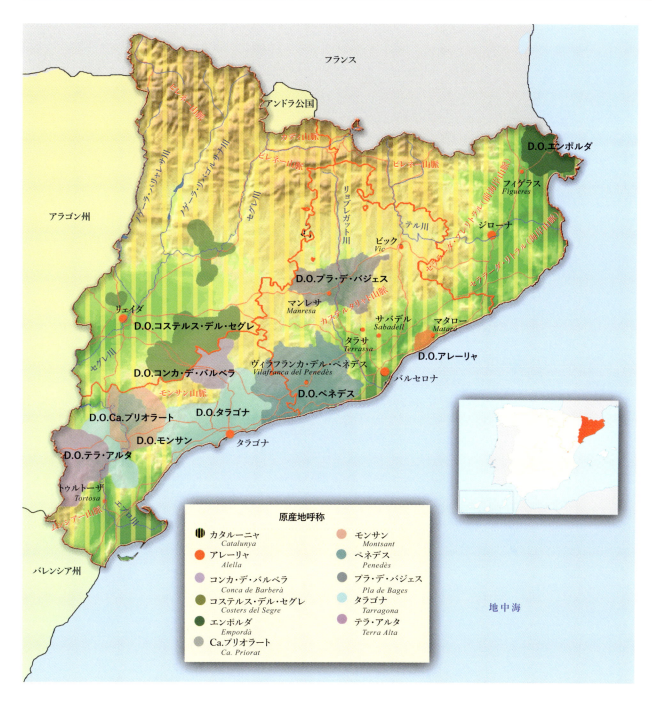

ガルナッチャ・ブランカもある。黒ブドウで突出しているのはウル・デ・リェブレ（テンプラニーリョ）、ガルナッチャ・ティンタ、サンソ。外来品種の導入が品種構成を豊かにし、成果をあげている。

D.O. アレーリャ

スペインで最も小さいD.O.のひとつ。バルセロナの街の玄関口付近に位置し、都会に近い環境でワイン造りをしている。こうしたマイナス要素を抱えながらこの地区が存続しているのは、固有品種のパンサ・ブランカを主原料とした上質な白ワインのおかげだ。

地理・自然環境

このD.O.地区は、バルセロナ県のマレスマ郡とバリェス郡に属する18の自治体に広が

マルケス・デ・アレーリャ社は、パンサ・ブランカのみを原料に、良質なワインを造っている。

り、カタルーニャ海岸山脈の地中海に面した側と反対側のゆるやかな斜面に小さなブドウ畑が点在している。

典型的な地中海性気候で、日射しが強く、冬は温暖、夏は乾燥して暑い。この地域でブドウがよく育つのは、ふたつの極めて重要な気候因子のおかげである。内陸部から吹きつける寒風を山脈が遮ってくれることと、海風から十分な湿度が得られることだ。この地域には、川らしい川はほとんどない。

D.O. アレーリャのもうひとつの特徴は「サウロ」と呼ばれる砂質の土壌だ。花崗岩に由来し、色はほぼ白で、水はけがよく熱を逃がしにくい。この種の土壌は海側の斜面でよく見られ、内陸側斜面の土壌は粘り気が強く石灰質である。

パンサ・ブランカのワイン

アレーリャを一躍有名にしたのはパンサ・ブランカを主原料とする白ワイン。チャレッロが砂質の土壌に順応してできた品種で、アレーリャの伝統的なワインに特別なエレガントさと芳香、まろやかさを与える。この品種からは非常にフレッシュでフルーティな香りの飲み口がすっきりした辛口白ワインも造られる。

最近では、生産量の4分の1をフレッシュで風味豊かなロゼワインが占め、比率は少ないが、固有品種とフランス由来の認定品種をブレンドした赤ワインも製造されている。

D.O. カタルーニャ

この州に古くからあるワイン生産地で、なんらかの事情によって、該当するはずのD.O.地区に登録されなかったエリアをカバーしている特異なケースだ。D.O. 認定によりワインの販売量は増えたが、製品の品質向上や均一化には結びついておらず、優れたワインがある一方で、十分なレベルに達していないものも存在する。

地理・自然環境

D.O. カタルーニャには約6万ヘクタールのブドウ畑が含まれる。このD.O. 内の300を

認定品種	
白ブドウ	黒ブドウ
パンサ・ブランカ	モナストレル
ガルナッチャ・ブランカ	ガルナッチャ・ネグラ
パンサ・ロサーダ	ウル・デ・リェブレ（テンプラニーリョ）
ピカポル・ブランコ	マタロ
マルバシア	スモイ
マカベオ	カベルネ・ソーヴィニヨン
パレリャーダ	メルロ
シャルドネ	シラー
ソーヴィニヨン・ブラン	ピノ・ノワール
シュナン・ブラン	

アレーリャで多く栽培されているパンサ・ブランカは、チャレッロがこの地方の砂質の土壌に順応してできた品種。麦わら色を帯びた、フルーティでハーベイシャスな香りの、適度な酸味をもつワインができる。

超える自治体は、古くからワイン製造で経済を支えてきた。D.O. カタルーニャの目的は、州内でワイン造りをしてきた地域のうち、認定品種以外のブドウや指定地域外で栽培されたブドウを使っている、あるいはその地域の典型的な製造方法を踏襲していないといった理由から、すでに認定された原産地呼称に適合しない生産地を、D.O. カタルーニャというカテゴリーのもとで統合することにあった。

全体的に穏やかな地中海性気候で、冬は暖かく夏もさほど暑くない。年間降水量は350〜600mm、雨は主に春と秋に降る。土壌は石灰質、きめの粗さは中程度で有機成分が乏しい。これらの要素はすべてブドウの栽培に適している。

多彩な品種、多様なワイン

この D.O. に特有の規定により、ワイン製造用として白ブドウ14品種、黒ブドウ13品種の合計27品種が認定された。生産量の上限は、黒ブドウについては1ヘクタールあたり1万kg、白ブドウは1万2000kg。認定品種の多さは、産地の異なるワインをブレンドしたクパージュワインの生産に都合がいい。クパージュワインは、色が美しく香りが濃厚でミディアムボディ、ほどよい酸味をもつ。

白ブドウの主要品種はマカベオ、チャレッロ、パレリャーダであるが、シャルドネも多く栽培されている。白ワインは軽口でフルーティなものが多い。ロゼはモダンなスタイル、赤はテンプラニーリョとガルナッチャから造られるものが多いが、カベルネ・ソーヴィニヨンを使った独特な骨格を感じさせる上質なワインもある。

D.O. コンカ・デ・バルベラ

タラゴナ県北西部に位置するこの地のワイン造りは伝統に支えられてきた。古くから、カバとペネデスのベースとなるワインを主に製造していたが、1985年に原産地呼称制度のルールが適用されると流れが変わり、上質な赤のスティルワインとD.O. カバに保護された上等のスパークリングワインを造るようになった。

地理・自然環境

この認定地区では5000ヘクタールを超えるブドウ畑が、

認定品種	
白ブドウ	黒ブドウ
チャレッロ	モナストレル
ガルナッチャ・ブランカ	ガルナッチャ・ネグラ
マカベオ	ガルナッチャ・ペルーダ
ピカポル・ブランコ	ガルナッチャ・ティントレラ
パレリャーダ	サンソ（カリニェナ）
スビラッツ・パレント（マルバシア）	スモイ
マルバシア・デ・シッチェス	トレパット
ペドロ・ヒメネス	ウル・デ・リェブレ（テンプラニーリョ）
シャルドネ	カベルネ・ソーヴィニヨン
ソーヴィニヨン・ブラン	カベルネ・フラン
シュナン・ブラン	メルロ
マスカット	シラー
リースリング	ピノ・ノワール
ゲヴュルツトラミネール	

D.O. コンカ・デ・バルベラの中心にあるシトー会のポブレー修道院（12世紀）は、ブドウ畑に囲まれた、まさに中世建築の至宝。

タラゴナ県の14の自治体に広がっている。フランコリ川とアンゲラ川によって形成された谷間に位置し、標高300〜600m級の山脈に囲まれた環境は、フレッシュで香りのよい軽めのワインの生産に適している。

このD.O.に含まれる自治体は、バルベラ・デ・ラ・コンカ、ブランカフォルト、コネサ、レスプルガ・デ・フランコリ、フォレス、モンブラン、ピラ、ロカフォルト・デ・ケラルト、サラル、セナン、ソリベリャ、バリュクララ、ビラベルデ、ビンボディ。

地中海性気候と、海の影響で穏やかになった大陸性気候との混合タイプ。暖かく湿った海風が、夏の暑さを緩和する。年間平均気温は13〜14℃前後、年間降水量は約450〜500mm、日照量も多い。

土壌の大半は石灰質で、有機成分が乏しく粘り気の少ないパラパラした土質でブドウの生育に最適。最北西部にはスレート質の土壌も見られる。

白、ロゼ、赤

この地域のワインはD.O.カバのスパークリングワインに使う白とロゼが主だが、ほかにもスティルワイン、特に赤が製造されている。これは若飲み用として出荷され、まろやかで軽く風味がいい。熟成させると香りはより複雑に、余韻は長くなる。

白ワインは光沢のある淡い黄色、フルーティでアルコール度数はかなり控えめ。シャルドネやソーヴィニョン・ブランを加えることで骨格と粘度が増す。

ロゼは主にトレパット種が原料。色はラズベリー系のピンクで、輝く透明感とレッドベリー系の香りをもち、味のバランスがいい。

D.O. コステルス・デル・セグレ

地域内に分散するブドウ畑がこのD.O.のワインに独特の個性を与える。原産地呼称統制委員会が品種や栽培方法、製造方法にかなりの自由度を与えているため、ワインの種類もバラエティに富む。一方、多様化していたワインをひとつにする画期的な出来事もあった。ある大きな醸造所が、ライマットで、スペインで初となるニューワールドのワイン製造法を採用した。カリフォルニアの醸造技術を用い、生産量の拡大と製品の質のバランスをはかる手法である。

地理・自然環境

ブドウ畑は、リェイダ県内の次の郡（パリャース・ジュッサ、セグリア、ウルヘル、ノガル、セガーラ）およびタラゴナ県と

認定品種	
白ブドウ	黒ブドウ
パレリャーダ	ウル・デ・リェブレ（テンプラニーリョ）
マカベオ	トレパット
シャルドネ	ガルナッチャ
ソーヴィニョン・ブラン	カベルネ・ソーヴィニョン
	メルロ
	シラー
	ピノ・ノワール

境界を接する地域（ガリゲス）にあり、それらはすべて、ピレネー山脈とエブロ川に挟まれたセグレ川中流域の窪地で連結している。

認定地区は、アルテサ・デ・セグレ、レス・ガリゲス、パリャース・ジュッサ、ライマット、セグリア、ウルヘル、バルス・デル・リウ・コルブの7つのサブゾーンに分かれている。最も北に位置するアルテサ・デ・セグレとパリャース・ジュッサはブドウ畑の標高が高く、ピレネー山脈と過酷な気候の影響を受ける。レス・ガリゲスとバルス・デル・リウ・コルブは乾燥し痩せた土壌で、起伏が大きく日照量が多い。東端に位置するライマットはもっと起伏がゆるやかだ。セグリアは南西に位置し、典型的な乾燥地帯である。各サブゾーン間には多少の違いがあるが、概してどこも極端な大陸性気候であり、冬の気温はほぼ0℃以下、夏の最高気温はたびたび35℃を超える。日照量はかなり多く、降水量が少ない。年間降水量は地域によって385〜450mmと様々だが、冬場は霧が晴れにくく湿度が高い。

ブドウ畑のある土壌の大半は石灰質もしくは花崗岩質で、砂に覆われ有機成分が乏しい。

多様な好みに合うワイン

原産地呼称統制委員会の規定により、多種多様なワインの製造が認められ、白ワインでは、在来品種を使った伝統的なものから、シャルドネやリースリングを使ったモダンなタイプや並外れて上質なものもある。伝統的なワインはフレッシュで果実味があり、州内のほかの地域で製造されるものと似た特徴をもつ。品種の個性を強く押し出した地中海地方らしいモダンなワインは、若飲みタイプと樽熟成タイプが市場に出ている。

ロゼは主にテンプラニーリョ、カベルネ・ソーヴィニョン、メルロを原料とし、口当たりがよく果実味が豊かだ。

赤ワインは単一品種で造られたものとブレンドしたものがあるが、どちらもやわらかみがあり香り高い。

高級スパークリングワイン（ビノ・デ・リコールと微発泡ワイン）用のベースも製造されている。

D.O. エンポルダ

はるか昔からワイン文化やワイン交易と関わりがあったのは、その昔、この地にエンプリエスというギリシャの

重要な植民都市があったからだ。当時から受け継がれるワイン造りにはつねに気候の影響があり、ピレネー山脈の向こうから吹いてくる北風が、この地方特有の個性を与える。ガルナッチャ・ロハなど、この地に最も適した固有品種を使ったワイン造りを試み、そこにこの原産地呼称ワインの未来を見いだそうとする取り組みは賢明であろう。一方、固有品種を使ったワインの質をより高めるのに役立つ国際的な品種もないがしろにしてはいない。

地理・自然環境

D.O. エンポルダの生産地は

ライマット社のブドウ畑。同社は D.O. コステルス・デル・セグレで最も名高い醸造所のひとつ。

ブドウ品種		
白ブドウ		黒ブドウ
推奨品種	認定品種	推奨品種
マカベオ	アルバリーニョ	ガルナッチャ・ネグラ
チャレッロ	モスカテル・デ・グラノ・ペケーニョ	テンプラニーリョ
パレリャーダ		トレパット
ガルナッチャ・ブランカ		サンソ
スピラッツ・パレント（マルバシア）		モナストレル
モスカテル・デ・アレハンドリア		カベルネ・ソーヴィニョン
シャルドネ		メルロ
ソーヴィニョン・ブラン		シラー
リースリング		ピノ・ノワール
ゲヴュルツトラミネール		

EMPORDÀ
DENOMINACIÓ D'ORIGEN

白ブドウ品種	
主要品種	認定品種
ガルナッチャ・ブランカ	マルバシア
マカベオ（ビウラ）	モスカテル・デ・グラノ・ペケーニョ
モスカテル・デ・アレハンドリア	ピカポル・ブランコ
パレリャーダ	チャレッロ
	シャルドネ
	ソーヴィニヨン・ブラン
	ゲヴュルツトラミネール

黒ブドウ品種	
主要品種	認定品種
ガルナッチャ・ティンタ	ウル・デ・リェブレ（テンプラニーリョ）
サンソ（カリニェナ）	ガルナッチャ・ペルーダ
	ガルナッチャ・ロハ
	モナストレル
	カベルネ・ソーヴィニヨン
	カベルネ・フラン
	メルロ
	シラー

カタルーニャ州最北東部に位置する。ジローナ県に所属する48の自治体は、アルト・エンポルダとバイス・エンポルダのふたつの郡に分散している。アルト・エンポルダ（35の自治体を含む）は、フィゲラスとクレウス岬の突端から北へ向かってフランスとの国境まで弓型に広がる。バイス・エンポルダ（13の自治体を含む）は、北はモングリ山塊、南西はレス・ガバーレス山塊を境界とするエリアである。山塊と海沿いの平地からなり、ブドウ畑は約2000ヘクタールを占める。

地中海性気候で冬は温暖、夏は暑く、ピレネー山脈の向こうから頻繁に吹く北風は、ときに時速120kmに達する。年間降水量は600mm程度。

土壌もかなり変化に富むが、大半は砂質で酸性、有機成分が乏しい。

古い樹がよいワインを生む

有名なこの言葉は、エンポルダのブドウ畑にも当てはまる。この地方のブドウ畑の大部分は樹齢30年を超え、日照量の多さと降水量とともに、名物の上質なワイン、とりわけビノ・デ・リコール（リコロソ）の生産に有利な条件となっている。

とはいえ、近年になって大規模な改革が始動し、栽培技術の改良と新たな品種を使った実験も行なわれている。この地の伝統品種はカリニェナ（サンソ）、ガルナッチャ・ティンタ、ガルナッチャ・ブランカ、マカベオである。

ワイン製造がもつ可能性

D.O. エンポルダのワインの特徴は多様性である。ガルナッチャを原料とした伝統的な甘口のリコロソは、赤みがかった琥珀色をしており、アルコール度が高くなめらかで、ミステラ風のアロマをもつ。そのほかモスカテル、ミステラ・ブランカ、ミステラ・ネグラも製造されている。大きく改良されたのは赤ワインで、濃厚な香りをもち、風味豊かで非常に口当たりがいい。最近の斬新な赤ワインには、収穫後すぐに市場に出さ

アルト・エンポルダ郡（ジローナ県）のガリゲーリャ地区にあるブドウ畑。背後にバガ・デン・フェラン山脈がある。

れ、その年のうちに飲む「ティント・ノベル」と呼ばれる非常にフルーティで軽い新酒もある。

白ワインは固有品種をブレンドしたものが多く、フレッシュで風味がよく、かすかに干し草やリンゴの香りがする。ロゼワインは爽やかで果実味があり、力強さも感じられる。

D.O. モンサン

登録されてわずか6年のD.O.だが、伝統に深く根差したワイン造りで権威ある存在へ急成長をとげた。しかし決してたやすいことではなかった。D.O.タラゴナの地域内にあり、D.O.Ca.プリオラートをぐるりと囲む場所にあるため、D.O.モンサンのワインは独自の特徴と目標を見いださなければならなかったからだ。国内向けと海外（主にアメリカとドイツ）向けそれぞれの売上高を見るかぎり、目標は見事に達成されている。

地理・自然環境

生産地区はタラゴナ県プリオラート郡に位置し、バイス・プリオラートの計16の自治体（中心地ファルセットを含む）とアルト・プリオラート内のごく狭いエリア、さらにリベーラ・デブラの一部を含む。そのうちリベーラ・デブラはほかのふたつのエリアとかなり異なる特徴をもつ。

気候は地中海性だが、いくらか大陸性の影響もある。周囲の山々がこの一帯を海から隔絶しているが、湿り気を運んでくる海風までは遮断できないためだ。昼夜の寒暖差は非常に重要で、差が大きいほどブドウの実はよく熟す。

この地域のブドウ畑は標高200～700mの範囲にあり、土壌は石灰質（周辺地域）、花崗岩質（ファルセット）、もしくはシリカを含むスレート質である。いずれも有機成分が乏しく、ブドウの栽培に適している。

テロワールを反映するワイン

最もD.O.モンサンらしいワインといえば、赤である。通常、ガルナッチャやカリニェナとフランス由来の品種とをブレンドして造られる。今後のモンサン産ワインの品質は、いかに適切なブレンド比率を見つけるかにかかっている。おしなべて、若いワインは色が暗くフルーティ、オーク樽で熟成させたワインは力強くアルコール度が高い。

白ワインは、絹のようななめらかさが特徴的で、ガルナッチャ・ブランカを使ったものはハーベイシャスな香りをもつ、じつに地中海地方らしいワイン。一方マカベオを使ったものはよりフ

モンサンでは、固有品種と外来品種がバランスよく使われている。

コーシャーワイン

D.O.モンサンの独自性として、コーシャーワインを製造している点がある。コーシャーワインとは、ユダヤ教の戒律に従った製造法で造られ、ラビもしくはラビに権限を与えられた者によって承認されたワインである。D.O.モンサン産のフロール・デ・プリマベラは、ガルナッチャ、カリニェナ、テンプラニーリョ、カベルネ・ソーヴィニヨンをブレンドして造られた世界屈指のコーシャーワインとされる。

認定品種	
白ブドウ	黒ブドウ
マカベオ	カリニェナ
ガルナッチャ・ブランカ	ガルナッチャ・ティンタ
パンサル	ガルナッチャ・ペルーダ
パレリャーダ	モナストレル
モスカテル・デ・グラノ・ペケーニョ	テンプラニーリョ
シャルドネ	マスエラ
	ピカポル・ネグロ
	シラー
	カベルネ・ソーヴィニヨン
	メルロ

パレリャーダは繊細なブドウで、加工がかなり難しい。アルコール度数が低く、淡い色合いと繊細な香りをもつワインができる。

レッシュで軽く、すっきりした味わい。ロゼは少ないが、主にガルナッチャを原料としたじつに口当たりのよい、フルーティでおいしいワインである。

モンサンのワインを急ぎ足で見てきたが、忘れてはならないのが伝統あるリコロソ（ビノ・ランシオ、ビノ・ドゥルセ、ミステラ）だ。19世紀に享受した名声を今また取り戻している。とろりとした、煮詰めたフルーツやレーズンのような濃厚な風味をもつワインである。

D.O. ペネデス

ペネデスはカバで世界的に有名になったが、そこで造られるワインはカバだけではない。見事な表現力をもつ白（特に固有品種チャレッロを使ったもの）、香りのいいモダンなスタイルのロゼ、さらに固有品種と外来品種をブレンドしたビロードのようになめらかな赤も味わうことができる。これらはみな、最先端のテクノロジーと、つねに質の向上を目指す姿勢がもたらした成果だ。

地理・自然環境

D.O. ペネデスでまず驚くのは、その広大さだ。ブドウ畑が約2万6000ヘクタール、自治体の数は100に及び、160もの醸造所がある。D.O. カバと共有している部分もあるが、それでもなお驚異的である。

カタルーニャ前海岸山脈と地中海沿岸の平野部に挟まれた広大な低地の中心を占め、総面積15万ヘクタール以上、ペネデス・スペリオル、ペネデス・セントラル、バホ・ペネデスの3つのサブゾーンをもつ。

全体的に温暖な地中海性気候だが、海岸への近さや標高の違いでサブゾーンごとにマイクロ気候に差が生じる。ペネデス・スペリオルでは最高気温と最低気温の差が大きく、しばしば霜も降り、年間降水量が900mmに達することもある。これと似た特徴がペネデス・セントラルでも見られる。一方、バホ・ペネデスは海の影響でもっと暑い。いずれも寒い北風から守られているが、西風には無防備である。

ブドウ畑がある土壌の大半は深く、極端な砂質でも粘土質でもなく、水はけがよく、石灰質で有機成分が乏しい。また、日照量もかなり多い。

品種とブドウ畑

様々な品種が栽培されているが、とりわけ優良なのは、カタルーニャ地方の在来品種の白ブドウ、チャレッロとマカベオと、黒ブドウのカリニェナ、テンプラニーリョ、ガルナッチャ、モナストレルである。最も海に近いバホ・ペネデスのブドウ畑は標高の低い土地にあり、製

認定品種	
白ブドウ	黒ブドウ
チャレッロ	ウル・デ・リェブレ（テンプラニーリョ）
マカベオ（ビウラ）	ガルナッチャ
パレリャーダ	カリニェナ
モスカテル・デ・アレハンドリア	モナストレル
マルバシア・デ・シッチェス	スモイ
ガルナッチャ・ブランカ	メルロ
シャルドネ	カベルネ・ソーヴィニヨン
シュナン・ブラン	ピノ・ノワール
リースリング	シラー
ゲヴュルツトラミネール	

ウル・デ・リェブレは、バホ・ペネデスとペネデス・セントラルで見られる在来品種のひとつ。

アルト・ペネデス郡の典型的な農家。この地域では古くから白ブドウの在来品種パレリャーダが栽培されている。

造されるワインには地中海らしい特徴が顕著にあらわれる。

ペネデス・セントラルはバホ・ペネデスよりもだいぶ気温が低く、栽培品種の大半を占めるチャレッロとマカベオは、主にカバの製造に充てられる。近年、革新と質の向上を模索してきたこの地域ではフランスの伝統品種（カベルネ・ソーヴィニヨン、シャルドネなど）も導入され、非常によく適応している。

最後にペネデス・スペリオルだが、標高800m地点までブドウ畑が広がり、主にこの地域特産の白ブドウ品種パレリャーダが栽培されている。かなり気温が低いエリアであるため、最近ではシュナン・ブランやドイツ由来のリースリング、ゲヴュルツトラミネールも栽培されるようになった。

上質なワイン

D.O. ペネデスでは醸造所の大半が自家農園で栽培したブドウを使ったワイン造りを行なっている。つまり、栽培段階から最新テクノロジーを用いた加工段階までを一手に担っているのだ。醸造家がみずから入念に手をかけることで上質なワインが生まれるのである。

この地域で造られる最も伝統的なワインは固有品種を使った、その年のうちに消費する若飲みの白である。フレッシュでフルーティ、アルコール度数は控えめで飲みやすい。

ある程度樽で熟成させた白ワインも出はじめ、チャレッロやマカベオの単一品種ワインが多い。

特筆すべきはシャルドネで、若飲みタイプとオーク樽で発酵されたものがある。

ロゼワインはまだ少ないが、モダンなスタイルで非常に香りがよく、フルーティで力強い。

赤ワインは固有品種（通常はガルナッチャとテンプラニーリョ）を使ったものとメルロやカベルネ・ソーヴィニヨンなどの外来品種を使ったもの、さらに外来品種と固有品種をブレンド

ヴィラフランカ・デル・ペネデスのブドウ畑は、スペインでも最も高い場所にあり、標高800mにも達する。

Vinos de España

バジェス郡のオレール・デル・マスにあるブドウ畑。背後には堂々たるモンセラット山がそびえる。

D.O. プラ・デ・バジェス

バジェスの土壌と気候は、フレッシュで香りのいい個性的なワインの製造に非常に適している。そうした環境的特性と古来のワイン造りの伝統が合わさって、プラ・デ・バジェスは1995年にD.O.認定された。

醸造所はわずか10軒ほどで、ブドウ栽培者は95人、栽培面積は500ヘクタールにすぎないが、活力と目覚ましい業績が今後の成長を約束している。

地理・自然環境

このD.O.は、バジェス郡のほぼ全域を含む。カタルーニャの中央低地の東端に位置する狭いエリアで、ブドウ畑はわずか500ヘクタール。周囲をモンセラットとカステルタリャットの二大山脈に囲まれ、カルデネル川とリョブレガット川によってうるおされている。D.O.プラ・デ・バジェスには合計26の地区が属し、中心地はマンレサ。山の中腹に位置するこの地は、大陸性寄りの地中海性気候で昼夜および季節間の気温差が大きい。年間降水量は少なく、500〜600mmを超えることはほとんどない。

石灰質で粘土質ロームおよび砂質粘土の土壌と気候の特性が、この地域をブドウ栽培に適した土地にしている。

主要品種ピカポル

最も多く栽培されているのは固有品種のピカポル・ブランコ、おそらくこの地方らしさが最もよくあらわれている品種だ。これを中心にほかの固有品種も使い、フレッシュで果実味あふれる個性的な白ワインが造られている。フランス原産のシャルドネをベースにしたワインも秀逸だ。

赤ワインは、特にテンプラニーリョ、スモイ、メルロ、カベルネ・ソーヴィニヨンを原料としたものが多く、他品種を使ったものは少ない。概して、色は鮮紅色ないし暗赤色、フレッシュで香りがよい。

したものに分類できる。固有品種のワインはおおかた若飲み用で、ビロードのようになめらかで、ややハーベイシャスな香調をもつ。外来品種のワインは主に熟成タイプで香りに凝縮感があり、しっかりとした肉付きを感じさせる味である。

最後に、微発泡ワインについても述べておこう。これは白もロゼも赤もあり、最も顕著な特徴は軽さ、それに香りの凝縮感と持続性である。

認定品種	
白ブドウ	黒ブドウ
ピカポル・ブランコ	ウル・デ・リェブレ（テンプラニーリョ）
マカベオ	スモイ
パレリャーダ	ガルナッチャ
シャルドネ	カベルネ・ソーヴィニヨン
ソーヴィニヨン・ブラン	カベルネ・フラン
ゲヴュルツトラミネール	メルロ
	シラー

バラーカとティナ

D.O.プラ・デ・バジェスの原産地呼称統制委員会が支援の手を差しのべたのは、ワインだけではない。この地方独特の建物——ブドウ畑にあるバラーカ（小屋）やティナ（桶）の保存と再建にもひと役買っている。円形もしくは四角形をした石造りの小屋は、農民たちが古くから農機具の保管や厳しい暑さや寒さをよける場所として使ってきたものだ。現在、およそ4000のこうした建物が良好な状態で保存されている。

主としてメルロとカベルネ・ソーヴィニヨンで造られるロゼは、モダンなスタイルの澄んだフルーティなタイプである。

D.O.Ca. プリオラート

D.O.Ca. プリオラートは比較的小さなエリアだが、そこで生産されるワインはスペインで最も有名で評価の高い、世界的なレベルの製品となった。8世紀以上も受け継がれてきた伝統的なワインからモダンなワインまであり、いずれも"特選"原産地呼称ワインに認定されている。これは原産地の最高級の格付けであり、プリオラートはリオハに次いでスペインで2番目にこの呼称が認められた。

8世紀以上の伝統

現在 D.O.Ca. プリオラートを形成するエリアは、12世紀にカルトゥジオ会のスカラ・デイ修道院が所有していた土地と一部重なっている。修道院を創始した修道士たちは、フランスから奥まったこのタラゴナの地へやってきた。起伏が激しく岩だらけのこの地に定住した彼らは周辺の7つの村を配下に置く荘園を築き、修道院長（プリオール）が管理していた（プリオラートの名はそこに由来する）。この地にブドウ栽培を持ちこんだ修道士たちは、ワインの造り手でもあった。彼らが造る、洗練された味とはほど遠い男性的なワインは、カタルーニャ全域にプリオラートの名を知らしめた。

このように高い評判を得たプリオラートのワインもフィロキセラ禍にだけは勝てず、ほとんど生産されなくなった。スペインの他の地域とは異なり、この地では経済的見地からブドウ畑の再建は生産的と見なされず、食用油やドライフルーツの製造に力が入れられた。ワインは依然として製造され人気もあったものの、脇役に追いやられた。

この地のワインが好評を得ていた証拠がある。1932年に制定されたワイン法で、プリオラートはすでに興味深いワイン産地のひとつとして触れられている。しかし、スペイン内戦へとつながる不安定な政治情勢のなか、産地を保護する具体的な策がとられることはなかった。

プリオラートがはじめて認定されたのは1954年のことである。その後、1959年と1975年に変更が加えられた。

その後1980年代の終わりにかけて、ワイン業界で大改革が始まった。この時期に導入された革新的な栽培技術や醸造技術、販売手法は、プリオラートのワインがもっていた様々な可能性を開花させることとなった。この改革から得られた素晴らしい成果がもうひとつある。2009年、D.O. プリオラートはその品質と個性ゆえに、"特選"原産地呼称に認定されたのである。

地理・自然環境

D.O.Ca. プリオラートと

認定品種	
白ブドウ	黒ブドウ
チャレッロ	カリニェナ
ピカポル・ブランコ	ウル・デ・リェブレ（テンプラニーリョ）
マカベオ	ガルナッチャ
ガルナッチャ・ブランカ	ガルナッチャ・ペルーダ
ペドロ・ヒメネス	マスエラ
モスカテル・デ・アレハンドリア	ピカポル・ネグロ
モスカテル・デ・グラノ・ペケーニョ	カベルネ・ソーヴィニヨン
シュナン・ブラン	カベルネ・フラン
ヴィオニエ	ピノ・ノワール
	メルロ
	シラー

グラタリョープでは、雄大なモンサン山脈の南の支脈が広がっている。そのため、D.O.Ca. プリオラートのスレート質を最大限に利用するには、段々畑にせざるをえない。

いう名称から、タラゴナ県のプリオラート郡全域が含まれると思われがちだが、じつはこの呼称が保護するのはプリオラート郡北部のごく狭い地域に限られる。その他の地域はD.O.モンサンに含まれる。

D.O.Ca.プリオラートは、北はモンサン山脈、東はモリョ山脈とラルヘンテラ山脈、西はトルモ山脈に囲まれた山岳地帯にある。南を流れるエブロ川の支流シウラナ川は、山に囲まれた低地を北東から南西へ横に流れる。

D.O.Ca.プリオラートに含まれる自治体は、ラ・モレラ・デ・モンサン、スカラ・デイ、ラ・ビレリャ・アルタ、ラ・ビレリャ・バイシャ、グラタリョープ、ベルムント・デル・プリオラート、ポレーラ、ポボレーダ、トローシャ・デル・プリオラート、エル・リョアル、さらにファルセットの北部とエル・モラールの東部である。総面積は約2万ヘクタールだが、そのうちブドウ畑が占めるのは10分の1にすぎない。

気候

この地域は地中海の影響を受け、温暖で夏と冬の温度差があまり大きくない。また夏にほとんど雨が降らないという特徴もある。山地が壁となって、湿り気を含む海風を遮るためだ。こうした夏の乾燥は、ブドウを病害から守る。

土壌

この地域のワインに質と個性を与える点で気候以上に重要なのが、「リコレリャ」と呼ばれるスレート質の土壌である。有機成分が極端に乏しく、ワインに独特のミネラル感を与える。

起伏のある山地地形のため、ブドウを段々畑あるいは山の斜面に植えざるをえず、場所によってはかなり勾配がきつく底土が石に覆われていることもある。これが地面の侵食を防ぎ、水はけをよくするのに好都合なのだ。もちろん、こうした条件下での栽培は容易でなく、ほかの産地と比べると生産量が少ない。だが結果的には、栽培者の並々ならぬ努力が十分に報われるだけの質の高いブドウがとれ、そこから個性豊かで複雑味のあるワインが造られるのである。

昔のワイン、今のワイン

D.O.Ca.プリオラートの伝統的なワインは、「ランシオ」(酸化熟成させたワイン)だ。昔とほぼ同じ製法で造られているこのワインは、非常に力強く、アルコール度が高く風味豊かで、アーモンド系の芳香をもち、かすかに山の草木を感じさせる。これと同種だがより現代的な方法で製造されるワインにビノ・ドゥルセがある。鮮紅色で、干しブドウに近いブラックベリー系の香りをもち、とろりとした口当たりで果実味にあふれ、糖と酸のバランスが絶妙なワインだ。

しかし、ごく最近のワインに主眼を置くなら、なんと言っても赤である。大半がガルナッチャとカリニェナに他品種を少量ブレンドして造られる。上質なものは、熟れた果実のようなじつに複雑な香りをもち、スレート質の土壌である「リコレラ」特有のミネラル分もかすかに感じさせる。味は濃厚で、タンニンがかなり多く余韻が残る。

一方、ガルナッチャ・ブランカとマカベオを主原料とした白ワインも製造されている。フルーティな香りでややアルコール度が高く、地中海地方らしさが際立つ。

ロゼワインはあまり目立った存在ではないが、ガルナッチャを原料とし、温暖な気候で成熟したブドウならではの熟した

在来品種のガルナッチャ、痩せた土、乾燥した気候が上質なワインを生み出す。以下はほんの一例。

プリオラートのブドウ畑には、勾配がきつすぎて
昔ながらの手法でしか耕作できない場所もある。

D.O. タラゴナ

プリオラートやモンサンといった名高いD.O.地区に囲まれたD.O.タラゴナにとって、新しいワイン市場で独自のアイデンティティを見いだすのは容易ではない。それはD.O.タラゴナに見込みがないわけでもワイン文化が足りないせいでもなく、長年この地で生産されるブドウの大半はカバや伝統的なワインの製造に充てられてきたせいだろう。いずれにせよ、タラゴナが可能性に満ちた土地であることは、ここ数年で出荷された新しいタイプの白、赤、ロゼワインが果実のような風味をもつ。

地理・自然環境

D.O.タラゴナには、アルト・カンプ、バーシ・カンプ、タラゴネス（これら3つの郡を合わせて、通常カンプ・デ・タラゴナと呼ばれる）およびリベーラ・デブラに属する73の自治体が含まれる。総面積約1万ヘクタールのうち、6000ヘクタールあまりがもっぱらブドウ畑として使われている。

カンプ・デ・タラゴナとリベーラ・デブラでは気候がわずかに異なる。前者は典型的な地中海性気候で温暖、年間降水量は500mm前後。一方、リベーラ・デブラの気候はもう少し極端で、冬は寒く夏は暑く、より乾燥し、降水量は年間385mmにも満たない。どちらのエリアも照度が高く日照時間も非常に長い。気候と同様、土壌も少し異なる。カンプ・デ・タラゴナが石灰質で軽い土壌が大半を占めるのに対し、リベーラ・デブラは、石灰質で石の多い土壌と沖積層とが交互にあらわれる。

新しいワインと伝統的なワイン

D.O.タラゴナ古来の豊かなワイン造りの伝統は、甘口のリコロソ、辛口のビノ・ランシオやヘネロソと、今なお幅広い種類のワインに反映されている。なかでも特筆すべきは以下のワインである。

- **タラゴナ産ミステラ**：白ブドウと黒ブドウから造られ、最高級の添加アルコール（ブドウでつくられたブランデー、リキュールなど）によって発酵を止めたもの
- **タラゴナ産モスカテル**：モスカテル・デ・アレハンドリアとモスカテル・デ・フロンティニャンを原料とする
- **タラゴナ産ガルナッチャ**：ガルナッチャ・ブランカとガルナッチャ・ティンタを原料とし、ブレンドする場合の他品種の上限は10%、最低2年の熟成を経る
- **ビノ・ランシオ**：様々な白ブドウおよび黒ブドウから造ら

認定品種	
白ブドウ	黒ブドウ
マカベオ	サンソ（カリニェナ）
ガルナッチャ・ブランカ	ガルナッチャ
チャレッロ	ウル・デ・リェブレ（テンプラニーリョ）
パレリャーダ	スモイ
モスカテル・デ・アレハンドリア	モナストレル
モスカテル・デ・フロンティニャン	シラー
マルバシア	カベルネ・ソーヴィニヨン
シャルドネ	メルロ
ソーヴィニヨン・ブラン	ピノ・ノワール
	カリニャン

モデルニスモ建築家、ジョゼップ・マリア・ジュジョールの作品であるモンフェリ村のモンセラット教会は、タラゴナ平野のブドウ畑のまっただなかにそびえたつ。

れ、オーク樽で1年以上酸化熟成させる
- **ビンブラン**：ブドウの実を過熟させて造るワイン

D.O.タラゴナでは、上記のほかにモダンで上質なワインも生産されている。まろやかで香り高くフルーティな白、風味豊かでアルコール度が高く、地中海の影響を受けた赤、フレッシュで鮮紅色のロゼなど。

D.O.テラ・アルタ

D.O.テラ・アルタの成功は、白ブドウ、黒ブドウともにガルナッチャを使った上質なワインの製造に的をしぼり、この品種の表現力を最大限に引き出した点にある。ガルナッチャ種から造られるワイン、特に白ワインは並外れて質が高く、地中海的な個性が目立つ。スペイン国内ではすでによく知られているものもあるが、国際的にはまだほとんど認知されていない。

地理・自然環境

D.O.テラ・アルタの生産地

はタラゴナ県に位置し、エブロ川とアラゴン州との境界に挟まれている。保護地域には、アルネス、バテア、ボット、カセレス、コルベラ・デブラ、ラ・ファタレリャ、ガンデサ、オルタ・デ・サン・ファン、ピネル・デ・ブライ、ラ・ポブラ・デ・マサルーカ、プラト・デ・コンテ、ビリャルバ・デルス・アルクスの12の自治体が含まれる。カタルーニャ前海岸山脈によって地中海と隔てられており、小さな川が何本か流れている。

複雑な地形をもつこの地は、起伏の有無によって平野、高原、渓谷に区分され、いずれにもブドウ畑が存在するが、圧倒的に多いのは標高350～550mの高原地帯だ。平野と丘陵地帯の斜面では、石を積んだ垣根で保護された広い段々畑や区分けされた段々畑でブドウ栽培が行なわれている。これらはすべて持続可能なブドウ栽培の一例である。面積は、全体で約6300ヘクタール。この一帯は典型的な内陸型の地中海性気候で、冬の低温と日照量の多さ、降水量の少なさがそれを物語っている。重要な気候的要因のひとつが、卓越風すなわち北風

左はテラ・アルタ平野の風景。奥に見えるのは石灰質の山。

認定品種	
白ブドウ	黒ブドウ
マカベオ	カリニェナ
ガルナッチャ・ブランカ	ガルナッチャ・ティンタ
パレリャーダ	ガルナッチャ・ペルーダ
モスカテル・デ・アレハンドリア	サンソ
モスカテル・デ・グラノ・ペケーニョ	テンプラニーリョ
ペドロ・ヒメネス	カベルネ・ソーヴィニヨン
シャルドネ	カベルネ・フラン
ソーヴィニヨン・ブラン	シラー
シュナン・ブラン	メルロ
ヴィオニエ	プティ・ヴェルド
	マルスラン
	カラドック

テラ・アルタのブドウ畑。背景はエルス・ポルツ自然公園。

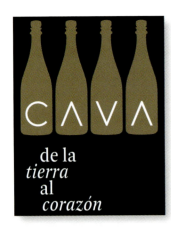

と「ガルビ」と呼ばれる南風ないし南西風とのバランスである。

土壌は石灰質、主に粘り気のある土質で有機成分が乏しい。

ガルナッチャ・ブランカの天下

D.O. テラ・アルタの高い独自性と品質は、ガルナッチャ・ブランカを原料とする単一品種の白ワインによって獲得された。色は淡い黄色から黄金色、熟した果実やハーブ系のやわらかな香りをもち、非常に表情豊かな味わいで異彩を放つ。そうした特徴に加え、地中海ワインらしい個性も併せもつ。

一方、赤ワインの製造も始まっている。ガルナッチャ・ティンタ、メルロ、テンプラニーリョを使った、香りが濃厚で風味のいいワインだ。同様にロゼも最近盛んに製造されている。最後に忘れてはならないのが、この地の伝統的なワインであるヘネロソ、ランシオ、ミステラの存在である。

D.O. カバ（複数州にまたがる原産地呼称）

D.O. カバは、他に類を見ない原産地呼称である。というのは、スペインで唯一、認定産地が7つの州に分散しているからだ。ここでは D.O. カバを名乗った最初の州であるカタルーニャについて見ていくことにする。カバといえば、もはや単なるパーティーや祝いごとのための飲み物ではなく、おいしい料理に欠かせない、どんな席にも合うワインである。

地理・自然環境

D.O. カバは、7つの州に分散した約160の自治体からなる。生産量の大部分が集中しているカタルーニャ州では、バルセロナ県の63、タラゴナ県の52、リェイダ県の12、ジローナ県の5つの自治体が含まれる。エブロ川流域では、アラゴン州の2つ（アインソンとカリニェナ）、ナバーラ州の2つ（メンダビアとビアナ）、リオハ州の18、バスク州の3つの自治体。さらに、バレンシア州のレケーナとエストレマドゥーラ州バダホス県アルメンドラレホも含まれる。

合計約3万2000ヘクタールのブドウ畑が260を超える醸造所にブドウを供給している。カバの全生産量のおよそ90％がバルセロナ近郊のペネデスに集中し、なかでもサン・サドゥルニ・ダノイヤで造られる。量はスペインで1年間に生産されるカバの4分の3にあたる。

多様な品種

1世紀以上にわたり、カタルーニャのブドウ園でカバの原料に使われてきた主な品種はチャレッロ、マカベオ、パレリャーダである。これらの品種は今もなお、すべての地域で伝統的なカバの主原料となっている。チャレッロはカバに力強さを与え、マカベオは芳香を、パレリャーダは繊細さと優雅さをもたらす。

しかし最近では、別の品種の白および黒ブドウをさかんにブレンドしている。ほんの一例を挙げれば、カバにコクとトロピカルフルーツのようなアロマを与えるシャルドネ、ピノ・ノワール、トレパットなどである。

モダンなロゼのカバには、通常モナストレル、ガルナッチャ・ティンタ、ピノ・ノワール、トレパットが使われる。凝縮感のある香りと熟したレッドベリーを思

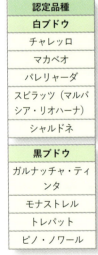

認定品種
白ブドウ
チャレッロ
マカベオ
パレリャーダ
スビラッツ（マルバシア・リオハーナ）
シャルドネ
黒ブドウ
ガルナッチャ・ティンタ
モナストレル
トレパット
ピノ・ノワール

D.O. カバはスペインで唯一、7つの州にまたがっている。とはいえ、認定された醸造所とブドウ畑の大部分はカタルーニャ州に集中している。

サン・サドゥルニ・ダノイヤ（バルセロナ）にあるコドーニュ社のようにガイド付きで見学できる醸造所もあり、ワイン醸造の小さな奇跡とも言うべきカバの製造過程をすべて知ることができる。

ジュヴェ・カンプス社の上等なブルット・ナトゥーレのように、すべてのカバがカタルーニャで製造されているわけではない。D.O. カバでは伝統的な生産地以外でも、アルメンドラレホ社（バダホス県）の（Via de la Plata（ビア・デ・ラ・プラタ））のような優れた銘柄のカバが造られている。

わせる色を与える品種である。

熟成度によるカバの分類

カバは、原料として使われる品種の組み合わせと瓶内熟成の期間によって特徴が異なる。「カバ」の表示は、最低9ヵ月の瓶内熟成を経た若いワインにのみ許される。一般的に軽やかでやわらかく、フレッシュで飲みやすい。色はたいてい麦わらのような黄色で緑色がかった光沢があり、グリーンフルーツ、ハーベイシャス、フローラル、ベジタブル系のアロマをもつ。

カバのうち、より長い熟成期間を経たものは、特に「カバ・レセルバ」と表示することができる。最低15ヵ月の瓶内熟成を経たものがこれにあたる。淡い黄色で光沢があり、熟した果実の風味がはっきり感じられ、バランスが非常によい。

最低30ヵ月の瓶内熟成を経たブルット・ナトゥーレ、エクストラ・ブルット、ブルットには「カバ・グラン・レセルバ」の表示が許される。淡い黄金色で、きめ細かな泡がひと筋に連なって立ちのぼる。普通のカバやレセルバに比べて香りが複雑で、伝統的なタイプではドライフルーツや苦味のあるアーモンドのような香調、モダンなタイプではこんがり焼いたパンのような香調をもつ。

ゆっくりと立ちのぼる細かい泡が、上質なカバのしるし。

残糖量によるカバの分類

リキュール・デクスペディションと呼ばれる甘いリキュール液によって加わる糖分の量に応じて、次のように分類される。1ℓあたりの残糖量は、次のとおり。

- **ブルット・ナトゥーレ**：残糖量1ℓあたり0〜3gとごく微量。糖分添加は行なわない。このカテゴリーと以下ふたつのカテゴリーに属するものは高級ワインになる
- **エクストラ・ブルット**：6g 以下
- **ブルット**：12g 以下
- **エクストラ・セコ**：12〜17g
- **セコ**：17〜32g
- **セミ・セコ**：32〜50g
- **ドゥルセ**：50g 以上

バレンシア州

バレンシア州は、8万ヘクタール近い広大なブドウ畑があるにもかかわらず、比較的近年まで、国内市場獲得の商業政策には着手してこなかった。一方、国際市場にはしっかりと根付いている。固有品種の再発見と新たな栽培および加工方式の採用がこの州の斬新なワイン造りのベースとなり、それによって名産のビノ・ドゥルセへの再投資が可能となった。

モスカテル・ドゥルセは、バレンシア州外で名声を得たワインかもしれない。特産地マリーナ・アルタのモスカテル・デ・アレハンドリアは並外れて素晴らしい。
写真は、ボデガス・シャロの農場で天日干しされているブドウ。

有望な前途

バレンシア州は長年、現代の味覚に合うワイン造りへの転向方法が見いだせないでいたが、近年ついにその方法を発見し、この地のワインはそれまで長年親しんできたバルクワイン市場を捨てて、モダンなワインの世界に座を築くべく歩みはじめた。

バレンシア産ワインの質が向上しているのはまぎれもない事実だ。この地域の復活の背景には、ふたつの固有品種ボバルとモナストレル、そしてD.O.バレンシアではグラシアーノがもつ見事な特質を再発見したことが大きく関係している。新しい世代のワイン醸造家たち（他の生産地から来た者もいた）の努力が、すでに長い歴史を重ねてきた伝統を、さらに豊かなものにした。この地の伝統はあなどれない。なにしろアリカンテのフォンディヨンなどのバレンシアのワインは、マゼランやフアン・セバスティアン・エルカノとともに世界一周を果たしたのだから。

現在、バレンシア州には3つのD.O.（アリカンテ、ウティエル・レケーナ、バレンシア）に加えて、単一ブドウ畑限定高級ワイン（ビノ・デ・パゴ=V.P.）の認定産地がふたつ（V.P. エル・テレラソとV.P. ロス・バラゲセス〈原書出版後の認定のため記載なし〉）と、V. T. の認定産地がひとつ（カステリョン）ある。

V.P. エル・テレラソ

単一ブドウ畑を意味する「パゴ」の名を与えられたすべてのワイン産地と同じく、エル・テレラソの生産地は非常に特徴的なエリアに限られる。ウティエル（バレンシア県）にあるエル・テレラソ農場だ。この農場

を所有するサリオン家は、エル・テレラソ唯一の認定醸造所であるムスティギーリョの所有者でもある。

主原料であるボバルという品種は、ごく最近まで高級ワインの製造に適していないと考えられていた。しかし現在では、醸造家の入念な努力と収穫量を最小限に絞りこんだブドウ栽培（それが高級ワインである根拠のひとつである）、そして必須条件である樽でのマロラクティック発酵の導入によって、この品種から強い個性をもつワインが製造されるようになった。

すでに述べたように、このパゴにおいて女王の座を占める品種はボバルだが、モナストレル、カベルネ・ソーヴィニヨン、シラーといったほかの品種の黒ブドウ、さらにメルセゲラ、マカベオ、モスカテル・デ・アレハンドリア、マルバシアといった白ブドウも認定品種である。

V. T. カステリョン

V. T. カステリョンは、カステリョン県のアルト・パランシア-アルト・ミハレス、サン・マテウ、ラス・ウセラス-ビラファルネスで造られた歴代ワインを含めた呼称である。カルロン、ムルビエドロ、ポルタ・コエリといったワインは、過去数百年間フランスやイギリス、アメリカに向けて大量に輸出されていた。これらは今、新たな栽培方式や加工技術によって改良され、再び質と卓越性の獲得を目指している。

カステリョンでは白、赤、ロゼと様々なワインが製造されているが、伝統的なビノ・ドゥルセも忘れてはならない存在だ。

D.O. アリカンテ

この地域で造られるワインは、以前は大部分がバルクワインとなっていた。しかし、そうした長い歴史を経たのち、新たな精神に目覚めた醸造家たちがアリカンテの風土に特有の土質や気候、湿度をうまく利用し、この地の土壌で見事な表現力を獲得するモナストレルを中心としたブドウ園の開発に成功し

Vinos de España

D.O. アリカンテに豊かな恵みを与える地中海性気候は、ブドウやアーモンドなどの果樹を一緒に栽培するのに適している。

た。それがD.O.アリカンテの誕生と新たなワイン造りにつながり、ワインの質は着々と向上し、伝統的な甘口ワインのモスカテルも刷新された。

地理・自然環境

D.O.アリカンテの生産地には、アリカンテ県内の、大きく異なる特徴をもつ3つのエリアが含まれる。そのひとつ、ビナロポ川の上中流域は、内陸部から地中海沿岸にあるアリカンテの市街地付近まで広がるエリアだ。ラ・マリーナ地区は、アリカンテ沿岸部の北側に位置し、イベリア山系の支脈の端からナーオ岬の突端までを含む。ふたつのエリアの中間に位置するコムタット地区は2007年に加わったエリアで、アリカンテの山地に古くからあるブドウ畑を集約している。3つの地区を合わせたブドウの栽培面積は1万4000ヘクタールを超える。

地理的に離れているため、3つのエリアの気候にはかなりの差がある。ビナロポ川流域は非常に乾燥し、大陸性気候の影響を顕著に受け、夏は極端に暑く、冬は厳寒で、降水量は極めて少ない。一方、ラ・マリーナ地区は典型的な地中海性気候で、日照時間が非常に長く、ビナロポ川流域に比べて湿度がかなり高い。コムタット地区は山岳型の地中海性気候で、極端に暑くも寒くもない。

一方、土壌は均一性が高く、概して褐色石灰質で、粘土の堆積はほとんどなく、ミネラル分が豊富で有機成分が乏しい。

地区ごとの品種

ビナロポ川流域は上質な生食用ブドウで有名だが、古くか

認定品種	
白ブドウ	黒ブドウ
マカベオ	モナストレル
メルセゲラ	ガルナッチャ・ティンタ（ジロネット）
モスカテル・デ・アレハンドリア	ガルナッチャ・ティントレラ（アリカンテ・ブーシェ）
プランタ・フィナ	ボバル
ベルディル	テンプラニーリョ
アイレン	カベルネ・ソーヴィニヨン
シャルドネ	ピノ・ノワール
ソーヴィニヨン・ブラン	シラー
	メルロ
	プティ・ヴェルド

フォンディヨン

フォンディヨンとは、D.O. アリカンテでのみ造られる伝統的なワインである。アルコール度数の高いビノ・デ・リコールの一種で、樹になったまま過熟させたモナストレルだけを原料とし、オーク樽で最低10年間熟成させたものだ。発酵のプロセスには天然酵母だけが介在し、濃いアルコールはもっぱらブドウの実の糖質が分解されてできる。

このワインは香りがかなり濃厚で、若いころには赤い色をしているが、熟成が進むと琥珀色を帯びてくる。辛口または甘口のビノ・ランシオと同じように製造される。製法が難しいため、今ではこのワインを製造している醸造所はごくわずかしかない。

モナストレル種の古樹は、アリカンテのブドウ栽培農家が最も大切にしているもののひとつ。

らワイン造りも行なわれてきた。この地区のブドウの女王は、文句なしにモナストレルだ。乾燥した環境によく適応し、このうえない表現力と上品さを有している。ブドウ畑の約75％がこの品種であり、割合は低いがガルナッチャ・ティントレラ（アリカンテ・ブーシェ）やボバルなども栽培されている。

ラ・マリーナ地区で最も多く栽培されているのはモスカテル・デ・アレハンドリアである。温暖な気候と長い日照時間が、このブドウの糖を凝縮させるのに適しているのだ。

一方、コムタット地区では、以前からモナストレルやモスカテル・デ・アレハンドリアといった古くからある固有品種に着目している。この地に完全に順応し、香気豊かでミネラル分に富んだ見事な実をつけるからだ。

それぞれの地区を象徴する品種に、テンプラニーリョやカベルネ・ソーヴィニヨン、メルロなども加わり、アリカンテのワイン製造業全体に変化とさらなる繁栄をもたらしている。

モダンなワイン

先に述べた3つのエリアでは、多種多様なワインが製造されている。固有品種を使った若飲みの白ワインはさほど特徴はない。多くは麦わら色で、香りはフルーティだがあまり強くなく、飲み口がいい。ビナロポ川流域では、メルセゲラ、ベルディル、アイレンを使ったものもある。最も代表的なのは、もちろんマリーナ・アルタ産の甘口のモスカテルだ。麝香系の個性的な風味のこのワインは、ハチミツに似た強い芳香と、ブドウの搾汁のみに由来する独特の甘味をもつ。

生産量の少ないロゼは、皮

D.O. アリカンテのシャロ村にある醸造所、ボデガス・シャロのブドウ畑。

D.O. ウティエル・レケーナの銘柄。

を入れずに発酵させるため、かなり淡いピンク色をしている。フルーティで芳しいブーケが漂う、まろやかで飲みやすいワインだ。

最も特徴的な赤ワインはビナロポ川流域のもので、地中海的な個性が際立つ。アルコール度が高く頑強で、燻香をもち口当たりがやわらかい。

瓶内二次発酵という伝統的な製法で造られるスパークリングワインも忘れてはならない。フレッシュで、かすかに酵母を感じさせる。

D.O. ウティエル・レケーナ

D.O. ウティエル・レケーナ産ワインの質を決める特徴がふたつある。ひとつは、ほぼ4万ヘクタールにわたって切れ目なく土地を覆い、バレンシア州最大の耕作地となっている広大なブドウ畑。もうひとつは、栽培されているブドウの80%が黒ブドウのボバルであるという畑の均質性だ。ボバルはワインに鮮烈な色としっかりしたコク、さらに複雑な香りを与える品種である。

地理・自然環境

D.O. ウティエル・レケーナの生産地は、海岸から約70km離れたバレンシア県内陸部、面積1800㎢以上にわたる標高700〜900mの高原地帯だ。カウデーテ・デ・ラス・フエンテス、カンポロブレス、フエンテロブレス、レケーナ、シエテ・アグアス、シナルカス、ウティエル、ベンタ・デル・モロ、ビリャルゴルド・デル・カブリエルの9つの自治体が含まれる。

地理的状況から、地中海性気候と大陸性気候の両方の特徴を併せもち、夏は穏やかで冬は寒さが厳しい。降水量は少なく、年平均で400mmにも満たない。

土壌は大半が赤褐色土で、炭酸カルシウムの含有量が多く有機成分はほとんど含まず、水はけがよい。

D.O. ウティエル・レケーナの女王、ボバル

D.O. ウティエル・レケーナのブドウ畑の主役はボバルで、栽培面積の80%を占める。ボバルはこの土地の気候条件や地質に対する耐性に優れ、発芽がやや遅いため、春霜の影響を受ける危険性も少ない。このブドウからは色味の強い赤とロゼが造られ、タンニンの含有量が長期熟成に非常に適している。ボバルに次いで広く栽培されているテンプラニーリョは、栽培面積の12%を占めると推

この広大なD.O.には、ほとんどブドウ畑しかない。

認定品種	
白ブドウ	黒ブドウ
タルダナ	ボバル
メルセゲラ	テンプラニーリョ
マカベオ	ガルナッチャ
パレリャーダ	ガルナッチャ・ティントレラ
チャレッロ	カベルネ・ソーヴィニヨン
ベルデホ	シラー
モスカテル・デ・グラノ・メヌード	メルロ
シャルドネ	プティ・ノワール
ソーヴィニヨン・ブラン	プティ・ヴェルド
	カベルネ・フラン

D.O. ウティエル・レケーナでは、栽培面積の80％をボバルが占める。次いで多いのが、12％のテンプラニーリョ。

定される。黒ブドウが全体の94％以上を占めることになる。

残りの6％が白ブドウだが、そのなかで最も多いのがタルダナ（プランタ・ノバ）だ。成熟が遅く、フルーティな香りをもつ、爽やかでバランスのいいワインができる。

赤とロゼ

白ブドウと黒ブドウの栽培比率から一目瞭然だが、D.O. ウティエル・レケーナは赤とロゼが圧倒的に多い生産地である。ボバルを使った単一品種の赤は、ときに香りがやや垢抜けていない場合があるものの、色が非常に鮮やかだ。テンプラニーリョとガルナッチャを含むものは、よりフレッシュでフルーティである。

ロゼはつねにボバルで造られ、高い質を保っている。色はピンクまたはサーモンピンク、フルーティなアロマとハーベイシャスもしくはベジタブル系の香調をもち、口当たりがとてもよい。

白ワインは、タルダナを使ったものは金色を帯びたやわらかい麦わら色をし、香りがフルーティで骨格がある。マカベオを使ったものは緑がかった麦わら色、力強い香りと軽さをもつ。より伝統的なタイプは、メルセゲラを使った野性的な香調のワインだ。シャルドネを使ったじつに上質な単一品種ワインも忘れてはならない。

ワインのタイプ					
スペリオール	トラディシオン	バリカ	クリアンサ	レセルバ	グラン・レセルバ
熟成させていない1、2年もの	ボバルを原料とするもの	樽熟成が6ヵ月を超えないもの	最低24ヵ月熟成させたもの（うち樽熟成6ヵ月）	最低36ヵ月熟成させたもの（うち樽熟成12ヵ月）	最低60ヵ月熟成させたもの（うち樽熟成24ヵ月）
白、ロゼ、赤	カテゴリー：スペリオール、バリカ、クリアンサ、レセルバ、またはグラン・レセルバ	色、香り、味覚的特性を調整したもの	赤	赤	赤
アルコール度数：11度（白/ロゼ）11.5度（赤）	アルコール度数：最低12度	アルコール度数：最低12度	アルコール度数：最低12度	アルコール度数：最低12度	アルコール度数：最低12度

またD.O.ウティエル・レケーナでは、D.O.カバに保護されていないスパークリングワインも製造されている。

D.O. バレンシア

D.O.バレンシアほどの長いワイン文化の伝統をもつ地域が、今ではスペインワインの新興地区と見なされているのは矛盾しているように思える。とはいえ、この地区に訪れた根本的な変化を見れば、それも納得がいく。かつてワインを出荷していた港湾都市は、並外れた可能性をもつ生産地へと転向し、より高い質のワイン造りを目指して進化しつづけているのである。

地理・自然環境

このD.O.は、それぞれ特色をもつ4つのサブゾーン——アルト・トゥリア、バレンティノ、モスカテル・デ・バレンシア、クラリアノに分かれており、合計66の自治体が1万2000ヘクタールを超えるブドウ畑と80の醸造所を有している。

各サブゾーンの気候には特徴があるが、基本的には地中海性気候と言えるだろう。海岸に近くなるほど気候は温暖で、にわか雨という形でかなりの降水量がある。内陸に入るほど大陸性気候の影響を受ける。

土壌はおしなべて水はけがよいが、成分は標高に応じて異なる。海岸寄りの地域は河川によく見られる土質で、中間地域は粘土質、そして最も標高が高い地域は石灰の含有量が多い砂質の土壌である。

各サブゾーンの特徴

アルト・トゥリアはバレンシア県の最北西部に位置し、標高が最も高い（700〜1100m）。6つの自治体を含み、極端な気候で冬は寒さが厳しく夏は非常に乾燥する。このような環境のもと、湿度と日照のバランスがいい山の斜面にブドウ畑が広がっている。この地域でよく育つのは白ブドウ、特にメルセゲラとマカベオである。

バレンティノはバレンシア県の中央部に位置し、オジャ・デ・ブニョール、カンプ・デル・トゥリア、ロス・セラーノスの3つの郡に属する23の自治体を含む。多様な土壌とマイクロ気候が標高200〜650mの範囲でブドウの栽培を可能にし、品種もバラエティに富む。白ブドウで多く栽培されているのがメルセゲラ、マカベオ、プランタ・フィナ、シャルドネ、セミヨン。黒ブドウではテンプラニーリョ、ガルナッチャ・ティントレラ、カベルネ・ソーヴィニヨン。

モスカテル・デ・バレンシアもバレンティノと同様、バレンシア県の中央部に位置する。含まれる自治体は、チーバ、チェステ、ゴデリェータ、モンロイ、モンセラット、レアル・デ・モンロイ、トゥリスである。エリア全体がなだらかな起伏を特徴とし、典型的な地中海性気候で気温が高く日射しが強い。D.O.バレンシアの伝統的なワイン「ミステラ・デ・モスカテル」が造られているのはこの地区だ。モスカテル・デ・アレハンドリアとモスカテル・デ・グラノ・メヌードを原料としたビノ・デ・リコールである。

最後のサブゾーンであるクラリアノは、バレンシア県南部に位置し、ラ・ヴァル・ダルバイダとコステラ、ふたつの郡に属

D.O. バレンシアに特徴的なのは白ブドウ。なかでも優勢なメルセゲラは、緑色を帯びた香りの強い若飲みタイプの白ワインになる。モスカテル・デ・アレハンドリアとモスカテル・デ・グラノ・ペケーニョ、マルバシアからは、ビノ・ドゥルセや名物のミステラが造られる。

長き伝統

ローマ人がやってくる前から、この地ではすでにワイン造りが行なわれていたようだが、隆盛を極めたのはローマの統治時代だ。それを物語る確かな証拠は、バレンシアの街の近くで数多く発見されたワインを入れるアンフォラ（壺）だ。この遺物は、バレンシアの港が地中海沿岸地方や遠隔地とのワイン交易における要衝であったことを物語っている。

Vinos de España

認定品種	
白ブドウ	黒ブドウ
マカベオ	ガルナッチャ
マルバシア	ガルナッチャ・ティントレラ
メルセゲラ	モナストレル
モスカテル・デ・アレハンドリア	テンプラニーリョ
モスカテル・デ・グラノ・ペケーニョ	ボバル
ペドロ・ヒメネス	マスエロ
プランタ・フィナ	フォルカラット・ティンタ
プランタ・ノバ	メンシア
トルトシ	グラシアーノ
ベルディル	ボニカイレ
ベルデホ	カベルネ・ソーヴィニヨン
シャルドネ	カベルネ・フラン
ソーヴィニヨン・ブラン	ピノ・ノワール
セミヨン・ブラン	シラー
ヴィオニエ	メルロ
リースリング	マルベック
ゲヴュルツトラミネール	プティ・ヴェルド
	マルスラン
	マンド

固有品種ではガルナッチャ（上）、外来品種ではシャルドネ（下）が最もよく使われる。

完全に入れ替わり、テンプラニーリョ、モナストレル、カベルネ・ソーヴィニヨン、メルロが突出している。

ブドウの特徴

認定品種は、白ブドウ、黒ブドウともにバラエティに富んでいる。最も伝統的な在来品種はメルセゲラで、このブドウで造られる緑色がかった色調の若飲みタイプの白は、香り豊かでどこか野性味を感じさせる、酸味がまろやかでアルコール度が低いワインだ。

メルセゲラに次ぐ主要品種は、ふたつのモスカテル品種である。これはビノ・ドゥルセ、ミステラ、ビノ・デ・リコールの製造、さらに他品種とのブレン

する33の自治体を含む。概して、ほかのサブゾーンより平均気温が高く降水量が少ない。海岸に近い場所では、各種白ブドウのほかに黒ブドウのガルナッチャ・ティントレラが優勢だ。内陸部では白と黒がほぼ

D.O. バレンシアの変化に富んだ土壌と気候が、多種多様な品種の導入を容易にする。赤ブドウではガルナッチャ・ティントレラ、テンプラニーリョ、ボバル、メルロ、カベルネ・ソーヴィニヨンが突出している。

バレンシアのブドウ畑では、フランスの慣習を取り入れ、ブドウの樹の列の先頭にバラの低木を植えているところがある。バラはブドウよりもずっと病気や害虫に弱いため、消毒などの処理が必要な時期を知る指標の役目を果たす。

ド用に欠かせない。もうひとつ、興味深い品種がマルバシアだ。まろやかで果実味のある、香り豊かなワインができる。

白ブドウ品種のマカベオも忘れてはならない。緑色を帯びた麦わら色の、フルーティでかすかにフローラル系の香りがする、ほどよい酸味の若飲みタイプに向いている。また、ベルディルという、ブレンドに非常に適したブドウもある。

最近栽培されはじめたのは、シャルドネで、持続性のある香りと繊細な骨格をもち、樽熟成ワインにぴったりの品種である。黒ブドウで最も特徴的なのはモナストレルだ。色が濃く香りが素晴らしい上質なワインを生み出す。同様にテンプラニーリョを使ったワインも力強く香り高く、熟成や長期保存への適応力が非常に高い。ガルナッチャ・ティントレラはとりわけブレンド用に使われ、特徴のある色とアルコール度、そしてバランスの

いい酸で、ほかのワインの質を向上させる。一方、ボバルはロゼ向きの品種だ。

フランス原産の認定品種のうち特筆すべきは、やはり優良なカベルネ・ソーヴィニヨンだ。タンニンが強く非常に上質なワインになる。メルロはスパイシーな香りとまろやかなタンニンをもつ上品な味のワインになる。このふたつと比べて、ピノ・ノワールはよりフルーティで香り豊かなワインになる。

多様なワイン

歴史に名を残し、今なおD.O. バレンシア全体に君臨しつづけているのは、まちがいなく白ワインだ。全般的に、麦わら色から黄金色、透明で光沢があり、フルーティな芳香をもつ。多くはメルセゲラ、マルバシア、マカベオ、ベルディル、シャルドネを原料に造られる。

そのほか個性的な白ワインには、モスカテル、ビノ・ランシオ、ビノ・デ・リコール、ミステラがある。麦わら色から暗い琥珀色、独特な香りをもち、甘口でじつに飲み口がいい。

ロゼはモダンなタイプで、スグリの実のような色から鮮紅色まで色合いは様々、フレッシュで軽く、フルーティで凝縮感のある香りをもつ。

最も伝統的な赤ワインは、モナストレルとガルナッチャを原料としたものだ。熟した果実のような香りで、アルコール度はあまり高くない。しかし最近では、消費者の味覚の変化に応じて別の品種も使い、香りがよく、しっかりとした、地中海地方らしいワインが造られている。好ましい結果を得ているのは、テンプラニーリョ、カベルネ・ソーヴィニヨン、メルロを使った、風味のよいかなり濃厚なワインである。

また、この地域ではオーガニックワインの製造もさかんに行なわれるようになっている。

Vinos de España

エストレマドゥーラ州

エストレマドゥーラ州におけるブドウ栽培とワイン造りは何世紀もの伝統をもち、約9万ヘクタールに及ぶ広大な土地がブドウ畑として使われている。しかしその広さゆえに、ブドウ品種の面でもワインの種類の面でも一定の特徴をもつことが難しかった。そのため、ブドウ畑の規模とは裏腹に、エストレマドゥーラには原産地呼称がたったひとつしかない。それがD.O. リベラ・デル・グアディアナである。

エメリタ・アウグスタ以来の伝統

この地には、ローマ時代以前からワイン造りが行なわれていたことがうかがえる考古学的遺物が存在するが、今もなおエストレマドゥーラの経済を支える柱のひとつとなっているワイン製造を本格化させたのはローマ人である。それを裏付ける証拠としては、エメリタ・アウグスタ（現在のメリダ）で発見されたローマ円形闘技場カサ・デル・アンフィテアトロのモザイク画（2世紀）を挙げれば十分だろう。そこにははっきりと、ブドウのつるに囲まれて実を踏みつぶしている3人の人物が描かれている。

ヒスパニア（ローマの属州時代のイベリア半島）は、ワイン造りという興味深い活動のみならず、メセタの北側にある地方とイベリア半島南部の港湾都市、さらにローマ帝国内のその他の地域とのワイン交易を発展させることも目論んでいたようである。

中世の、具体的な事例では1186年、カスティーリャ王アルフォンソ8世が城寨都市（商業都市でもあった）プラセンシアを築き、そこに一連の法を敷いたが、そのうち30以上がワインに関するものだった。このことは、経済にとってワインがいかに重要だったかを物語っている。ブドウの栽培、保護、摘みとりの時期、搾汁からワインを造る方法、その後の販売について法律で定められていた。

スペインのほかの地方と同様、ブドウ栽培はサンタ・マリア・デ・グアダルーペなどの修道院で行なわれ、当時の正しいワイン造りに関する厳格な模範が示された。16世紀のスペイン人医師ルイス・デ・トロによる1573年の記述には、エストレマドゥーラのワインについて次のように記す。「……様々な品種のブドウ、なかには確かに美味なものがある。そしてとびきり甘いイチジクをたっぷり……それに加えて、味も大きさも申し分のない、いろいろな種類のサクランボを賞味する。赤いもの、黒いもの、そしてその中間の、ワインに似た色のもの」

ブドウの樹は修道院からドゥエロ川流域、エブロ川上流域まで広がり、巡礼路サンティアゴ街道をも埋めつくした。16世紀になると、ワイン需要の増大を追い風にエストレマドゥーラのブドウ畑はさらに広がり、ラ・

エストレマドゥーラでは、はるか昔からワイン造りが行なわれていたと考えられるが、定着したのはローマ人の到来以後である。それを示す確かな証拠が、メリダのカサ・デル・アンフィテアトロで発見されたこの貴重なモザイク画（2世紀）。ワイン造りの様子が描写されている。

セレーナとティエラ・デ・バロスを覆うまでになった。ラ・セレーナ地方にはビリャヌエバ・デ・ラ・セレーナ、ドン・ベニート、モンタンチェス、シリェロスが含まれ、ティエラ・デ・バロス地方にはアルメンドラレホ、ビリャフランカ・デ・ロス・バロス、ソラーナ・デ・ロス・バロス、トレメヒーアが含まれる。もうひとつ、オリベンサのワイン造りも特筆に値する。オリベンサではすべて手作業のワイン造りが行なわれており、ブドウの房を手でつぶして搾り、ピタラという素焼きの壺に入れていた。

　ワイン需要の上向き傾向は19世紀なかばまで続いた。当時、バダホス県はすでにワイン製造がさかんで、とりわけ白ワインで名を馳せていた。また、カセレス県のモンタンチェスやベラでは、アーモンドのような香りのワインが有名だった。だが、ちょうどこの頃、べと病やうどんこ病、フィロキセラの到来によって、ブドウ畑は壊滅的な被害を受け、その処理に膨大な時間が費やされた。

　20世紀の間に、ブドウ畑はふたたびエストレマドゥーラの地を占領し、昔ながらの形で君臨したが、生産されるワインの大半はバルクワインになった。この州のブドウ栽培が現代のワイン醸造が求めるより高い水準を目指しはじめたのは、1970〜80年代になってからだ。その努力が実り、まずV. T. エストレマドゥーラを、次い

でD.O. リベラ・デル・グアディアナの呼称を獲得した。

V. T. エストレマドゥーラ

　1987年、エストレマドゥーラにはじめてV. T. の法的規制が登場した。その3年後の1990年、「V. T. エストレマドゥーラ同業者委員会規定」の発表にともない、事実上規制が始まった。この規定では、品種、加工、検査項目について、V. T. の格付けを得るために最低限必要な特質が定められた。これが改訂された1997年、ワイン産地リベラ・デル・グアディアナは対象地域を保護するD.O.を獲得した。

　V. T. に認定されたワインのラベルには、使用したブドウの品種、製造年、熟成方法（樽、オークなど）の表示が許される。こうした情報と法的規制によって、求められる品質を満たし、かつ品質に見合う適正価格の製品を流通させるようにしているのである。

　質が高く、一流と見なされるだけの実力があるにもかかわらず、スペインのワイン界におい

認定品種	
白ブドウ	黒ブドウ
アラリへ	ボバル
ボルバ	ガルナッチャ・ティンタ
カエタナ・ブランカ	ガルナッチャ・ティントレラ
チェルバ（モントゥーア）	グラシアーノ
シグエンテ	ハエン・ティント
エヴァ	マスエロ
マカベオ	モナストレル
マルバール	テンプラニーリョ
モスカテル・デ・アレハンドリア	カベルネ・ソーヴィニヨン
モスカテル・デ・グラノ・ペケーニョ	メルロ
パルディナ	ピノ・ノワール
パレリャーダ	シラー
ペドロ・ヒメネス	
ペルーノ	
ベルデホ	
シャルドネ	
ソーヴィニヨン・ブラン	

て V. T. エストレマドゥーラの知名度はあまりにも低い。これはワイン生産量がスペイン国内で2番目に多いことを考えれば、じつに驚くべき事実である。

D.O. リベラ・デル・グアディアナ

未知の大地アメリカ大陸へと旅立ったエストレマドゥーラの探検者たちは、故郷のワインをたずさえていた。スペインでは評判の高い、ローマ帝国の統治時代にさかのぼる伝統をもつワインである。しかし、そのころから現在に至るまでには多くの変化があった。ワインも例にもれず、現代のテイストによりマッチした製品へと、今まさに変革のプロセスをたどっているのである。

地理・自然環境

D.O. リベラ・デル・グアディアナは、他の D.O. 地区と比べてやや特殊である。エストレマドゥーラ州全域に分散した6つのサブゾーンをもつからではなく、州の原産地呼称統制委員会がサブゾーン間の統一基準を設けず、規定と言っても単に質のよいブドウとワインを生産するために必要な自然条件を寄せ集めたにすぎないからだ。

いずれにしろ、サブゾーンに共通する規定が多少なりとも存在していることは確かである。それはたとえば、栽培品種、栽培技術、ワイン製造や熟成の工程などについてだ。

この地域のブドウ畑は9万ヘクタール近いが、D.O. によって保護されているのは約2万8000ヘクタールで、カセレス県のカニャメロ、モンタンチェス、バダホス県のマタネグラ、リベラ・アルタ、リベラ・バハ、ティエラ・デ・バロスの6つのサブゾーンに分けられている。

カニャメロ

カニャメロは、カセレス県南東部のグアダルーペ山脈に位置し、アリア、ベルソカナ、カニャメロ、グアダルーペ、バルデカバリェロスを含むサブゾーンだ。かなり起伏の多いでこぼことした地形で、気候は穏やかで寒暖差が小さく、年間降水量は750〜800mm。土壌は養分に乏しくスレート質である。

この地では、ブドウは主に山の斜面、標高600〜850mの

メリダ近郊、サブゾーンのひとつグアディアナのリベラ・アルタの農場に植えられたブドウの若木。この地域では、ブドウ畑とオリーブ畑を同じ景色のなかに見ることができる。わずかな大西洋気候の影響で、大陸性気候の厳しさが和らげられている。

100年の伝統

ワイン造りの伝統は、とりわけ修道院の周辺で発展した。グアダルーペやユステなど、広大なブドウ園をもつ修道院もあったが、今では牧草地と化している。

1186年、アルフォンソ8世は城塞都市プラセンシアを築き、プラセンシア法典（13世紀）に含まれる一連の法を発布した。合計700ある条項のうち30以上がワイン関連であり、プラセンシアの経済にとってブドウ栽培がいかに重要だったかを物語っている。

囲みの写真は、グアダルーペ（カセレス県）の風景。奥に見えるのがサンタ・マリア・デ・グアダルーペ修道院。

下の写真は、パルディナ種のブドウ。バダホス県で栽培される主要品種のひとつで、アイレンによく似た特徴をもち、素直な味わいのフルーティで淡い色をしたワインになる。

地帯に植えられ、ほかの作物（特にオリーブ）と一緒に栽培される場合もある。

モンタンチェス

カニャメロと同じくカセレス県にあるモンタンチェスは、丘陵と谷とが交互にくり返される複雑な山地地形で、27の自治体を含む。

典型的な大陸性気候で、夏は酷暑だが、冬はさほど気温が下がらない。降水量は年間500～600mm程度。土壌は酸性褐色土で、ブドウ畑の標高は平均630mである。

マタネグラ

このサブゾーンはバダホス県に広がっている。州の最南端に位置する生産地で、9つの自治体を含む。

気候は温暖で、平均して標高630mほどの地帯にブドウ畑が広がっている。ティエラ・デ・バロスと類似した点もあるが、気候がより穏やかな分、ブドウの収穫期がやや遅くなる。

リベラ・アルタ

ベガス・デル・グアディアナ、さらにラ・セレーナとカンポ・デ・カストゥエラのふたつの地域にまたがるサブゾーンで、東側の一部がベガス・アルタスとティエラ・デ・バロスと接している。バダホス県のかなり広大な平地を占め、39の自治体を含む。

大陸性気候だが、いくぶん大西洋気候の影響も受けている。グアディアナ川流域およびその支流域であり、河川の堆積物で形成された土壌はかなり砂質である。

リベラ・バハ

このサブゾーンは、バダホス県のベガス・バハスという標高290m以下の地帯に広がり、11の自治体を含む。

大陸性気候だがわずかに大西洋気候の影響もあり、そのおかげで寒暖差はさほど激しくない。冬はあまり厳しくなく、春と秋は穏やかで夏が長い。降水量は西風と南西風の影響を受ける。土壌は粘土質砂泥である。

ティエラ・デ・バロス

この地域はバダホス県の中心に位置し、6つのサブゾーンのなかで最も面積が広く、37の自治体を含む。

かなり乾燥した気候で、夏は暑く、年間降水量は350～450mmと少ない。非常に平坦なエリアで、標高は平均520m。土壌は肥沃で保水性が高い。

Vinos de España

D.O. リベラ・デル・グアディアナの様々なワインラベル。上は収穫作業のようす。

品種とその分布

サブゾーンのひとつカニャメロで最も多く栽培されているのは白ブドウのアラリへ、この地域のブドウ畑全体の4分の3を占める固有品種だ。アラリへよりは割合が低いが、白ブドウのチェルバとマルバール、黒ブドウのテンプラニーリョとガルナッチャも栽培されている。

モンタンチェスで最も栽培量が多いのは白ブドウのボルバで、ブドウ畑全体の3分の2を占める。また、アラリへ、カエタナ・ブランカ、ペドロ・ヒメネスなど、その他の白ブドウ品種も多く栽培されている。それに対して黒ブドウは少なく、カニャメロと同様、テンプラニーリョとガルナッチャのみが突出している。

マタネグラのブドウ畑では、白ブドウも黒ブドウも多く栽培されている。白ブドウでは、エバ（ベバ）、チェルバ（モントゥーア）、パルディナ、カエタナ・ブランカ、マカベオ。黒ブドウでは、テンプラニーリョ、ガルナッチャ、カベルネ・ソーヴィニヨンが圧倒的に多い。

リベラ・アルタのブドウ畑は、生食用品種が多いのが特徴的だ。ワイン用のブドウで

は、白ブドウのアラリへとボルバ、黒ブドウのテンプラニーリョとガルナッチャが目立つ。

リベラ・バハも黒ブドウの顔ぶれはリベラ・アルタと同じ、テンプラニーリョとガルナッチャだ。違いは白ブドウにあり、大部分はカエタナ・ブランカとパルディナだが、マカベオを栽培している区画も多少はある。

最後のサブゾーン、ティエラ・デ・バロスで最も多く栽培されているのは、白ブドウではカエタナ・ブランカとパルディナ、黒ブドウではテンプラニーリョ、ガルナッチャ、カベルネ・ソーヴィニヨンである。それらに比べれば栽培面積は狭いが、チェルバ（モントゥーア）とマカベオもある。

D.O. リベラ・デル・グアディアナのワイン

これまで見てきたように、各サブゾーンは独自のアイデンティティを維持している。それを考えれば、この D.O.で造られるワインの一般的特徴を挙げることは非常に難しい。

しいて言えば、白ワインがじつに地中海的な個性をもつ点だろう。どれも草や樹、森の中の下生えを思わせるアロマをもち、口当たりがなめらかだが、一方でしっかりと余韻が残る。なかでも、爽やかさが際立つティエラ・デ・バロスのワインは突出している。

ロゼワインの多くは伝統的な製法で造られ、アルコール度が高いため、甘味はかすかにしか感じられない。赤ワインはしだいに生産量が増え、15、16、17世紀に白ワイン（特にデスカルガマリアとグアダルカナル産）で名を馳せたこの地のワイン造りの歴史を塗りかえつつある。現在の赤ワインはアルコー

ビーニャ・サンタ・マリーナ社の 61 ヘクタールのブドウ畑では、樹と樹の距離、通路の幅などを工夫して、日照度、密度、風通しなどを変えている。

ル度がかなり高くまろやかで、肉付きがよく非常に飲み口がいい。テンプラニーリョで造ったものはタンニンの甘さと薫香が際立ち、ガルナッチャで造ったものは果実味と円熟味が特徴である。

ガリシア州

ガリシアといえば、伝統、食卓に並ぶおいしい料理、そしてワインの土地である。ガリシアの白ワインは個性が強いうえに、大西洋の影響を受け、スペインのほかの地域で造られるワインとはまったく異なる。それなのに、ガリシアの象徴として世界中でその名を知られているアルバリーニョ種のワイン以外は、ほとんどスペイン国外に出ていない。だが、ガリシアのワインはもっともっと幅広いのだ。

香りと感性

ガリシア産ワインは、典型的なモンテレイのワインから、バルデオラスで造られるゴデーリョ種の素晴らしい白ワインまで様々で、品質が向上したリベイラ・サクラのメンシア種の赤ワインもあれば、万人が認める個性をもつリベイロのワインもある。もちろん、リアス・バイシャスとガリシア全土を代表する、草と花の心地よい香りの強さが特徴のアルバリーニョ種のワインも忘れてはならない。これらはガリシアワインのもつ多様性そのものであり、この土地が享受する多様な気候や土壌からの恵みだ。

だが、ガリシアワインの品質を正当に評価するには、「多様性」のひと言では足りない。ブドウ栽培から醸造に至るまでの全工程を近代化するために、一部のブドウ栽培農家や醸造家らが費やしてきた多大な努力にも言及すべきであろう。とりわけ醸造について言えば、最新技術の導入から、現代の嗜好にあった基準設定、瓶のデザインの変更まで行なってきた。こうした努力は、ガリシアのワイン醸造の方向性を転換させ、新たな販路拡大につながった。というのも、以前の販路は、もっぱらガリシア州内に限定されていたからである。こうした努力は、モンテレイ、リアス・バイシャス、リベイラ・サクラ、リベイロ、バルデオラスの5つのD.O.と、バルバンサ・エ・イリア、ベタンソス、バジェ・デル・ミーニョ-オウレンセの3つのV. T.の認定によって報われた。

V. T. バルバンサ・エ・イリア

2007年、アロウサ川流域のブドウ畑で生産されるワインに対し、V. T.が認定された。カトイラ、バルガ、ポンテセスーレス、パドロン、ドドロ、リアンショ、ボイロ、ア・ポブラ、リベイラ、ポルト・ド・ソン、ロウサーメの複数の教区が含まれている。

白ブドウの認定品種はアルバ

棚仕立てにすることで、豊富な降水量と温暖な気温によるブドウの腐敗を避け随時、病害虫の監視もできる。

リーニョ、ゴデーリョ、パロミノ、カイーニョ・ブランコ、ロウレイラ・ブランコ、トレイシャドゥーラ、トロンテス。黒ブドウはメンシア、カイーニョ・ティント、ブランセリャオ、エスパデイロ、ロウレイラ・ティンタ、ソウソン。

V. T. ベタンソス

　名前のとおり、コルニェサ・デ・ベタンソス地区のオリジナルワインが V. T. に認定され、ベルゴンド、ベタンソス、コイロス、ミーニョ、パデルネ、そして、アベゴンド、オサ・ドス・リオス、サダなどの教区が2001年に保護下に入った。

　白ブドウの推奨品種はブランコ・レシティモ、アグデーロ、ゴデーリョ、黒ブドウの推奨品種はロイバル、メンシア、ブラ

白ブドウ品種	
主要品種	認定品種
ドニャ・ブランカ	アルバリーニョ
ベルデーリョ（ゴデーリョ）	カイーニョ・ブランコ
トレイシャドゥーラ（ベルデーリョ・ロウロ）	ブランカ・デ・モンテレイ
	ロウレイラ

黒ブドウ品種	
主要品種	認定品種
メンシア	アラウシャ（テンプラニーリョ）
メレンサオ（バスタルド）	カイーニョ・ティント
	ソウソン

れている。白ブドウはパロミノ、黒ブドウはガルナッチャ、ティントレラ、グラオ・ネグロ。

V. T. バジェ・デル・ミーニョ - オウレンセ

バジェ・デル・ミーニョ-オウレンセは、ガリシアで最初にV. T. 認定された地区である。生産地域はミーニョ渓谷に広がるワイン畑で、オ・ペレイロ・デ・アギアール、コーレス、オウレンセ、バルバダス、トエン、サン・シブラーオ・ダス・ビーニャスが含まれている。これらの地区は教会教区に相当する。黒ブドウの認定品種はメンシア、カイーニョ、モウラトン、ソウソン、ブランセリャオ、ガルナッチャ・ティントレラ、カベルネ・フラン。白ブドウはパロミノ、トレイシャドゥーラ、トロンテス、アルバリーニョ、ロウレイラ、ドニャ・ブランカ、ゴデーリョ、リースリング。

ンセリャオ、メレンサオである。

ベタンソスのワインには、赤ワイン、白ワインともに推奨品種を60%以上使用しなければならない。残りの40%は次に挙げる認定品種で補うこととされる。

D.O. モンテレイ

1994年にD.O. 認定されて以来、モンテレイでは、ブドウ畑の面積も、登録している醸造所の数も少しずつ増加している。だが、それ以上に注目すべきことは、品質、オリジナリティ、価格の3要素を兼ね備えたワインが製造できるようになったことである。

地理・自然環境

D.O. モンテレイに認定された区域は、オウレンセ県の南東に広がる総面積400ヘクタールの地域である。ドゥエロ川支流のタメガ川が北から南へと流れている。モンテレイ、オインブラ、ベリン、カストレロ・ド・バル、ビラルデボス、リオスが含まれており、特徴が異なるふたつのサブゾーン、バジェ・デ・モンテレイとラデラ・デ・モンテレイ

D.O. の名前の由来であるモンテレイ要塞は、タメガ川に近い、サナブリアとオウレンセの街道が合流する地点にそびえ立つ。ここから周囲のブドウ畑が一望できる。

に分けられる。

　バジェ・デ・モンテレイのブドウ畑は以下に挙げる教会教区に沿って、渓谷の平坦な土地に広がっている。カストレロ・ド・バル、ペピン、ノセド・ド・バル（カストレーロ・ド・バル市域）、アルバレリョス、インフェスタ、モンテレイ、ビラサ（モンテレイ市域）オインブラ、ラバル、サン・シブラオ（オインブラ市域）、アベデス、カブレイロア、フェセス・デ・アバイショ、フェセス・デ・シマ、マンディン、モウラソス、パソス、ケイサス、ア・ラセーラ、タマゴス、タマゲーロス、ティントーレス、ベリン、ビラ・マジョール・ド・バル（ベリン市域）。

　一方、ラデラ・デ・モンテレイのブドウ畑は、以下の教会教区と市の山腹の斜面に広がっている。ビラルデボス市、ゴンドゥルフェス、セルボイ（カストレー

品質、オリジナリティ、価格を兼ね備えたモンテレイワイン。醸造家らは、名品が並ぶ市場で成功すると確信していた。

ロ・ド・バル市域）、アス・ヂャス、ボウセス、ビデフェーレ、ア・グラシャ（オインブラ市域）、フラリス、メデイロス、エステベシーニョス、ベンセス（モンテレイ市域）、ケイルガス（ベリン市域）、カストレーロ・デ・アバイショ、カストレーロ・デ・シーマ、コベラス、オ・モウリスコ、サン・パイオ、ア・ベイガ・ド・セイショ、フマーセス、プローゴ、ポサーダ、フロルデレイ（リオス市域）。

　モンテレイはガリシア州にあるが、ガリシアの他地域とは気候がまるで違う。これは、モンテレイが大西洋とメセタの中間に位置するためである。主に大西洋気候だが、大陸性気候の強い影響も受け、夏は暑く乾燥し、冬は寒く、気温差は最大30℃にもなる。降水量はガリシアの他地域に比べ非常に少ない。

　モンテレイの土壌は3つの土質からなる。ひとつめは花崗岩質と砂質。肥沃でなく、ブドウに必要な湿度を含むため、良質のワインを造るのに適している。ふたつめは粘板岩質であ

D.O.モンテレイの黒ブドウ主要品種メンシアは、カルベネ・フランにとてもよく似て色は素晴らしく、フルーティで、酸味のあるワインになる。

る。粘板岩のおかげで常時湿度が保たれ、日中蓄えた熱を夜間に放出するため気温変動が少なくてすむ。最後は粘土質である。きめが細かく、前のふたつよりも湿気を多く留める。

個性的なワイン

気候や多様な土壌のおかげで、モンテレイのワインは並外れた特性をもち、ガリシアの他地域とはまったく異なるワインになる。モンテレイの白ワインは、推奨品種60%とその他の白ブドウ品種40%で造られる。色は主に麦わらのような黄色で、香り高く、爽やかな味わいである。地元固有品種の割合が高いため、強烈かつフルーティで味がよく、バランスが取れている。アルコール度数は11%以上で、1ℓあたりの揮発酸は0.75g以下となっている。これを酒石酸換算すると1ℓあたりの下限が4.5g、硫酸換算では上限が160mgに相当する。

モンテレイの赤ワインは、推奨品種60%と他の黒ブドウ品種40%で造られる。色は暗赤色のサクランボ色、熟成前はフルーティで草の香りがするが、熟成するにつれて、肉付きが豊かになる。アルコール度数は11%以上で、1ℓあたりの揮発酸は0.8g以下となっている。これを酒石酸換算すると1ℓあたりの下限が4.5g、硫酸換算では上限が150mgに相当する。

白ワインも赤ワインも、オーク樽で熟成させる。熟成の長さに応じて、バリッカ、クリアンサ、レセルバ、グラン・レセルバに分類される。

D.O. リアス・バイシャス

このD.O.を語ることは、地域の象徴ともいえるアルバリーニョ種のワインについて語ることだ。アルバリーニョワインの成功はガリシアおよび、スペイ

トレイシャドゥーラは強く、香り高いワインになる品種である。

白ブドウ品種	
主要品種	認定品種
アルバリーニョ	トロンテス
ロウレイラ・ブランカ（マルケス）	ゴデーリョ
トレイシャドゥーラ	
カイーニョ・ブランコ	

黒ブドウ品種	
主要品種	認定品種
カイーニョ・ティント	メンシア
エスパデイロ	ブランセリャオ
ロウレイラ・ティンタ	ペドラル
ソウソン	

D.O. リアス・バイシャスは、ガリシアの最南部にある入り江（リアス）にちなんで命名された。大西洋気候で穏やかなこの地域は、特徴的な5つのサブゾーンに区分される。

ロウレイラは発芽が早く、たくましい品種。

ン全土に留まらず、総生産量のじつに85%が輸出されている。特に米国には、総生産量の半分が輸出され、ドイツ、イギリスがそれに続く。その品質や独特な官能特性から、他に類をみない特別なワインになった。ガリシア州出身の小説家アルバロ・クンケイロは、アルバリーニョのワインを「ガリシアワインの長子だ。川岸から緑のビレタ（聖職者の四角帽子）を振って挨拶する金髪の子供だ」と表現した。

地理・自然環境

このD.O.はポンテベドラ県の南西に位置し、河川の流域に沿って平均標高が300m以下の低地が海沿いまで広がっている。約3700ヘクタールのブドウ畑があり、バル・ド・サルネス、コンダード・ド・テア、オ・ロサル、ソトマジョール、リベイラ・ド・ウリャの5つのサブゾーンがある。

海に近いため全般的に穏やかな大西洋気候に恵まれ、温暖湿潤で、寒暖の差はそれほどない。降水量は多く、年間を通して均等であるが（年間約1600mm）、夏の数ヵ月は極端に少なくなる。

土壌は地層が浅く、軽い酸性の砂質でpH4.5〜6。主な土質は花崗岩質である。

バル・ド・サルネス

この地区は起伏がとてもなだらかで、昔からのアルバリーニョの産地である。そのため、ここで造られるワインのほとんどすべてはアルバリーニョ100%で造られている。ブドウ畑は、アロウサとポンテベドラの中間に位置するオ・サルネス半島に広がっており、カンバドスがこの地区の中心地である。

コンダード・ド・テア

D.O.のなかで最南に位置し、ミーニョ海峡の北にあたる。内陸部の特徴的な地形と山の起伏の影響で、ほかのサブゾーンより雨が少ない。アルバリーニョとトレイシャドゥーラ70%以上のワインが造られている。

オ・ロサル

ポンテベドラ県の最南西に位置し、ミーニョ川河口右岸にある。ブドウ畑は、河岸段丘につくられており、暑さのため成熟が進む。アルバリーニョとロウ

アルバリーニョは栽培量が多くはないが、このD.O.を象徴するワインの原材料である。海の幸との相性は抜群

D.O. リアス・バイシャス内には5000ものブドウ栽培農家があり、その総面積は2391ヘクタールに及ぶ。特徴的な棚仕立て栽培が行われている。

レイラ70％以上のワインが造られている。

ソトマジョール

この地区はベルドゥーゴ川の流域にある、ポンテベドラまで10キロのところに位置する同名の町を含んでいる。ここでは、アルバリーニョ100％のワインが造られている。

リイベラ・ド・ウリャ

ブドウ畑はウリャ川流域周辺の渓谷に広がっている。ここに、ベドラ、およびパドロン、デオ、ボケイション、トウロ、エストラダ、シジェーダ、ビラ・デ・クルセの一部が含まれる。この地域を代表するのは赤ワインである。

アルバリーニョの特性

このD.O.の女王、アルバリーニョの起源は千もの伝説の神秘のベールに包まれているといわれている。そのひとつは、12世紀頃、サンティアゴ巡礼のためにガリシアの地を通り過ぎようとしていたシトー会の修道士らによってブドウがもたらされたという説である。別の有力な説は、カスティーリャのウラーカ女王（アルフォンソ6世の長女でアルフォンソ7世の母）の夫レイモン伯爵が、生まれ故郷のブルゴーニュから持ってきたとする。どの伝説が正しいのか、またはそのすべてがあっているのか、真偽のほどはわからないが、アルバリーニョがものすごい速さで、ガリシアの特色ある気候と土壌に順応したことだけは確かである。

アルバリーニョは非常に小さい果粒をつける。早く萌芽し、時間をかけて成熟する糖度の高いブドウである。最良の収穫年では、アルコール度13％というボリュームのあるワインになる。糖度が高いだけでなく酸味も豊かであるが、このように糖

度と酸味の両方を持ち合わせるワインはほかには見当たらない。この特徴に豊かな香りと味が加わり、アルバリーニョは唯一無二のワインになる。

普遍的なアルバリーニョのワイン

　D.O. リアス・バイシャスの主流は白ワインであり、白ワインすべてが、アルバリーニョの強い個性のおかげで際立っている。ガリシアの大地は、アルバリーニョが花や草のような香りとすがすがしい酸味を存分に表現できる絶好の場所なのだ。

　白ワインは主に辛口で、尖っていて花の香りがする。非常にフルーティなうえ、すこぶる上品で後を引く懐かしい味わいがある。以下に D.O. リアス・バイシャスの白ワインを紹介する。

リアス・バイシャス・アルバリーニョ

　アルバリーニョ 100％ の単一品種ワイン。麦わらの輝く黄色の中に金色と緑色がかった虹色が見える。上品でエレガント、とても心地よく、花と果実の香りが際立つ。口当たりは滑らかだが、ボディがしっかりしていてアルコール度数は高い。脂肪分が多くグリセリンに富んでいる。酸味のバランスが取れ、後味は心地よく申し分のないまろやかなワイン。

リアス・バイシャス・コンダード・ド・テア

　アルバリーニョとトレイシャドゥーラを 70％ 以上と、コンダード・ド・テアで栽培されている白ブドウの認定品種を使用。このサブゾーンのワインは、概してミネラルを多く含み、バルサム質に富んでいる。

リアス・バイシャス・ロサル

　アルバリーニョとロウレイラを 70％ 以上と、オ・ロサルで栽培されている認定品種を使用。コンダード・ド・テアと同様に、強い香りと軽い酸味をもつが、口当たりは十分で心地よい。

リアス・バイシャス・バル・ド・サルネス

　アルバリーニョを 70％ 以上とバル・ド・サルネス区域で栽培されている認定品種を使用。

リアス・バイシャス・リベイラ・ド・ウリャ

　アルバリーニョを 70％ 以上と、リベイラ・ド・ウリャ区域で栽培されている認定品種を使用。

リアス・バイシャス

　原産地呼称統制委員会から認定された白ブドウ品種とこの区域で栽培されている推奨品種 70％ 以上を使用。オーク樽で 3 ヵ月以上熟成させると、リ

D.O. リアス・バイシャスのワインは生産量のほぼ 85％ が輸出され、国際市場で高い評価を受けている。

Rías Baixas
リアス・バイシャス

Ribeira do Ulla
リベイラ・ド・ウリャ

Rías Baixas Tinto
リアス・バイシャス・ティント

Condado do Tea
コンダード・ド・テア

Rías Baixas Rosal
リアス・バイシャス・ロサル

Rías Baixas Val do Salnés
リアス・バイシャス・バル・ド・サルネス

Rás Baixas Albariño
リアス・バイシャス・アルバリーニョ

ミーニョ川とシル川の深い渓谷にある日当たり抜群の斜面。生産量は少ないが最高品質のブドウが栽培されている。

アス・バイシャス・バリッカに格上げされる。

その他のワイン

生産量は少ないが、リアス・バイシャスでは赤ワインとスパークリングワインも造られている。

リアス・バイシャス・ティント

この地区の黒ブドウ認定品種を適当な割合で組み合わせて造られる。とても大西洋的なワインで、色は紫のサクランボ色、レッドベリーや草の香りがし、口の中に強い酸味が残る。

リアス・バイシャス・エスプモソ

原産地呼称統制委員会の規定と発泡ワインの質に関する基準に定められた分析基準に則りこの地区で栽培された認定品種から造られている。

D.O. リベイラ・サクラ

1996年に認定されたこのD.O.のブドウ畑は、ミーニョ川とシル川の侵食によってできた深い渓谷と切り立った絶壁の狭間にある美しい風景のなかに広がっている。認定直後は、まったく期待されていなかったが、時間が経つにつれて良質のワインを造るポテンシャルの高さを見せはじめている。特にこの地で栽培されるメンシアからは、生産量は少ないが非常にエレガントで上品なワインができる。

地理・自然環境

保護されている約2500ヘクタールのブドウ畑はルーゴ県の南部、オウレンセの北に位置し、ミーニョ川とシル川の流域を含む19の自治体に広がっている。急勾配の地形が、この地域のブドウ栽培を困難にしている。急斜面の段々畑に機械を入れるのが難しいため、人の手で

認定品種	
白ブドウ	黒ブドウ
アルバリーニョ	メンシア
トレイシャドゥーラ	メレンサオ
ゴデーリョ	ブランセリャオ
ロウレイラ	ガルナッチャ・ティントレラ
ドニャ・ブランカ	ソウソン
トロンテス	テンプラニーリョ
	カイーニョ・ティント
	モウラトン

このD.O.地域は切り立った土地ばかりなので、収穫は川から船で行なわざるを得ない。

作業しなければならない。川により形成された狭い渓谷には、気候や土壌の異なる5つの生産地がある。

アマンディ（ルーゴ）

シル川の峡谷に位置する。ソベールの役場が活動の拠点となっている。

シャンターダ（ルーゴ）

革新的な醸造プロジェクトが実行されている。

リベイラス・ド・ミーニョ（ルーゴ）

D.O.内の最北部に位置し、湿潤な気候である。

キロガ - ビベイ（ルーゴ - オウレンセ）

間違いなく、D.O.内最大の生産量を誇る。

リベイラス・ド・シル（オウレンセ）

シル渓谷のオウレンセ側の斜面に位置するため、アマンディに非常に似た特性をもつ。

地域ごとに気候の共通点はあまりない。一般的に、ミーニョ川流域の渓谷は大西洋気候であり、シル川流域の渓谷は大陸性気候の影響によりミーニョ川流域よりいくらか爽やかな気温で、雨もそれほど頻繁には降らない。もうひとつ考慮すべきは標高で、南向きの川沿いの地域に行くほど暑くなる。川沿いの大部分の土壌は強い酸性で、組成は地域ごとに異なる。

高いポテンシャルをもつメンシアの新ワイン

このD.O.で最も特徴的なのはメンシア100%のワインである。このワインは近年とても評価が高い。石榴色の赤で香り高く、味はフルーティかつ辛口。なかには樽で最低6ヵ月熟成したものもある。「リベイラ・サクラ」ラベルの赤ワインは、推奨品種（メンシア、ブランセリャオ、メレンサオ）70%以上で造られたワインである。白ワインでは、アルバリーニョ100%のもの（緑がかった黄色で強いフルーティな香り）と、ゴデーリョ100%のもの（バルデオラスのワインに似ているがより爽やかな

オウレンセの北にある村オス・ペアレスでミーニョ川とシル川が合流する。この地点は、両川とも深く、水量は豊かである。ここからリベイラ・サクラで最も険しいふたつの峡谷が始まる。

ワイン、芸術、そして風景

ガリシアの片隅にあるこの地を訪れた人は、自然がもたらすとびきり美しい風景に癒されるだろう。ミーニョ川とシル川の流域を彩る風景と色彩の融合は圧巻だ。さんさんと降り注ぐ太陽の下にはブドウの段々畑があり、日陰にはオーク、栗、カバノキの森が続く。だが、旅人を喜ばすのは自然だけではない。崖にそそり立つ中世のロマネスクの修道院や、町はずれに佇む小さな修道院が無数に点在し、素晴らしい役割を演じている。12世紀からリベイラ・サクラの名でこの地が知られているのには、それなりの理由があるのだ。

味わい）が際立っている。

そのほかにも「リベイラ・サクラ・スムン」というラベルのワインもある。これは認定品種のいずれかの単一品種ワインか、85％以上使用した（うちメンシア60％）ブレンドワインである。また、白ワインのなかにも樽熟成のものがあるが、赤ワインと異なり熟成期間は3ヵ月以上である。

D.O. リベイロ

リベイロのクラシックな白ワインに特徴があるとしたら、それはブレンドに強いことだろう。各地域がその土地固有の品種でアイデンティティを模索していた時代に、リベイロでは、ワイン醸造業者らがそれぞれ最適と思う品種を組み合わせてひとつのブレンドを造ることに賭けていた。だが最近は、トレイシャドゥーラ種一辺倒の傾向があるという。トレイシャドゥーラが好まれる理由は、リベイロで育まれた高い品質と個性、そしてどんな品種とのブレンドにも対応できる高い適応力のためだ。

伝統の再生

ローマ時代にすでにこの地でワイン造りが行なわれていたことを記した文献が残っている。だが、リベイロでのブドウ栽培の発展に本当に貢献したのは、シトー修道会の修道士らであった。12世紀、彼らはルーゴ県のサン・クロディオにやってきて、引退後の静かな暮らしをするために修道院を建て、とりわけ栽培を始めた。だが、ブドウ栽培を始めたのは彼らだけではなかった。オセイラ（現在はD.O.リベイロ区域外）をはじめとする他の修道院でも、ブドウ栽培のための農園や小修道院がつくられ、意義のある取り組みが行なわれた。

修道士の仕事がリベイロにブドウ栽培を定着させるのに大きく貢献した一方で、この地がサンティアゴ・デ・コンポステーラの巡礼路と切っても切れない地域であったことも非常に重要な要因であったと言えよう。というのも、この巡礼路は多くの巡礼者にとって聖なる道であると同時に、ヨーロッパ市場へワインを送る交通路としても重要な意味をもっていたからだ。この道を最大限に利用することで、15～16世紀、リベイロのワインはイベリア半島で大成功を収め、さらにドイツやオランダ、イタリア、フランス、イギリス、アイルランドへ輸出された。もちろんアメリカ大陸の植民地にも送られた。

19世紀に入るとスペインやヨーロッパのほかの多くの地域と同様に、リベイロのブドウ畑もうどん粉病、べと病、フィロキセラなどの害虫被害に襲われたが、ガリシアではそれに加え

認定品種	
白ブドウ	黒ブドウ
トレイシャドゥーラ	ソウソン
アルバリーニョ	テンプラニーリョ
ゴデーリョ	カイーニョ・ティント
ロウレイラ	ガルナッチャ・ティントレラ
トロンテス	ブランセリャオ
パロミノ	メンシア
マカベオ	フェロン
アルビーリャ	
ラド	

リベイロのワインはアルバリーニョほどの上品さはないが、ガリシアの家庭料理にとてもよく合う。

て移民という人口流出の問題が浮上した。その結果、ほとんどのブドウ畑は荒れ果ててしまった。それ以来、この土地固有の品種は、生産性の高い外来品種に少しずつ取って代わられることになった。ガリシアのワイン生産が途絶えることはなかったが、質より量が優先され、バルクワインとして販売されるようになっていった。

　幸運にも時代は変わり、今では良質で他に類を見ない、個性的なワイン造りに再び挑戦している。

工業生産型醸造所とコリェイテイロ

　D.O.リベイロの原産地呼称委員会の規制によると、この地のワインはふたつの方法で商品化されるという。ひとつは、原材料のブドウを自分の畑でつくらず、外から仕入れてワイン醸造を行なう大規模な工業生産型醸造所、そしてもうひとつは「コリェイテイロ」である。これは自分の畑で収穫したブドウを使ってワイン醸造し、瓶詰めまでするブドウ栽培農家で、生産量6万ℓ以下という規定がある。現在、D.O.リベイロで登録されている119の醸造所のうち約84がコリェイテイロである。

地理・自然環境

　D.O.リベイロの保護区域は、オウレンセ県の北西に位置する。ミーニョ川やアビア川、アルノイア川、バルバンティーニョ川の合流地点にあたるこの地域の総面積は2700ヘクタールを超え、そのなかに13の自治体（リバダビア、アルノイア、カストレーロ・ド・ミーニョ、カルバリェダ・デ・アビア、レイロ、センリェ、ベアーデ、プンシン、コルテガーダ、ボボラス、サン・アマーロ、トエン、カルバリーニョ）がある。

ブドウ畑は標高75～400mにあり、谷の深いところでも、急斜面（等高線に沿って段々畑がある）でもブドウが栽培されている。

　大西洋気候と地中海性気候の狭間に位置するため、気温は暖かく（年間平均気温は14.5℃）、降水量は年間約950mmと多い。年間日照時間は1915時間で、7月と8月の2ヵ月でその40％を占めている。

　土壌は大部分が花崗岩質で、岩と砂利の割合が高い。この組み合わせがブドウ栽培に適している。根の部分の水はけがよく、熱を蓄積しやすい土質で、蓄えられた熱は気温の下がる夜間に放出される。

白ワイン、赤ワイン、トスタード

　D.O.リベイロの特に優れたワインは白ワインで、生産量の85％を占める。とりわけ秀逸なのはトレイシャドゥーラで造られたもので、フルーティで花の香りを帯びた魅力的なワインである。瓶詰め後に熟成が進み、さらに質が向上する。トロンテスは比率は少ないものの、ロウレイラ、ゴデーリョ、ラドとブレンドすると素晴らしいワインになる。このような自由なブレンドによって、幅の広い多様な味わいをもったワインが生産される。

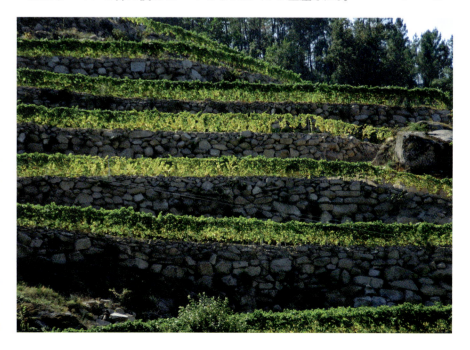

ガリシアでは、栽培面積を確保するために石の壁で生垣をつくる。この壁のことを「ソカルコ」という。

白ワインは概して黄色味を帯びており、淡い黄色から麦わらの黄色、さらには緑がかったものまである。果実の強い香りに、バルサム質、花、青りんごなど様々なスパイスの香調が加わる。口当たりは爽やかで、酸味も際立っている。

赤ワインは生産量の約15%を占める。少し前まで固有品種以外から造られることが多かったが、最近では固有品種にこだわる傾向がある。認定品種であればどのブドウを使ってもよい。メンシアは香りが強くてのど越しがよく、特筆すべき品種である。

最後に、忘れてはならないのは、この地域の歴史的なワイン「トスタード」である。これは、最低3ヵ月寝かせた白ブドウまたは黒ブドウの果汁から造られたビノ・ナトゥラル・ドゥルセだ。圧搾後に1ℓあたり300グラムの糖分を加えて味を整える。発酵後、樽で約6ヵ月寝かせ、その後、瓶詰めして3ヵ月置く。その結果、色は金色からマホガニー、時間が経つにつれて琥珀色になる。香りはきつく、干しブドウ、ドライフルーツ、ローストしたナッツ、蜂蜜、黄色系の花、マルメロのコンポート、オレンジの皮の砂糖漬け、熟したメロンなどの香調が複雑に混じっている。口当たりは、はじめ心地よく、甘くて、強いアルコールを感じさせ、後に鼻の奥を強く刺激する。

D.O. バルデオラス

D.O. バルデオラスの代名詞は、間違いなくゴデーリョの白ワインである。多くの受賞歴をもつこのワインは香りが複雑で、こってりとした感触、しっかりしたボディがある。つまり、ガリシアには、圧倒的人気のアルバリーニョのほかに、もうひとつゴデーリョという素晴らしい品種があるのだ。また最近では、数は少ないが黒ブドウのメンシアの栽培にも力が入れられている。メンシアからは若飲みタイ

白ワインが生産量の85%を占める一方で、赤とトスタードはわずかしか生産されていないが高品質である。

D.O. リベイロはガリシア州の南部、オウレンセ県の北西の端で、ミーニョ川、アビア川、アルノイア川、バルバンティーニョ川の合流地点にある。写真はカストレーロ・デ・ミーニョとリバダビア間を流れるミーニョ川。

プのワインが造られる。

地理・自然環境

このD.O.はオウレンセ県の北東部に位置し、シル川が横切る渓谷にある。シル川によって左岸には急勾配が、右岸にはゆるやかな起伏が形成されている。サレス川、ビベイ川、シグエニョ川、カサイオ川がこの地域を流れている。水量があまり豊かでないため渓谷はないが、ブドウ栽培に適した斜面を形成している。ラロウコ、ペティン、オ・ボロ、ア・ルーア、ビラマルティン、オ・バルコ、ルビア、カルバリェダ・デ・バルデオラスの8つの自治体が含まれる。

気候は大西洋の影響を受けた地中海性・海洋性気候で、冬は寒く、夏は暑い。年間の平均気温は約11℃、年間降水量は約850～1000mm、3月から9月の日照時間は1450時間でブドウが適度に熟すには十分である。

土壌は谷底特有の堆積物から、川底の粘板岩層の上に堆積した土壌まで、じつに多様。谷底堆積物は生産性がより高いが、ブドウの品質は落ちると言われている。一方で川底の粘板岩は地層が浅く、肥沃ではないが水はけがよい。斜面では根付きがよく、生産性は谷底堆積物ほど高くないがブドウがよく熟す。

ゴデーリョの白ワイン

このD.O.で生産される高品

D.O. バルデオラスのブドウ畑は、何世紀にもわたりシル川が形成してきた沖積土の土地にある。

質なワインはゴデーリョの白ワインである。2009年末に承認された規定では、このワインは次の3つのカテゴリーに分けられる。バルデオラス・ゴデーリョ（ゴデーリョを100%使用）、バルデオラス・カスタス・ノブレス（白ブドウの推奨品種を85%使用）、バルデオラス・ブランコ（推奨品種、もしくは認定品種を使用）。一般的に色は麦わらの黄色、上品で洗練されていて、花の香りが特徴的である。味わいがあり、こってりしていて爽やかな酸味がある。

バルデオラスの赤ワインの女王はメンシアのワイン。白ワインと同様に、3つのカテゴリーに分けられる。バルデオラス・メンシア（メンシアを85%使用）、バルデオラス・カスタス・ノブレス（黒ブドウの推奨品種を85%以上使用）、バルデオラス・ティント（推奨品種、もしくは認定品種を使用）。辛口でフルーティなワインで、キイチゴの香りがする。

上記以外にふたつのワインがある。ひとつは、伝統的な方法で収穫され、ゴデーリョを85%以上使用したスパークリングワイン。もうひとつはビノ・ドゥルセ・ナトゥラルのトスタードである。トスタードは、ゴデーリョ、もしくは黒ブドウの認定品種か推奨品種を使って造られる。

白ブドウ品種	
主要品種	認定品種
ゴデーリョ	パロミノ
ドニャ・ブランカ	

黒ブドウ品種	
主要品種	認定品種
メンシア	グラン・ネグロ
メレンサオ	ガルナッチャ・ティントレラ
ブランセリャオ	テンプラニーリョ
ソウソン	

ラ・リオハ州

ラ・リオハはスペインにおけるブドウ栽培とワイン醸造の旗手である。ラ・リオハ州は、ブドウ栽培分野においてイベリア半島のなかで極めて偉大な伝統をもつ地域であるばかりか、スペイン国内でも世界的規模で見ても、最も名高い産地のひとつだからである。過去から積み重ねられてきた知識や経験にかんがみても、リオハがスペインではじめて特選原産地呼称（D.O.Ca.）の認定を受けたことは驚くにあたらない。

山脈と渓谷

ラ・リオハ州は、イベリア半島の北に位置し、北にエブロ渓谷の一部を、南にイベリア山系を臨む土地である。州内にはただひとつの県しかなく、174の自治体で構成される。州都ログローニョの人口は322,415人（2010年1月1日実施の市国勢調査より）。北はバスク州（アラバ県）、北東はナバーラ州、南東はアラゴン州（サラゴサ県）、西と南はカスティーリャ・イ・レオン州（ブルゴス県とソリア県）と接している。ラ・リオハ州は、エブロ川の河岸をはさんで3つの地域、リオハ・アルタ、リオハ・メディア、リオハ・バハに分けられる。各々の地域の気候は、北部渓谷地帯では地中海性気候、南部山脈地帯では大陸性気候である。

リオハ・アルタには、渓谷地帯にアロ、ナヘラ、サント・ドミンゴ・デ・ラ・カルサーダ、山脈地帯にアンギアーノ、エスカライの町がある。州都ログローニョはリオハ・メディアの渓谷に位置する。また、リオハ・メディアの山脈からは、ティエラ・デ・カメロス地区を臨むことができる。リオハ・バハの渓谷地帯には、アルファロ、アルネド、カラオーラがあり、山脈地帯にはセルベラがある。

近代化と伝統

D.O.Ca.リオハのワインの造り手たちに特別なものがあるとするなら、それは15年以上樽熟成させることもあるグラン・レセルバのような、この地域の

エルシエゴ（バスク州アラバ県）にある「シウダ・デル・ビノ」は、ラ・リオハ州で最も古い醸造所マルケス・デ・リスカル（1858年創設）の建物とカナダ人建築家フランク・O.ゲーリーによる新しい建築物を組み合わせた複合施設である。

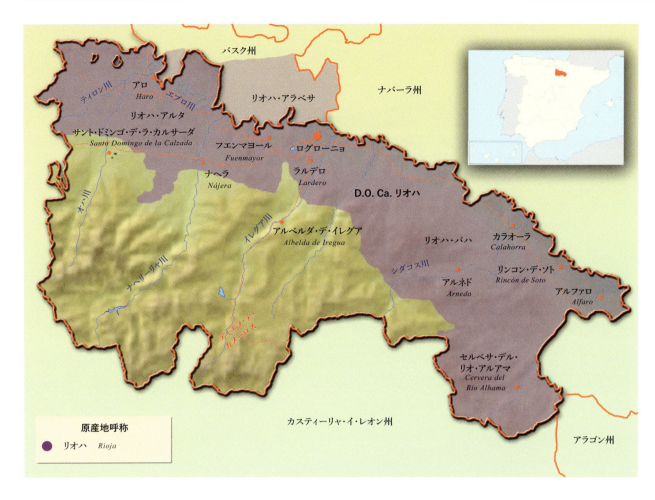

伝統的なワインと、今日の市場が求めるほとんど樽熟成をしていないバランスに富んだフルーティなワインを、ワインの高い品質はそのままに完璧に融合させたことだろう。

さらに、こうした熱心な改革者らはワイン醸造を稼業としながらも、興味の対象を他領域、たとえば醸造所の建築にも移すようになってきた。ラ・リオハでは、石を掘削し壁を枝が覆う伝統的な醸造所の隣に、機能的なデザインの醸造所や、それ自体が前衛建築ともいえる醸造所が並ぶ光景を目の当たりにできる。たとえば、ボデガス・イシオスにはスペイン人建築家サンティアゴ・カラトラバによる醸造所がある。また、ボデガ・デ・カンポ・ビエホの新しい建物は、2003年に国際ワインツーリズム賞を、ボデガス・ダリエンは2008年に前衛建築賞を受賞した。

ラ・リオハでは設備の革新と近代化に加え、新たなコンセプトであるエノツーリズム（ワインをテーマとした旅行）が提案されている。目的はおいしいワインをテイスティングしながらレジャーも楽しむこと。ワイン醸造に関する伝統的な場所をめぐるツアーから、醸造所訪問やテイスティング講座、醸造所でのランチやディナー、ワインを利用した健康・美容施設巡り、若者向けのワイン文化活動に至るまで様々なツアーが企画されている。

D.O.Ca. リオハ

D.O. リオハは、スペインではじめて認定されたD.O.である。その一方でD.O.Ca.の認定も受けている。D.O.Ca. リオハは6万3000ヘクタールもの広さをもち、ラ・リオハ、バスク、ナバーラの3つの自治州にまたがっている。この地域のワインはスペイン一売れており、その品質の高さは中世にさかのぼる長い伝統に裏付けられている。

地理・歴史

　保護下にあるブドウ畑はラ・リオハ州の州境を超え、エブロ渓谷を突き抜け、オバレネスの山々を中心にして北はカンタブリア山脈、南はデマンダ山脈の尾根にまで広がっている。アラバ県の一部（リオハ・アラベサ）やナバーラ州の南部、ブルゴスやテルネーロの飛び地も含まれる。

　リオハにも、スペインのほとんどの地域と同様に、ローマ人の手によってブドウがもたらされた。とはいえ、フェニキア人や原始ケルト人も少なからず貢献していたという。ソンシエラなどの考古学的遺跡では、このようなワインの起源を示す古いブドウの圧搾用桶が見つかっている。

　リオハのワインがはじめて文献に登場したのは、サン・ミリャン・デ・ラ・コゴリャに保存されている中世の記録簿である。このなかに、873年にサン・アンドレス・デ・トレペアーナの修道院にブドウ園が寄進されたという記述がある。

　当時、ナヘラには少なくとも19のブドウ園があったことが知られている。ナヘラのブドウ園はサン・ミリャンの修道院が所有しており、寄進用のワインが造られていた。しかし1024年の文献に、この土地の一部がほかの土地と引き換えにサンタ・マリア・ラ・レアル修道院にわたったと記されている。

　ブドウを栽培し、収穫したブドウでワインを造ったことを記した信頼できる最初の文献は、1063年にカラオーラ司教のゴメサヌスによって出された「住民認可状」である。そこには、ロンガーレスの谷の住民にサン・マルティン・デ・アルベルダ修道院で使役を強制したという内容が書かれている。「2日耕し、2日掘り起こし、2日植えこみ、2日刈り取り、2日摘む」とある。また、サンタ・マリア・ラ・レアル修道院のために、ロンガーレスの谷の住民にワインを造らせたという記述もある。

　そして13世紀、ロマンス語初の詩人ゴンサロ・デ・ベルセオが隠居中にスソの修道院で書いた韻文に、ワインという言葉が使われている。この修道士の記述は非常に興味深い。「私は平易なロマンス語で詩を綴りたい／人々がいつも隣人に話しかける言葉で／なぜなら、私はラテン語で詩をつくるほど博識ではないからだ。／思うに、

天国のようなバルトラコーネス農園は、ムガ家がはじめて所有したブドウ園。ここから、高級感あふれるワインが生まれる。テンプラニーリョやマスエロ、グラシアーノが、素晴らしいワインになるためにこのブドウ園で共存している。

それは品質のよいワイン一杯に値する」

初期のワインは非常に品質が悪かった。醸造過程で白ブドウと黒ブドウをごちゃまぜにして、茎や軸も実といっしょに、しまいには樹の味がするまでとことん絞り、3週間以上発酵させていたため、揮発性粒子が大量に蒸発した。このようにして造られたワインは傷みが早く、樽で1年ももたないうえに輸送にも耐えられなかった。ワインの醸造・保存技術が未熟であったために、品質ではなく特権や勅令によって地元のワインを守ろうとする動きが出てきた。こうして15世紀に、ログローニョ市はワインに関する初の条例を制定した。これは現代のD.O.に相当するもので、内容から見ても先んじていたといえる。1574年、ログローニョ市議会は条例で、市内の外で生産されたワインはどのようなものであれ、市内に持ちこんではならないと定めた。隣接する町で生産されたワインの売買さえ認めなかったのである。ブドウを持ちこむには、ブドウの総量や品種を明記した書類を提出しなければならなかったうえ、地元ワインが出荷されるまでは、ブドウの持ちこみは許可されなかった。1560年、ログローニョ市の生産者の一部が、はじめてシンボルマークや有名ブランドのロゴをつくった。他地域に売られるワインの入った皮袋には、生産者らの苗字を組み合わせたマー

秋色のサン・アセンシオのブドウ畑。ダバリーリョ城の麓にある。

クの焼印が押された。こうした保護主義はのちのちまで続いた。フェリペ4世と5世によって出されたワインに関する勅令には、ログローニョ市に商品を持ってきた荷馬車屋に、市から出るときにワインを一定量積むよう命じたものもあったという。とはいえ、獣脂や魚を運搬するナバーラの荷車引きだけは、この法律の適用外だったようだ。ただし毎回審査官に申告して認めてもらわなければならなかった。

1632年にログローニョ市で出された条例を見ると、当時の醸造業者らがワインの品質を常々気にかけていたことがよくわかる。市は醸造業者らの抗議に負け、旧市街や近隣の通り（この地域には多くの醸造所が集中していた）を荷馬車が通ることを禁じた。荷馬車の振動や揺れによってワインの熟成に悪影響が出ることが原因であった。1676年には国王カルロス2世がアロの醸造所らによる不正行為への不満を受けて、ブドウ栽培、収穫、醸造を規制する勅令を立てつづけに出した。ブドウ畑のなかを集団で通行することを禁じ、収穫できるブドウの成熟度合いを規制し、種類の違うワインを混ぜたり熟成が終わる前に樽を開けたりすることを禁じるといったものだ。この法を破ったものに対しては、罰金、収監、重罪には教会からの破門が課せられた。

1788年、現在の原産地呼称統制委員会の草分け的な存在である王立ラ・リオハ-カスティリャーナ生産者経済協会の規約が策定された。協会の目的は、市場を拡大して余剰分のワインを売ることであった。というのも、当時リオハのワイン生産量は住民の需要をはるかに超え増加の一途にあったからだ。この年の4月12日に規約は承認され、50を超える地区の醸造所の生産量が規制された。じつはこの規約には、先にあげた市場拡大とは別に、ブドウ栽培の促進とワイン醸造の質の改良という目的もあった。一方

リオハの土壌は変化に富む。粘土石灰質から含鉄粘土質、さらには沖積土まで多様。

まっすぐに伸びる円柱形の、肩の張ったボルドー型のボトル（750mℓ）は、リオハのワインのなかで最も人気がある古典的な形をしている。エレガントでありながら、積み重ねても崩れない実用性も兼ね備えている。醸造家たちも高級ワインにはボルドー型に非常によく似たマグナムボトル（約1.5ℓ）を使う。下の写真は、〈Marqués de Riscal マルケス・デ・リスカル〉のマグナムボトル

で、国外市場を開拓するために
は、カスティーリャ、バスク、カ
ンタブリア港、特にサンタンデー
ルと交通ルートを築く必要性が
あった。協会は国内余剰分の
ワインをラテンアメリカで売ろう
と考えていたのだ。議論を重
ねた結果、ログローニョを始点
とし、生産量の多いアゴンシー
リョ、フエンマジョール、セニ
セーロ、トレモンタルボ、ラ・
エストレーリャ、ブリオネス、ヒ
ミレオ、アロを通って、セリョリ
ゴとブヘドの境界まで到達し、
最後にサンタンデールに至る
ルートが建設されることになっ
た。これがサンタンデールとカ
スティーリャが繋がるカミーノ・
レアルである。建設は非常に
ゆっくりと進められ、1808年に
ようやく3分の2が完成した。

フィロキセラの危機

19世紀の間、フランスはワイ
ンの生産においても、輸出に
おいても、世界的に最も大きな
力をもっていた。だが、降って
沸いたようなある事件がその発
展に影を落とした。フィロキセ
ラという小さな虫がブドウの根
を襲い、数日でブドウを枯らし
てしまったのだ。フランスの醸
造所家は恐怖に陥った。彼ら
は原料不足を補うために、フラ
ンス国外に調達の場を求めた。
リオハは比較的フランスに近く
て鉄道の便もよく、生産量も豊
富だったことから、原料供給地
として理想的な候補となった。

フランス政府は自国の農業
をつねに保護する立場から、
1877年にスペイン政府との間に
スペインワインの輸入を優先す
る通商協約を結び、1882年に
は協定を更新、改善してさらな
る条件を付け加えた。その結
果、原材料価格は今まで経験
したことのないレベルまで急上
昇した。景気拡大の恩恵を受
け、醸造設備の近代化やそれ
までリオハでは導入されてこな
かった技術発展が進むことに
なった。もっとも、設備投資を
続けたのは、知識がなかったか
らではなく、多額の投資をして
しまった手前、あとに引けなく
なったという内情もある。

こうして、収穫したブドウを
すべてまとめて圧搾、熟成さ
せるという従来の方法の代わり
に、品種や品質別に分けてか
ら圧搾する方法が用いられるよ
うになった。また、ボルドーの
オーク樽で時間をかけてゆっく
り熟成させる方法も新たに導入
された。この方法はコストが高
いために禁止されてきたが、大
きな醸造所や倉庫が建設され
たことで、樽に移し変えて熟成
する方法が現実的になったので
ある。これらの新技術が導入
されたおかげで、リオハにはじ
めて大きな醸造所が創設され
た。以下にいくつかの醸造所を
紹介する。アラバ県、エルシエ
ゴのトレアにあるマルケス・デ・
リスカル（1860年創設）。ログ
ローニョから数kmの郊外に位
置する有名なイガイにある3つ
の醸造所、ボデガス・ベルセオ
（1872年創設）、ロペス・デ・エ
レディア（1877年創設）、マル

19世紀末のフィロキセラの出現は、地域経済を激変させた。
これを境にリオハのワイン醸造は一新した。上の写真は、フィ
ロキセラ（ブドウネアブラムシ）とブドウの葉にできた虫こぶ。

ケス・デ・ムリエタ（1878年創
設）。そのほかにもCVNE（1879
年創設）、アスピリクエタ（1881
年創設）、ゴメス・クルサード
（1886年創設）、ボデガス・フ
ランコ - エスパニョーラス（1890
年創設）などがある。この頃、
フランス市場においてスペイン
ワインの需要が高まりブドウの
価格が高騰したことで、生産量
が増加し、質より量が優先され
るようになった。しかし、1880
年代後半、リオハのブドウ畑に
被害をもたらしたべと病の災禍
によって収穫が著しく落ちこむ。
スペイン全土、そしてリオハの
多くの醸造家は、混ぜ物をする

茶目っ気ある風刺画。フィロキセラに振り回された新しい世紀の始まりを描いている。

よりほかに、ワインの損失を埋め合わせる方法がなかった。その結果、水で薄められたり、ドイツ製の工業用アルコールが添加されるようになった。工業用アルコールは合成化学着色料のようなもので、健康に害をもたらす可能性もあった。こうした方法でアルコール度を維持しながら、色合いを改善することはできた。だが、偽装はすぐにフランスの消費者に見破られ、スペインのワインのイメージ悪化につながった。

この時代のワイン製造を窮地に陥れたもうひとつの原因は、フランス市場の衰退である。フランスのブドウ栽培農家は、フィロキセラの被害がひとまず収束したのを受け、スペイン産ワインに対する関税を再び引き上げるよう政府に願い出たのだ。その結果、1890年には1カンタラ（約16ℓ）10～18レアルだったワインの価格が、2年後には6レアルまで急激に下がった。こうした価格の下落により生産者は痛手を負ったが、醸造家にとっては、フランス、スペイン両国の貿易保護主義のおかげでフランスワインのスペイン国内への流入が減少し、好都合であった。この頃、フランスの仲買人がフランスに戻る際に捨て置いていった倉庫やワイン醸造設備を利用して、リオハに多くの醸造所が設立された。理オアの醸造家はフランスのワイン醸造の専門家と契約を結び、醸造所の責任者や技術担当として働くよう要請した。このように近代的なワイン醸造の工程でフランスが長年蓄積してきた技術を有効利用することにより、醸造所が発展していった。1892年には、ワインの品質管理を改良するために、アロの公共醸造研究所——ブドウ栽培・ワイン醸造試験場が設立された。こうしてリオハの醸造家は、醸造研究所だけでなく、醸造家養成スクールと連携して設立された技術者養成所も獲得した。1899年、アロの公共醸造研究所は、サハサーラのふたつの農園でフィロキセラの病巣が発見されたと警告を鳴らした。それは、有名な「トラス・ラ・ベンタ」と「ロヨ・ラサロ」であった。

フランスのワイン醸造家たちとの出会いによって、リオハの醸造家たちは時間をかけずに高品質のワインを造れるようになった。
下の写真は、1895年のボルドーの博覧会で醸造所マルケス・デ・リスカル社に授与された名誉賞の賞状と同社創立150周年を記念したラベル。

フィロキセラの来襲

1885年6月18日、フィロキセラの被害に抗するため国民防衛法が施行された。この法律によって、フィロキセラ防衛委員会が設立され、被害に遭った地区からの全ブドウ品種の買入れが禁止され、各自治体および議会に、新たな被害地域を出さないために警戒するよう義務付けた。また、監視網の設置、処置費用の補助、損害賠償金を捻出するために、作付面積1ヘクタールの使用料を設定し物議を醸した。だが実際には使用料の回収は不可能だった。というのも、作付面積のデータがなく、どうすることもできなかったからだ。

1896年、ナバーラでフィロキセラが発見されたにもかかわらず、必要な予防策がとられなかった。差し迫ったフィロキセラの危機を前にして、1897年12月、各市議会は自治体内のブドウ畑の作付面積を申告するよう求められた。その目的は、法律に定められてはいたもののいまだ徴収されていなかった土地の使用料を確定することであった。しかし被害地域では、状況が悪化するにつけ要請を無視したり、データを改ざんするケースが出始めた。そのため、最終的に地方議会が集めた作付面積の合計は4万7536ヘク

タールであった。

　1899年6月には、サハサーラでフィロキセラの被害が見つかった。ほかにフィロキセラの被害がないか捜すようアロの公共醸造研究所に厳しい通達があり、調べた結果、7月1日にブリオネスとサン・アセンシオに、同月23日にアルファロに新たな被害が見つかった。被害はすさまじい勢いで広がり、この年の終わりまでに10以上の自治体が被害を被った。はじめのうちリオハでもフランスと同じ方策がとられた。アメリカ大陸産の台木に接木するという思いきった方法ではなく、監視することで乗り切ろうというものだった。だがこの方法はうまくいかなかった。1900年1月29日、フィロキセラ防衛県委員会は、ログローニョ市を「フィロキセラに侵された市」であると認めた。それにより、ログローニョ市では新たに苗床をつくり、被害に遭った地域の樹にアメリカ大陸産の台木を接木することになった。しかしアロの公共醸造研究所が決定したこれらの方針は、多くの農民の反対にあった。農民は、アメリカ大陸（フィロキセラが最初に発生した地）からの苗木導入による新たな被害が広がる可能性と、接木をするのに莫大な費用が必要になることを恐れたのだ。フィロキセラの根絶には、ブドウの切り株を根こそぎ掘り起こして新しい苗を植えるだけでなく、地面の深いところまで手を入れる必要があった。アメリカ大陸産の台木を移植するには、土を空気にさらし、乾かすために深くまで掘り起こす作業が欠かせなかった。この「深耕」と呼ばれるプロセスを行なうには、新しい機械装備のための莫大な投資が必要であった。仮にこれらすべてがクリアできたとしても、最終的にはリオハの農民たちが慣れていない接木をせねばならない。そのためにはすべての作業において、高くつく外国の技術者を連れてこなければならなかった。そうした臨時出費を避ける手段として、ブレンド品種（アメリカ大陸とヨーロッパの品種の交配種）が使われた。しかし、できあがったワインの品質が悪かったので、この方法はすぐに却下された。

　問題はなかなか解決せず、農民に支払う多額の出費もばか

長い間、この地は地理的な制約のために交通手段が少なかった。このことがリオハのブドウ栽培の発達の足かせとなった。

D.O.リオハはラ・リオハ、バスク、ナバーラの3つの自治州にまたがっている。スペインで最も品質の高いワインの数々はこの地で生み出されている。

原産地呼称を獲得してリオハのワインを守ろうという初の試みは、1902年に沸き起こる。ちょうど同じ年に、これらのワインの「原産地」を明確にする王令が公布されたばかりであった。つまり、どこで造られたワインが、ラベルに原産地名として「リオハ」の名を入れることができるのか、はっきりと定められたのだ。

1925年6月6日には、特別な「封印シール」がはじめて導入される。対象となるのはリオハワインのみで、共通の登録商標としてワインのラベルに「RIOJA（リオハ）」の名前を入れることが許可されたという証であった。

その25年後の1956年、統制委員会が設立された。委員会の任務は、新たな地区の認定や「品質保証の封印シール」の発行と交付、および不正や侵害に対する合法的な対処であった。

にならなかった。そのため、県議会議長フランシスコ・ゴンサレル・サポルタ氏の勧めで、リオハ県ブドウ栽培基金が設立された。被害を受けたブドウ園を回復させる深耕に必要な機械設備の購入費用をワイン栽培農家に融資するためだ。この基金のおかげで、ブドウ畑の再生に弾みがついた。基金は、フィロキセラが収束したとみなされた1918年まで運用された。

原産地呼称の誕生

1970年にD.O.規定が承認され、リオハはD.O.認定を受け、原産地呼称統制委員会が設置された。規定は「原産地呼称の保護、適用、指定区域内のワインの推進と品質管理を原産地呼称統制委員会に委任する」とし、委員会の機能を明確に定義している。

D.O.リオハは、自分たちのワインの品質に賭け、産地を管理してきた長い努力の末に、D.O.認定を獲得したのだ。そして1991年4月3日には省令によって特選原産地呼称（D.O.Ca.）に認められた。スペインでこの称号が与えられたのはD.O.リオハがはじめてであった。

生産地域

D.O.Ca.リオハの地域は、エブロ川の上流の両岸に帯状に広がっている。認定されたブドウ畑はラ・リオハ、バスク、ナバーラの3つの州にまたがっており、総面積は6万3593ヘクタールである。その大部分の4万3855ヘクタールがラ・リオハ州に、1万2934ヘクタールがバスク州のアラバ県に、6774ヘクタールがナバーラ州の南部に広がっている。帯状に広がるこの地域は、東西に100km（最東端の町アルファロと最西端の町アロ間）、南北に40kmの広さをもつ。ブドウ畑はこの広大な渓谷のあちらこちらに点在し、段々畑の標高は最も高いところで700mにも達する。

ここ30年でわずかに修正が

リオハの多くの醸造所は、コルクに自らの醸造所名の焼印を入れる。

ラモン・ロペス・デ・エレディア社のトンドニア・ブドウ園。はじめて新栽培法を導入した会社のひとつである。

加えられたD.O.Ca.規定は、「相応の品質のブドウを生産するのに適すると原産地呼称統制委員会がみなした地域にある」144の自治体（ラ・リオハ118、アラバ18、ナバーラ8）を具体的に列挙している。

気候

リオハはサブゾーンごとに気候が異なっている。というのも、このD.O.Ca.はまったく異なるふたつの気候、大西洋気候と地中海性気候の影響下にあるからだ。南と西に行くにつれて地中海性気候になっていく。

このふたつの気候の組み合わせと年間約400mmという降水量のおかげで、ブドウの育成に理想的な諸条件がそろう。

土壌と生産性

D.O.Ca.リオハは、はっきりとした特徴をもった3つのサブゾーンに分けられる。リオハ・アラベサは、大西洋気候で土壌は粘土石灰岩質、土地は細分化された小さな区画か斜面である。こうした気候と土壌は、ソンシエラとリオハ・アルタに広がっている。ここではカーボニック・マセレーション（炭酸ガス浸漬法）による若飲みタイプにも、樽熟成タイプにも向いている中程度のアルコール度と酸味をもつ赤ワインが造られている。

リオハ・アルタも大西洋気候だが、土壌は粘土石灰質、含鉄粘土質、沖積土の3タイプで、土色は赤みがかった明るい色である。

これらの土壌の多くは有機物をほとんど含まず、石灰質も乏しく、水はけが悪い。この地域で認可されている最大収量は、ブドウ100kgあたり70ℓである。また、ここで造られるワインのアルコール度数は中程度で、コクがあり、酸味が強く樽熟成に向いている。

リオハ・バハは、地中海性気候の影響で非常に乾燥していて暑い。土壌は沖積土と含鉄粘土質である。この地域のブドウ畑はリオハ・アルタに比べてより平坦で、面積も広い。地層は深く丸い小石が豊富で、標高は300mと低い。ここで造られているワインはアルコール度の高い赤ワインとロゼで、風味豊かな果汁が抽出されている。このように様々な自然条件が重なりあっていることが、ガルナッチャの栽培には好都合であった。ガルナッチャからは、抽出量は少ないがアルコール度が高く色の薄い、ほかの品種で造られたものと比べ軽く酸化した味わいのワインができる。

まとめると、このD.O.Ca.はブドウ畑の方向や風よけの有無に影響されるマイクロ気候と同じく、変化に富んだ性質の土壌をもつ（主流は粘土石灰質、含鉄粘土、沖積土の3つ）。こうした多様性によってリオハワインは唯一無二の特色を持ち、品

種や栽培方法から見ても特徴的なバラエティに富んだワイン造りが可能となる。

ワインの品質を最高のものにするために規定によって認められた最大収量に則し（黒ブドウは1ヘクタールあたり6500kg、白ブドウは9000kg）、このD.O.Ca.の年間平均生産量は2.8～3億ℓとされている。そのうち90%が赤ワインで、残りは白ワインとロゼと決められている。

ブドウ品種

長い間、ブドウ栽培農家や醸造家は、他地域の技術専門家の意見を聞くなど試行錯誤をくり返して、その土地の気候や土壌に適した品種を選んできた。初期のころは最も収量区画が比較的小さく、土壌と気候が変化に富んでいるおかげで、個性的なワインができる。

ワインに捧げる殿堂ボデガス・イシオス。2001年に創設され、ラ・リオハ州初の「ボデガ・デ・アウトール」（独創的な醸造所）になった。建築家サンティアゴ・カラトラバのこの作品は、今日まで続く前衛的な醸造所建築の始まりとなった。

リオハ・アラベサのブリオネスにあるディナスティア・ビバンコ所有のブドウ園。奥にカンタブリア山脈が広がる。黒ブドウの主要品種はテンプラニーリョ、補助品種はグラシアーノ、マスエロ、ガルナッチャ、カベルネ・ソーヴィニヨン。白ブドウ品種で目立つのはビウラである。

が多い品種が選ばれていたが、次第に収量は低くても高品質のワインができ、差別化が図れる特徴を備えた品種が選ばれるようになってきた。

こうした歴史的推移の賜物ともいえる品種は現在7つ。いずれも特選原産地呼称の規定によって認定されている。

伝統的品種

1925年創立以来、特選原産地呼称リオハ統制委員会によって認定された伝統的な品種は黒ブドウ4種、白ブドウ3種の7品種である。

● 黒ブドウ品種：テンプラニーリョ、ガルナッチャ・ティンタ、マスエロ（カリニェナ）、グラシアーノ
● 白ブドウ品種：ビウラ（マカベオ）、マルバシア、ガルナッチャ・ブランカ

最もよく使われるのは、黒ならテンプラニーリョ、白ならビウラである。

新認定品種

2007年、特選原産地呼称リオハ統制委員会は、D.O.で規定された品種として、1925年以来はじめて新たに以下の9品種を認定した。

● 黒ブドウ品種：マトゥラナ・ティンタ、マトゥラナ・パルダ、マトゥラノ、モナステル（モナストレルやムールヴェードルとは異なる）
● 白ブドウ品種：

固有品種：マトゥラナ・ブランカ、テンプラニーリョ・ブランコ、トゥルンテス（スペインの他地域で栽培されているトロンテスとは異なる）

外来品種：シャルドネ、ソーヴィニヨン・ブラン、ベルデホ

新たに認定されたこれらの品種は、区域内のブドウの樹の数が増えないようにするため、以前植えられていた品種の根を処置すれば植えることができる。

ワイン醸造においては、赤ワイン、白ワインとも、固有品種を使用する場合には組成比率に規制はない。したがって単一品種ワインも造ることができる。反対に、外来品種の白ブドウ（シャルドネ、ソーヴィニヨン・ブラン、ベルデホ）を使う場合には、外来品種が高い比率を占めることはできない。特選原産地呼称リオハ統制委員

会の白ワインに関する規定では、ラベルに品種名を記載する際、最初に白の固有品種（ビウラ、ガルナッチャ・ブランカ、マルバシア・デ・リオハ、マトゥラナ・ブランカ、テンプラニーリョ・ブランカ、トゥルンテス）を記載することが義務付けられている。ブレンドする際に、土着の新品種を加えるのは、リオハのブドウ栽培の遺産を復活させるためである。一方で、白ブドウの外来新品種を加えることにより、国際市場での競争力を確実に高めることができる。

実験的品種

特選原産地呼称リオハ統制委員会は時によって、こうした品種のほかに「実験的」という名目で他品種とのブレンドを認めている。ブレンドする際の条件は、ブレンドする補助品種の割合を低くすること、ラベルに品種名もしくは「その他品種」として記載することである。典型的な例は、ボデガ・エレデーロス・デル・マルケス・デ・リスカルのワインである。この醸造所では、特選原産地呼称リオハ統制委員会設立よりずっと前、1858年の創設以来、〈グラン・レセルバ〉と〈バロン・デ・チレル〉などのブレンドワインにカベルネ・ソーヴィニヨンを使用してきた。だが、これはこの醸造所に限った話ではない。多くの醸造所が実験的品種としてカベルネ・ソーヴィニヨンを用いてきた。ボデガス・マルケス・デ・ムリエタは〈ダルマウ〉に、

マトゥラナ・ティンタ

トゥルンテス

テンプラニーリョ

ビウラ

ボデガス・アリシア・ロハスは〈コレクシオン・プリバーダ〉に使用し、マルティネス・ブハンダは、経営するフィンカ・バルピエドラで〈フィンカ・バルピエドラ・レセルバ〉を醸造する際に、この品種をほんの少し加えている。

このほかに「実験的」に栽培されている黒ブドウはメルロとシラーである。このふたつはボデガス・バゴルディ（オーガニックワイン〈ウソア・デ・バゴルディ〉を造っている醸造所）やアシエンダ・デ・スサールで使われている。アシエンダ・デ・スサールではテンプラニーリョ49％、メルロ17％、カベルネ・ソーヴィニヨン17％、シラー17％をブレンドし、〈マルケス・デ・ラ・コンコルディア〉を醸造している。このワインはフルーティでスパイシーな味わいがあり、非常にバランスの取れたブレンドワインに仕上がっている。

白ブドウは、シャルドネとソーヴィニヨン・ブランのように実験的品種として使用が禁じられている品種もあるが、その他の品種は使うことができる。たとえば、グランハ・ヌエストラ・セニョーラ・レメリュリの〈レメリュリ・ブランコ〉には、シャルドネとソーヴィニヨン・ブランのほかに、ヴィオニエ、ルーサンヌ、マルサンヌ、モスカテルが使われている。

伝統のなかのイノベーション：独自の特徴をもったワイン

リオハワインの際立った特徴

次ページは、ラモン・ロペス・デ・エレディア・ビーニャ・トンドニアが、アロに所有している醸造施設。〈Cotino Graciano コティーノ・グラシアーノ〉は、生産量がわずかであることから、この醸造所のワインのなかで最も人気のあるワインのひとつとなっている。

のひとつは、樽熟成への適応力の高さである。225ℓのオーク樽の中で、熟成中の果汁と樽木が触れ合い、ミクロ・オキシヘナシオン（発酵中もしくは熟成中の赤ワインにセラミック製筒を通して酸素の微泡を吹きこむ技術）の工程とその後の安定化にゆっくり時間をかけることで、ワインはゆるやかに熟成されていく。この時間はまさに、ワイン自体がもつすべての美徳を表現し、豊饒な香りと味を樽木から引き出す時間なのだ。これは偉大なワイン、クリアンサの伝統的な技術であり、昔ながらの方法で費用がかかるものの「工業的」手法では決してまねできない。クリアンサは瓶詰後の熟成によって完成する。瓶の中の酸素のない環境でワインは変化し、完璧なワインとなるのである。古い歴史をもつこの偉大なワインは、何十年もの間

リオハは何世紀にもわたりワイン醸造の知恵が蓄積されてきた。写真はマルケス・デ・リスカル社の古い醸造所。その起源は14世紀中頃にさかのぼる。

ガラスに守られながらリオハの醸造所の「聖具保管室」ともいえる場所で眠り、醸造され、真の宝石になるのである。

分類

リオハのワインは、熟成の進み具合によって4つのカテゴリーに分類される。それぞれのカテゴリーは、原産地呼称統制委員会の品質管理に合格したワインにのみ与えられるロット番号入りの裏ラベルやロウ封印キャップで区別される。

- **ホベン：**
  収穫後1〜2年目のワイン。爽やかでフルーティな香りが特徴

- **クリアンサ：**
  収穫後3年目以上のワイン。最低1年の樽熟成と、数ヵ月間の瓶熟成を経たもの。白ワインなら最低でも6ヵ月の樽熟成が必要

- **レセルバ：**
  各収穫年のグレードの高いブドウを使ったワイン。ブドウの優れた品質を生かすために醸造所で3年熟成する。そのうち最低1年は樽で熟成され、残りは瓶で熟成される。

マルケス・デ・リスカル社は、「シウダ・デル・ビノ」という素晴らしい施設で、レジャーとガストロノミーの融合に成功した企業のひとつである。

白ワインの熟成期間は2年。そのうち最低6ヵ月は樽熟成

● **グラン・レセルバ：** 特別な収穫年のグレードの高いブドウを使ったワイン。最低で2年の樽熟成と3年の瓶熟成が必要。白ワインの熟成期間は4年間、そのうち最低6ヵ月は樽熟成

収穫年の特徴により、醸造所がクリアンサ、レセルバ、グラン・レセルバに振り分けるワインの量が決まる。

このように、原産地呼称統制委員会は、消費者がワインについて正確な情報を把握できるように4つの基準をつくり、ボトルの裏ラベルやロット番号が入ったロウ封印キャップからその基準を見分けられるようにした。市場に出されるすべてのボトルに記載が義務付けられている。ラベルは熟成の度合いだけでなく、ワインの収穫年と品質を保証するものでもある。2008年以降市場に出された新しいワインには、協同組合がデザインした新しい裏ラベルが使用されている。リオハを象徴するテンプラニーリョの素描が描かれたこのラベルは、目を引くデザインになっている。

醸造とクリアンサ

一口にワインといっても白ワインと赤ワインとロゼでは、醸造方法が少しずつ異なる。白ワインの場合、果実を丸ごと除梗破砕機に入れて皮と果梗を取り除き、果汁を発酵タンクに入れる。ロゼの場合、果梗を取って軽く潰し、皮つき果汁をタンクに入れてマセレーションの具合をチェックし、わずかな隙を見て、ほんの少し着色料（アントシアニン）を入れる。果汁ができた翌日に浮いてきた上澄みを取り、最後に果汁を発酵タンクに移す。

赤ワインについては、原産地呼称統制委員会がふたつの醸造方法を認めている。現在最も普及しているのは、発酵前に房から果梗を取る方法だ。できたワインは高品質で適度な樽熟成が味わえる。

一方、穂軸や果梗を取らずに発酵タンクに入れて発酵させるのが、リオハで伝統的に受け継がれてきた有名なカーボニック・マセレーションである。この醸造法では、醸造タンクの中にブドウを房ごと入れる。約20%のブドウは重みで潰れ、アルコール発酵に移行する。20%の無傷のブドウは細胞内発酵する。残りの約60%のブドウは、細胞内発酵により潰れ、アルコール発酵に移行する。この醸造法は、19世紀までリオハで伝統的に行なわれてきた方法で、味はよくなるが、長時間熟成させる安定感には欠ける。

いずれの醸造法でも、発酵の間温度を一定に保ち、果汁を下から上へかき混ぜる。こうすることで醸造が均等に進み、果汁の香りがそのまま保たれる。発酵が終わったら固形物の除去を行なう。固形物が取り除かれたワインは保管タンクに移され、そこで品質を管理される。

独自の特徴

リオハには、368軒のクリアンサの醸造所があり、126万6154もの樽がある。最短の樽熟成は、クリアンサやレセルバ、グラン・レセルバの1～3年である。その後6ヵ月～6年瓶熟成される。基本品種としてテンプラニーリョを使ったリオハの赤ワインの特色は、アルコール度、色、酸味のバランスがよいことだ。コクがあり骨格がしっかりしているうえに、滑らかでエレガントな味わいだ。ホベンはフルーティだが、熟成するとビロードのような柔らかさが加わる。クリアンサの特徴は、樽熟成の期間によって決まる。一般的にこれらのワインはフルーティな味わいがつきものだが、樽熟成する間に樽の木の影響を受けて滑らかな味わいになっていく。レセルバとグラン・レセルバはまろやかで、色は薄いオレンジ色、最も熟成が長いものは皮革の香りを帯びたワインになる。

白ワインの推奨品種はビウラである。ビウラから造られた若いワインは果実や草の香りを帯び、色は麦わらの黄色である。樽熟成されるとさらに金色が強くなり、果実の強い香りが失われ、代わりにオーク樽の香りが加わる。

ロゼの場合、この地域の主要品種はガルナッチャである。うまく熟成すると濃いピンクとラズベリー色になり、爽やかで心地よいフルーティな味わいが生まれる。

リオハのワインはどんな料理にも合い、ビジネスの会合でも飲め、万能で完璧だ。いかなるシチュエーションでも受け入れられるワインはリオハのほかに見当たらない。そのためだろうか、2008年には、国内市場で1億7199万2928ℓが消費され、7991万6305ℓが輸出されている。この年のデータによると、輸出先第1位はイギリス（2887万1212ℓ）、第2位はドイツ（1375万9078ℓ）であった。

権威ある国際的なワインコンクールで獲得したメダルの数々が、リオハの赤ワインの世界的な評価の証。

マドリッド州

　少し前まで、マドリッド州は高級ワインの世界ではまったくの無名であった。だが1990年にD.O.認定されて以来、状況は大きく変わった。認定当時5つしかなかった醸造所は今や45に増え、7つだったブランドも100を超えている。始まったばかりのD.O.マドリッドの成功の秘訣はどこにあるのだろうか。

マドリッドワインの歴史

　この地域でワイン栽培を最初に始めたのはイベリア人であったのか、それともフェニキア人あるいはローマ人であったのかは定かでないが、少なくともローマ人が栽培を広めるのに一役買っていたことは間違いない。

はっきりわかっているのは、13～14世紀にはすでにブドウ畑がこの地域の経済を支える基盤となっていたことだ。1340年の文献には、マドリッド州ナバルカルネーロの住民にブドウ栽培を課したと記されている。15世紀には、数々の名言に見られるように、高名なマドリッドワインは文学のなかに登場するようになる。イタの首席司祭もワインを引き合いに出している。マドリッドワインの評判が高まるなか、1481年にマドリッド市議会は当時カスティーリャ王国の商業都市であったブルゴスの高官らに、ワイン販売に課す諸条件に関する文書を送った。文書には「ワインを求めて来るものたちに告ぐ。魚を運んでくるように。魚を持ってこなければ、ワインを持ち出してはならない」とある。こうした保護貿易主義的な措置は、マドリッドから離れた地域だけでなく、ヘタフェ、ピント、フエンカラルなど近隣の町にも適用された。というのも、これらの地域のワインは生産量が多く、人気があったからだ。

　17世紀初期、マドリッドのワインに対する評価と需要が飛躍的に高まった。こうした動きが加速した背景には、マドリッドが首都になったことも一因としてあげられる。まさにこの時代、アルガンダのような町は無限に広がるブドウ畑で覆いつくされ、その面積は耕作地の3分の1にまで及んでいた。1665年のマドリッドには約63のブドウ栽培農家があり、その生産は厳しい管理下に置かれ、収穫したブドウばかりかワインまでもが申告の対象になっていたことからも、マドリッドのワインの評判の真偽のほどがわかるだろう。

　当時は、サン・マルティン・

ギサンド山の麓にある、ボデガ・ベルナベレーバの35ヘクタールのブドウ畑の秋の風景。ここで最も多く生産されている品種は、ガルナッチャ、次にアルビーリョ、果粒が小さいモスカテル・デ・グラノ・メヌードとティンタ・モレニーリョが続く。これらの品種からD.O.ビノス・デ・マドリッドの数々の高品質ワインが造られている。

デ・バルデイグレシアス、バルデモーロ、カダルソ、ペラヨスのワインがとりわけ高く評価されていた。マドリッドの街なかでかなりの量のワインが製造されており、市内のいくつかの通りには20世紀はじめまでブドウ畑が維持されていたという事実は興味深い。

フィロキセラ禍がマドリッドを襲ったのは、比較的遅い時期だった（1914年のサン・マルティン・デ・バルデイグレシアス）。それ以前、この地域には生産性の高い6万ヘクタール以上のブドウ畑があったが、この時期を境にブドウ栽培は急変した。収量の高い品種に切り替えられ、その結果アルコール度が高いワインが大量に販売されるようになった。

1970年代、今日の成功へとつながる、将来性のある改革がはじまった。ブドウ畑の再生、収量は低いが品質の高い品種の復活、ワイン醸造過程における新技術の導入などのために莫大な資金が投じられたのだ。20数年後には、この改革は大きな成果をあげたといえる。なぜならこの改革のおかげで、今日マドリッドのワインは、高品質なワインとして確固たる地位を占め、過去の名声に恥じないワインになったからだ。

ひとつのD.O.と3つのサブゾーン

1972年、「ブドウ園、ワインおよびアルコール飲料に関する法」が施行されたのを機に、スペイン国内で原産地呼称を獲得する努力がはじまった。それ以来、マドリッドのワインの主唱者たちはD.O.認定されるために手を尽くしたがうまくいかなかった。だが、あきらめずに粘り強く働きかけた結果、1983年、ついにアルガンダ、ナバルカルネーロ、サン・マルティン・デ・バルデイグレシアスといった古くからブドウ栽培に従事してきた地域に、特別呼称という暫定的な認可が下りた。

この3つのサブゾーンは、その後1990年にD.O.ビノス・デ・マドリッドが認可された際、正式に承認された。この3地区は、土壌も気候もそれぞれ異なっているため、多様な品質のブドウを栽培するのに最適な環境とい

える。

D.O. ビノス・デ・マドリッド

かつて高級ワイン界でまったくの無名だったD.O.ビノス・デ・マドリッドは、今やアメリカ合衆国やドイツ、オランダ、イギリス、日本といったグローバルな市場で大きな存在感を示すまでになった。昔はバルクワインとして大量販売されていたが、今日では国際的な賞を受賞し、専門誌で特集されるまでになっている。これは、1990年にD.O.認定され、変革の過程を歩んできたマドリッドワインの成功の軌跡そのものだ。この変革は、これから先も私たちに楽しい驚きをたくさん与えてくれることだろう。

地理、自然環境

D.O.ビノス・デ・マドリッドの認定によって保護下に入った地域は、マドリッド県南部に広がっている。前述したように、この地域は気候と土壌の異なる3つのサブゾーンに分けられる。

アルガンダ

アルガンダは、マドリッド州の南東部に位置し、D.O.ビノス・デ・マドリッドのなかで最も広いサブゾーンである。D.O.内のブドウ畑の半分強がここに集中している（約6000ヘクタール）。タフーニャ川、エナーレス川、ハラマ川流域に広がる27の自治体（アンビテ、アランフェス、アルガンダ・デル・レイ、ベルモンテ・デ・タホ、カンポ・レアル、カラバーニャ、コルメナール・デ・オレハ、チンチョン、エストレメーラ、フエンティドゥエーニャ・デ・タホ、ヘタフェ、ロエチェス、メホラーダ・デル・カンポ、モラータ・デ・タフーニャ、オルスコ、ペラーレス・デ・タフーニャ、ペスエラ・デ・ラス・トーレス、ポスエロ・デル・レイ、ティエルメス、ティトゥルシア、バルダラセーテ、バルデラグーナ、バルディレチャ、ビリャコネホス、ビリャマンリケ・デ・タホ、ビリャール・デル・オルモ、ビリャレホ・デ・サルバネス）と、アルカラ・デ・エナーレスのエル・

アルガンダ・デル・レイ地区内のマルバール種のブドウ畑。D.O.ビノス・デ・マドリッドで最も広い。

エンシン農園が含まれる。

アルガンダは、大陸性気候で温度差が激しく、夏は非常に暑く冬はかなり冷えこむ。日照時間はとても長く、降水量は3つのサブゾーンで最も少なく年間460mmほどである。土壌はかなり多様性に富んでいるため、特徴を挙げるのはなかなか難しい。一般的に堆積土壌（石灰岩、石膏、段丘や沖積平野の土壌）が多くを占めている。土質はロームと粘土質ロームの組成だが、場所によって比率は変化する。炭酸カルシウムを含み、pHは7.5〜8.5である。

ナバルカルネーロ

マドリッド州の南から中央部にかけて広がる。グアダラマ川が北から南に横切る平原には19の自治体（アルデア・デル・フレスノ、アロヨモリーノス、バトレス、ブルネテ、エル・アラモ、フエンラブラーダ、グリニョン、ウマーネス・デ・マドリッド、モラレハ・デ・エンメディオ、モストレス、ナバルカルネーロ、パルラ、セラニーリョス・デル・バリェ、セビーリャ・ラ・ヌエバ、バルデモリーリョ、ビリャマンタ、ビリャマンティーリャ、ビリャヌエバ・デ・ラ・カニャーダ、ビリャビシオサ・デ・オドン）がある。耕作地はそれほど広くなく、D.O.ビノス・デ・マドリッドの栽培総面積の14%ほどを占めている。

アルガンダと同じく大陸性気候だが、降水量はアルガンダより多く年間約530mmになることもある。

土壌は緩い堆積土で、痩せた砂質ロームである。pHは中性に近い弱酸性である（pH5.5〜7.5）。

サン・マルティン・デ・バルデイグレシアス

グレドス山脈の麓に広がるこ

ナバルカルネーロ地区のマルバールのブドウ畑。砂質ロームの中性土壌で、爽やかでフルーティなワインができる。マルバールで造られる白ワインは特に素晴らしい。

のサブゾーンは、南東方向にアルベルチェ川が流れる起伏の多い地形である。D.O.ビノス・デ・マドリッドの栽培総面積の35%を占め、カダルソ・デ・ロ

サブゾーン	ブドウ品種			
	白ブドウ		黒ブドウ	
	推奨品種	認定品種	推奨品種	認定品種
アルガンダ	アイレン マルバール	モスカテル・デ・グラノ・メヌード マカベオ トロンテス	テンプラニーリョ	ガルナッチャ カベルネ・ソーヴィニヨン メルロ シラー
ナバルカルネーロ	アイレン マルバール	モスカテル・デ・グラノ・メヌード マカベオ	ガルナッチャ	テンプラニーリョ カベルネ・ソーヴィニヨン メルロ シラー
サン・マルティン・デ・バルデイグレシアス	アルビーリョ	モスカテル・デ・グラノ・メヌード パレリャーダ	ガルナッチャ	テンプラニーリョ カベルネ・ソーヴィニヨン メルロ シラー

下の写真はサン・マルティン・デ・バルデイグレシアス地区にあるベルナベレーバのブドウ畑。昔ながらの栽培方法により、樹への物理的負担を最小限に抑え、環境汚染にも配慮している。その結果、品質のよいワインができる。こうした製法で造られたD.O.ビノス・デ・マドリッドの最高級の赤ワイン3本。

ス・ビドリオス、セニシエントス、コルメナール・デル・アロヨ、チャピネリア、ナバス・デル・レイ、ペラヨス・デ・ラ・プレサ、ロサス・デ・プエルト・レアル、サン・マルティン・デ・バルデイグレシアス、ビリャ・デル・プラドの町がある。

気候は大陸性気候だが、ナバルカルネーロより温暖である。降水量は非常に多く、年間平均660mmにもなる。

土壌は花崗岩、片麻岩、半深成岩が風化した褐色の土質である。主に砂質ローム土壌でpHは中性に近い弱酸性である（pH5.5〜7.5）。

地域に適した品種

各サブゾーンの土壌、気温、降水量の特徴に応じた品種を栽培するのが妥当であることから、アルガンダの白ブドウの推奨品種はアイレンとマルバールで、栽培総面積の80%近くを占める。一方、黒ブドウの推奨品種はテンプラニーリョで約18%を占める。残りは、そのほかの白ブドウと黒ブドウの認定品種がほぼ同じような比率で栽培されている（P.207の表を参照）。ナバルカルネーロはアルガンダと異なり、黒ブドウの栽培がさかんだ。特にガルナッチャが多く、栽培総面積の75%近くを占めている。このほかに黒ブドウの認定品種が10%。白ブドウはアイレンとマルバールが栽培されている。これは総面積の14%に相当し、残り1%はその他の白ブドウ認定品種である。

サン・マルティン・デ・バルデイグレシアスは、黒ブドウ品種の主流であるガルナッチャが総面積の77%を、その他の黒ブドウ認定品種が7%以上を占める。白ブドウの推奨品種はほかのサブゾーンと異なり、アルビーリョが13%以上を占める。残りはほかの白ブドウ認定品種である。

マドリッドのワイン

現在、D.O. ビノス・デ・マドリッドで生産されているブランドワインは100を越え、46の醸造所によって販売されている。アルガンダ地区には29の醸造所があり、約2千万ℓのワインを醸造している。これは、このD.O.全体で生産されるワインの60％以上に相当する。ナバルカルネーロ地区には7つの醸造所があるが、そこでは全体の約15％が造られている。サン・マルティン・デ・バルデイグレシアス地区では、10の醸造所が約25％を醸造している。

だが、こうした数字より重要なのは品種である。このD.O.は各サブゾーンの条件が違うことで多様な品種を栽培することができ、幅広い種類のワインの製造が可能となっている。

最も特徴的な白ワインは、マルバールで造られたアルガンダの白ワインである。味わいがありフルーティで、口当たりは滑らかで爽やかだ。

ロゼはそれほど有名ではない。多くはガルナッチャから造られており、ガルナッチャ独特の存在感と味のよさで最高級のワインのなかでも評価が高い。

最も魅力的なのは、アルガンダ産のテンプラニーリョやナバルカルネーロ産あるいはサン・マルティン・デ・バルデイグレシアス産のガルナッチャで造った赤ワインである。前者は爽やかでバランスがよく適度な酸味があり、官能特性がラ・マンチャの赤ワインに似ている。後者は濃縮された香りで肉付きが豊かだ。

これらのワインは白、ロゼ、赤ともに、格付け規定によって分類され、市場に出されている。ホベン（収穫後1年以内）、クリアンサ（最低2年熟成させたもの。そのうち少なくとも6ヵ月は樽熟成）、レセルバ（最低36ヵ月熟成させたもの。そのうち、赤は少なくとも12ヵ月、白は6ヵ月樽熟成）、グラン・レセルバ（最低60ヵ月熟成させたもの。そのうち少なくとも24ヵ月樽熟成）がある。

ほかにも、D.O. ビノス・デ・マドリッドでは「ソブレマドレ」と呼ばれるワインが醸造されている。これは製造工程で特別な技術を使って「マドレ」（皮、茎、絞りカス）が入ったままブドウ果汁を発酵させ、その時に出る天然の炭酸ガスを注入したワインで、白ワインと赤ワインがある。

昔ながらの製法で造られている自然派スパークリングワインも生産されており、白ワインとロゼがある。

マドリッドの白ワインはフルーティで滑らかなのが特徴。口当たりはとても爽やか。

〈Madrileño マドリレーニョ〉は、この地域の4つの醸造所（リカルド・ベニト、ラグーナ、ヘロミン、オルスコ）と有名ファッションデザイナーのコラボ企画。4人のデザイナーが2008年収穫のテンプラニーリョで4ヵ月樽熟成したワインのラベルをデザインした。参加したデザイナーは、アガタ・ルイス・デ・ラ・プラダ、アンヘル・シュレッセール、モデスト・ロンバ、ロベルト・トレッタ。

ムルシア州

V. T. のブドウ品種	
白ブドウ	
推奨品種	認定品種
メルセゲラ	マルバシア
アイレン	モスカテル・デ・グラノ・メヌード
モスカテル・デ・アレハンドリア	シャルドネ
ペドロ・ヒメネス	ソーヴィニョン・ブラン
ビウラ（マカベオ）	
ベルディル	
黒ブドウ	
推奨品種	認定品種
モナストレル	ガルナッチャ・ティントレラ
ガルナッチャ	ボニカイレ
テンプラニーリョ	フォルカラ・ティンタ
	モラビア・ドゥルセ（クルヒデラ）
	カベルネ・ソーヴィニョン
	メルロ
	シラー
	プティ・ヴェルド

エル・パラヘ・ベンタ・デル・ピノのブドウ畑。D.O.ブーリャスのなかで最も標高が高く、降水量が多い地域のひとつである。

　ムルシア州はブドウ栽培に絶好の気候と土壌条件を備え、この地域で開発された地中海由来の黒ブドウ品種、モナストレルの質の高さに支えられた高品質ワインを醸造している。ワイン生産がムルシア州の重要な産業であるということは、ムルシア全体を覆う4万ヘクタールのブドウ畑を見ればよくわかるだろう。ブドウ畑は、フミーリャ-イエクラ、ブーリャス、カンポ・デ・カルタヘナの3つの地域に大きく分けられる。

変化のなかで

　ムルシア州のワイン造りの歴史は、紀元前3世紀から2世紀のポエニ戦争の時代にさかのぼる。当時の文献に、この地域の農園、特にフミーリャで造られていたワインについての記述が残っている。フミーリャはムルシアではじめてワインが造られた地域だ。それ以来、現在に至るまでワイン造りには多くの変化があった。とりわけ大きく変わったのは品質の基準だ。ムルシアのブドウ栽培農家やワイン醸造業者は、ワインの概念が時代に応じて変化するなかで、より品質の高いワインを醸造するために固い信念をもって努力を続けてきた。そうした姿勢は長い伝統をもつフミーリャにおいても、近代的なワイン製造の中心となっているブーリャスにおいても継承されている。

　その努力が、フミーリャ、イエクラ、ブーリャスという3つのD.O.と、アバニーリャ、カンポ・デ・カルタヘナというふたつのV.T.の認定につながった。

　フミーリャとイエクラは地理的に近く、気候や土壌の条件も非常に似ている。このふたつの地域では、栽培方法の変化に対応したり、ブドウの過熟や果汁のアルコール度が過度に高くなってしまうのを抑えるために収穫期を早めたり、醸造施設に最新設備を導入したりと様々な努力が続けられてきた。一方、3つのD.O.のなかで最も認定が遅かったブーリャスでは改革は進んでいない。そのぶんほかのふたつに比べて将来の伸びしろは大きいと期待されている。

秘訣はモナストレル

　ムルシアのワインがもつ個性は、モナストレルのおかげだ。モナストレルは小さい粒がぎっしり詰まった黒ブドウで、この

地域特有の環境条件にぴったりである。現在の革新的な醸造技術によって、その比類ない特徴を失うことなく、よさを効果的に引き出すことが可能となった。

こうして、アルコール度が高く、鮮やかな色、熟したフルーツの香りをもつフルボディの赤ワインができるのである。また、この品種からはビノ・ナトゥラル・ドゥルセや、蒸留酒、スパークリングワインも造られている。どのワインもガルナッチャ、センシベル、カベルネ・ソーヴィニヨン、シラー、メルロ、プティ・ヴェルドといった補助品種がもつ品質の高さに支えられていることも忘れてはならない。

モナストレルはブーリャスで造られるロゼの主役でもある。爽やかと活発さが際立ったワインだ。

白ブドウの主要品種はマカベオ、アイレン、マルバシア、ペドロ・ヒメネス、モスカテル・デ・グラノ・メヌード、シャルドネ、ソーヴィニヨン・ブランである。

V. T.（ビノ・デ・ラ・ティエラ）

3つのD.O.のほかに、ムルシア州にはV. T.に認定された地域がふたつある。アバニーリャとカンポ・デ・カルタヘナだ。推奨品種と認定品種に関する規定は両者とも同じである（表参照）。

アバニーリャ

アバニーリャはムルシア州の東部に位置する。認定名と同じ名前の町アバニーリャとフォルトゥーナからなる。アバニーリャの一部のブドウ畑はD.O.アリカンテの保護下にある。この地域は晴れの日が多く、降水量が少ない。年間平均気温は17℃、土壌は石灰質である。

アバニーリャでは赤ワイン、白ワイン、ロゼが造られており、醸造所では昔ながらの伝統的製法が守られている。

カンポ・デ・カルタヘナ

この地域のブドウ畑は、低い山々に縁取られた広い平地にある。山々はカンポ・デ・カルタヘナと地中海の間にそびえ、壁の役割を果たしている。カルタヘナ、トーレ・パチェコ、ラ・ウニオン、フエンテ・アラモか

Vinos de España

らなる。気候は乾燥した地中海性気候で、夏は気温が高いが、それ以外の季節は穏やかである。雨はわずかしか降らないうえ（年間約300mm）、場所によりばらつきがある。

D.O. ブーリャス

D.O. ブーリャスは畑の総面積が2600ヘクタール以下のムルシア地方で最も小さいD.O.である。だが、まぎれもなく高品質でポテンシャルの高いワインを製造している地域のひとつだ。特に赤ワインの品質が素晴らしい。たった10年で、高い品質を実現した。ブーリャスはこの10年、安いバルクワインを昔ながらの製法で造るかつての方法から、栽培方法の刷新や最新設備の導入により高品質ワイン製造に的を絞った生産方法に切り替える努力をしてきた。

地理・自然環境

起伏に富んだ地形で、2000m級の山々が連なるベティカ山系の東支脈に囲まれた高地と渓谷からなる。D.O. ブーリャスの呼称で保護されているのは、ブーリャス、セエヒン、ムーラ、プリエゴ、リコテの4つの町とその周辺の町（カラスパーラ、カラバカ、モラターリャ、ロルカ、シエサ、トタナ）の一部である。カラスパーラにおいては、セエヒンとムーラの町境からセグーラ川の間に広がるパゴ（単一畑）が保護されており、カラバナでは4つのパゴ（アラバル・デ・ラ・エンカルナシオン、カンポ・コイ、カニャダ・デ・ラ・シマ、カニャダ・レングア）が保護下にある。モラターリャでは3つの集落（ベニサール、オトス、マスサ）、そしてセエヒンとカラスパーラとの町境からラ・ランブラ・デ・ウレアに広がるパゴとラス・カニャダスのパゴが保護されている。さらにロルカにあるアビレス、コイ、ドニャ・イネス、ラ・パカ、サルサディーリャ・デ・トタナの5集落が、シエサではリコテとムーラとの町境に広がるパゴが、トナタではロルカとムーラとの町境にあるパゴが保護の対象となっている。

D.O. ブーリャスの気候は地中海性である。標高によって多少の差はあるにせよ、一般的には夏は長く暑く、冬は短く寒い。年間平均気温は15.6℃、降水量は年間約450mmである。1年を通して降水量にばらつきは

10月末に早摘みされるベンタ・デル・ピーノのブドウ畑。このブドウから高品質のブーリャスのワインが造られる。

ブドウ品種	
白ブドウ	
推奨品種	認定品種
マカベオ	アイレン
	モスカテル・デ・アレハンドリア
	モスカテル・デ・グラノ・メヌード
	マルバシア
	シャルドネ
	ソーヴィニヨン・ブラン

黒ブドウ	
推奨品種	認定品種
モナストレル	テンプラニーリョ
	ガルナッチャ
	カベルネ・ソーヴィニヨン
	メルロ
	シラー
	プティ・ヴェルド

あるが、定期的に雨や嵐に見舞われる。

土壌は褐色石灰質、カリーチ（石灰質層）、沖積土壌で構成されている。全般的に有機物の含有量が低く、水はけがよい。

ブドウ畑は山の急斜面、標高450〜1000mの場所にあり、南から北へ広がる段々畑になっている。

起伏が多いため小さな渓谷が多く、それぞれ独特のマイクロ気候をもつ。

こうした地域の特性から、このD.O.は特徴が異なる3つのサブゾーンに分けられる。

● 西と北西のサブゾーン

標高500〜810m。ブーリャスとセエヒン、そしてカラバカとモラターリャの一部、さらに高地にあるロルカの集落も含まれる。このサブゾーンにはD.O.のブドウ栽培総面積の52%が集中している。D.O.ブーリャスのなかでポテンシャルが最も高く、高品質なワインが造られている特別な地域である。

● 中央部のサブゾーン

標高500〜600m。ムーラ、ブーリャス、セエヒンが含まれる。D.O.の栽培総面積の40%がある。

● 北と北東のサブゾーン

標高400〜500m。カラスパーラやリコテ、ブーリャス、ムーラが含まれる。D.O.の栽培総面積の8%がある。

黒ブドウの王国

このD.O.で最も多く栽培さ

パソ・マロのブドウ畑。標高800mと、D.O.ブーリャスで最も高地にある。

れている品種は黒ブドウのモナストレルである。この地域のモナストレルは、この地の土壌と高地での栽培により、ワインに素晴らしい特性を与えている。芳しく爽やかな香りで、酸味が弱く、鮮やかな色のワインだ。モナストレルは赤ワインやロゼのベースとして使われているが、そうした場合には規定で定められているように、モナストレルを60%以上使用しなければならない。また、テンプラニーリョやシラーのようなほかの品種とのブレンドもなかなかよいと評判だ。

白ブドウは、黒ブドウほど栽培されていない。推奨品種のマカベオは、高品質な辛口ワインにぴったりであり、花と果実の香りがして口当たりは滑らかで少々苦味がある。ブレンドする際に最もよく使われる品種はアイレンである。

香りの強いワイン

ブーリャスで最も栽培されている品種がモナストレルなら、当然、最も生産されているのは赤ワインである。ブーリャスの赤ワインは地中海的な特徴をもち、フルーティな香りが表現豊かに広がる。同じ品種で造られたフミーリャやアリカンテのワインほど丸みを帯びていない。

モナストレルのロゼはおそらくこのD.O.のなかで最も粋なワインといえるだろう。現代的な嗜好に合い、軽くて心地よく骨格がしっかりしている。品種の特徴がワインによく反映されている。

白ワインは総生産量の2%に満たない。品種はマカベオとアイレンが多い。淡い黄色と心地

Vinos de España

15世紀に建てられた城のなかにあるマエストレ塔から臨むフミーリャ平原。広大な平原に、穀物、オリーブ、ブドウの畑が広がる。

よくフルーティな香りが際立っている。

D.O. フミーリャ

この地域は昔からバルクワインを大量生産していた。だが、今や生産量の約62%を瓶詰めワインとして売っている。1995年のD.O.認定以来、ワインの品質が変化し、高い関心が寄せられるようになったためだろう。栽培方式の変化に加え、醸造過程において最新設備が導入されたことで、フミーリャは国内ワイン業界において確固たる地位を築いた。

地理・自然環境

イベリア半島の南東の地域に広がるこのD.O.には、ムルシア県のフミーリャ、アルバセテ県のモンテアレグレ・デル・カスティーリョ、フエンテ・アラモ、オントゥール、エリン、アルバターナ、トバーラが含まれる。ブドウ栽培総面積は約3万ヘクタール、そのうち45%がフミーリャにあり、登録されている45の醸造所のうち75%がフミーリャにある。こうした状況から、原産地呼称の命名の際にフミーリャの名前が選ばれ、原産地呼称統制委員会の本部もここに置かれている。

この地域は、カスティーリャ・ラ・マンチャのメセタと地中海沿岸の中間に位置し、広い渓谷と山ぎわに沿ってできた平地の素晴らしい風景を眺めることができる。ブドウはこうした環境のなか、標高300〜900mの土地で栽培されている。

気候は大陸性だが、地中海の影響を受けて穏やかだ。夏は乾燥し暑く、気温は40℃を超える。一方冬は寒く、0℃を下回ることもある。少量で不規則な降雨(年間降水量300mm)のため、乾燥している。

土壌は褐色、土質は褐色石灰質、石灰質で、有機物をほとんど含んでいない。保水性と通気性がよく、水はけは平均的である。

地中海由来のモナストレル

この地域の気候と土壌は、固有品種からクオリティの高いワインを造り出すには悪くない条件である。固有品種とは、ほかでもない黒ブドウ品種のモナストレルだ。粗野だが旱魃への抵抗力が強い品種で、栽培面積はD.O.全体の80%に及んでいる。

このモナストレルからアルコール度の高い、ボディがしっかりしたワインが造られる。ほ

ブドウ品種		
白ブドウ	黒ブドウ	
認定品種	推奨品種	認定品種
アイレン	モナストレル	テンプラニーリョ(センシベル)
マカベオ		ガルナッチャ
ペドロ・ヒメネス		ガルナッチャ・ティントレラ
モスカテル・デ・グラノ・メヌード		カベルネ・ソーヴィニヨン
マルバシア		メルロ
シャルドネ		シラー
ソーヴィニヨン・ブラン		プティ・ヴェルド

かの品種よりも濃度が高いため、以前はバルクワインとして中央ヨーロッパへ輸出されていた。時代が変わりモナストレルの栽培技術が改良されたことによって、ブドウを過熟させずに品質の高いワインを抽出できるようになった。フミーリャはモナストレルを使うことにより、それまでずっとこの地域の特徴であった肉づき豊かなコントラストの強いワインから脱却し、高級ワイン市場の一定の地位まで上りつめた。

成功したのはモナストレルだけではない。シラーやプティ・ヴェルドのような外来品種もこの地の気候や土壌によく適応し、果実の心地よい味わいのある爽やかなワインを生み出している。

バルクワインから瓶詰めワインへ

フミーリャのワイン製造の伝統はローマ時代から続くものだ。19世紀中頃には、ブドウ栽培とワイン醸造が成功し軌道に乗っていた。その頃、ヨーロッパ、特にフランスがフィロキセラ禍によって多大な被害を被ったため、スペインの多くの地域、とりわけフミーリャでは被害国への輸出のため、ワインの生産量が増加した。こうしたにわか景気は、フィロキセラがスペインのブドウ畑を襲うまで数年間続いた。もっともスペインのなかでも、フミーリャのフィロキセラ被害はそれほど大きくはなかったが。

20世紀になると、高い収益性を追求するため、ブドウを過熟させるために収穫時期を遅らせて、アルコール度の高い濃厚なワインを醸造するようになる。このワインはヨーロッパに輸出されるか、もしくは国内市場のバルクワインとして市場に出されていた。バルクワインから瓶詰め用ワインへの方向転換は1980年代末に起こる。ちょうどこの頃、フミーリャのブドウ栽培農家とワイン醸造業者が、永遠の品種であるモナストレルを進化させて高品質ワインを生産するために、栽培方式とブドウ畑の手入れ方法、その生産性や収穫の時期を見直していたのである。一連の変革は、醸

美しい房のモナストレルは、醸造家の手によって複雑で濃厚なワインになる。フミーリャにあるボデガス・バロン・デル・ソラールの〈Manos Colección Privada マノス・コレクシオン・プリバダ〉。

造所への最新設備導入で完璧なものとなった。

瓶詰めワインへの転換は始まったばかりだが、すでに成功を収めている。D.O.フミーリャのブドウ畑が拡大し新品種の導入が成功したことで、この先まだまだ道が開けていくことだろう。

高品質ワイン

このD.O.でとりわけ素晴らしいのは、モナストレルをベースにして醸造された赤ワインだ。新しい栽培方法や製造過程における最新技術のおかげで、モナストレルの果実から最高のワインが抽出できるようになったからである。一般的にこのワインは、濃い紫がかった赤色に、熟した森のベリーの香り、口当たりは骨格がしっかりしていて美味で、タンニンが持続するという特徴をもっている。

若飲みタイプと熟成タイプがあり、熟成させるとブドウ本来のフルーティな香りに樽木の香りが加わり、肉付きが豊かで香りも強くなる。しかし、熟成時間が長すぎると酸化臭が出ることもある。

ロゼはピンク色、ラズベリーやサクランボ色で、果実系の香りが強く、口当たりは爽やかで快活。バランスの取れたワインだ。なかにはボディがしっかりしすぎていて強いアルコールを感じるものもある。

赤ワインにしてもロゼにしても、モナストレル85％以上で造られたワインには、「フミーリャ・モナストレル」とブランド名を表示することができる。その他のワインはD.O.の名前が表示されるだけである。

この地域のほかの伝統ワインには、甘口、自然派、リキュールの赤ワインがある。これらは色が濃く光沢があり、芳醇だ。すっとのどを通るのに、口の中で味わいが持続する。

白ワインはそれほど特徴的ではないが、マカベオで造られたワインは心地よく味わいがある。一般的に麦わらの黄色、フルーティで香りの強さは平均的だ。口当たりは、ボディがほどほどにしっかりしておりバランスが取れている。

D.O. イエクラ

D.O. イエクラでは伝統と革新が調和した結果、品質が高く、クリエイティブで、多彩な色合いのワインが醸造されることになった。専門家からの評価も高く、消費者の心をつかんでいる。とりわけ赤ワインはモナストレルの品質のよさがベースにあるため、単一品種ワインでも他品種とのブレンドワインで

2006年、ブドウ栽培に何世代も携わってきたマルティネス・ベルドゥ家の末裔がセニセル醸造所を開設した。ここではモナストレルをベースに、種類は少ないが精選されたワインシリーズを出している。

も秀逸である。イエクラは間違いなく将来有望な D.O. だといえるだろう。

地理・自然環境

ムルシアの北東に広がる D.O. イエクラ。そこにはアルティプラーノ地区に属す唯一の町、イエクラがある。この地域はイエクラ・カンポ・アリーバとイエクラ・カンポ・アバホというふたつのサブゾーンに分けられている。栽培総面積は約 7000 ヘクタールで、標高 400 〜 800m の間を波のように上下する土地の上にある。

D.O. フミーリャとさほど離れていないため、気候も土壌もよく似ている。大陸性気候で、夏は暑く冬は寒い。降水量はとても少なく、年間を通じて 300mm ほどである。土壌は石灰岩によって構成されている。地層は深く、有機物は少ない。粘土の含有率が低いため、水はけがよい。

ガビラネス山脈とシングラ山脈の狭間にあるオヤ・デ・トーレス渓谷は、標高 800m を越える。ここに D.O. フミーリャ最大のモナストレル種のブドウ畑がある。

ふたつのサブゾーンを合わせると、収量が低くても品質が高いワインを生産するのに適した条件が揃うのである。

主流としての赤ワイン

ムルシア州のほかのワイン畑と同様、D.O. イエクラにおいても黒ブドウが栽培の主流で、栽培総面積の 93% 以上を占める。

フミーリャワインの道

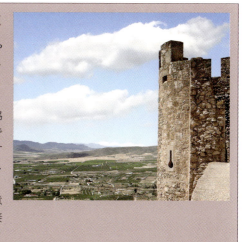

「フミーリャ・ルート」は、スペインで最も伝統あるワイン醸造地の文化や生活スタイルを巡る「スペインワインの道」として認められた数少ないルートのひとつである。ほかには、ペネデス、リアス・バイシャス、モンティーリャ、マンチャ - バルデペーニャス、ウティエル - レケーナなどのルートがある。

地元の市役所や醸造所、レストラン、商店、ホテル、多数の企業から協力を得ているこのワインツーリズムの取り組みは、これまでとは違った方法でワインを知り、楽しんでもらうことで、ワインについての新たな支店を提供することを目指している。同時に、その地域にある自然、史跡、文化にも親しんでもらおうという試みでもある。こうした目的から、醸造所訪問、テイスティング、「美食週間」の開催など、訪問者のために様々なアクティビティが用意されている。とりわけ「美食週間」中は、生産者や業界関係者の話を直接聞く機会があったり、ブドウの収穫祭、自然、伝統音楽、芸術と関連した数々の楽しいイベントが企画される。写真は、15 世紀に建てられたビリェナ公爵の城から臨むフミーリャ平原。

Vinos de España

イエクラの土壌は石灰質で地層が深く水はけがよい。そのおかげで色彩豊かな素晴らしい品質のワインができあがる。ベースの品種はモナストレルとメルセゲラ。

認証品種	
白ブドウ	黒ブドウ
メルセゲラ	モナストレル
アイレン	テンプラニーリョ（センシベル）
マカベオ	ガルナッチャ
マルバシア	ガルナッチャ・ティントレラ
モスカテル・デ・グラノ・メヌード	カベルネ・ソーヴィニヨン
シャルドネ	メルロ
ソーヴィニヨン・ブラン	シラー
	プティ・ヴェルド

ほかのふたつのD.O.と同じく、最も多く栽培されている品種はモナストレルであり、全体の約85％を占めている。その次に多い品種は、固有品種ではテンプラニーリョとガルナッチャ、外来品種ではフランスの古典品種である。白ブドウは少ないが、そのなかではメルセゲラとアイレンが多く見られる。

品質に賭けたワイン

「品質」という言葉はD.O.イエクラのワインを最もよくあらわしている言葉だ。イエクラ周辺は伝統的なブドウ栽培が行なわれてきた地域で、その始まりは少なくとも紀元1世紀にまでさかのぼる。フエンテ・デル・ピナールにあるローマ時代の醸造所の遺跡がその証拠である。遠い昔から今日まで、この地域のワインはバランスの取れた複雑な香り、つまり高い品質を実現することで進化してきた。

高品質ワインができるまでには、栽培方法の変革を行ない、醸造方法を改良するために醸造所に新技術を導入するなどの努力がなされてきた。その結果、とりわけ海外市場で評価の高いワインになった。特に、アメリカ合衆国、ドイツ、日本では好評であり、生産量の80％以上が輸出されている。

最も特徴的なワインというのは、当然、生産量の多いワインであり、基本的にはモナストレルから造られた赤ワインといえる。これらの赤ワインはサクランボ色や、紫がかったエンジ色で、いくつもの熟した果実の香調があり、肉付きがよく、アルコール感があるが滑らかでバ

ランスの取れた、心地よい味わいがある。熟成するにつれて色は赤褐色に変わり、樽木独特の香りが加わる。モナストレルで造られた伝統的な甘口赤ワインは、強烈な香りとビロードのような柔らかい感触をもっている。

一方、ロゼは最新の醸造方法で醸造されているため、フルーティで爽やかなワインに仕上がっている。白ワインの生産量はわずかだが、麦わらの黄色をしており、香りがとても強く、酸味はほとんどない。

メルセゲラは、土壌が固く降水量が少ないというD.O.イエクラの環境にぴったり。高地で育てられ、熟してから収穫される遅摘みのブドウは軽い香りで酸味のない繊細なワインになる。

ナバーラ州

ダイナミックさ、近代性、多様性、そして品質へのこだわり。こうしたイメージを確立することが、ナバーラのワイン生産の指針だ。昔から伝統にこだわってきたこの地域は、2008年にワインに関する新たな規定が承認されると、ブドウ栽培、ワイン醸造ともに革新的な方法を導入し、大きな一歩を踏み出した。もちろん消費者の好みや期待に応えることに十分配慮したうえでのことである。

素晴らしい自然環境

ナバーラのブドウ栽培の際立った特徴をあげるとすれば、風景と気候がバラエティに富んでいることだろう。栽培地は、北部のパンプローナ市周辺から南部のエブロ川の流域まで、100km以上に及ぶ、壮大な景観が続いている。それに加えナバーラは、大西洋気候の地域と、地中海性気候の影響を受ける地域と、大陸性気候の地域が混在する、イベリア半島のなかでもめずらしい地方なのだ。こうした気候の多様性は、近くのカンタブリア海、険しいピレネー山脈、なだらかなエブロ渓谷など、まるで異なる地形が集まったナバーラの地理的特異性によってもたらされている。

ナバーラ州にはたったひとつのD.O.しかないが、環境によって5つのサブゾーンに分けられ、それぞれ品質がまったく異なる独自の特徴をもったワインが生産されている。5つのうち、大西洋気候の影響が強いのはバハ・モンターニャ、ティエラ・エステーリャ、バルディサルベ、地中海性気候の影響が強いのはリベラ・アルタ、リベラ・バハである。リベラ・バハは最も面積が広く、醸造所の数も一番多い。5つのサブゾーンをもつD.O.ナバーラのほか、ビアナ周辺の8つの自治体でD.O.Ca.リオハの認定ワインが造られている。さらに、ふたつのV.T.（リベラ・デル・ケイレス、トレス・リベーラス）と3つのビノ・デ・パゴ（オタス、プラド・デ・イラーチェ、セニョリオ・デ・アリンサノ）がある。

V.T. リベラ・デル・ケイレス

この地理的表示は2003年に承認された。保護下にあるのは、ケイレス川周辺の自治体だ。具体的には、ナバーラ州のアブリタス、バリーリャス、カスカンテ、モンテアグード、ムルチャンテ、トゥレブラスとエブロ川の南に位置するトゥデラの一部、そしてとアラゴン州のグリセル、リトゥエニゴ、ロス・ファリヨス、マロン、ノバーリャス、サンタ・クルス・デ・モンカヨ、タラソナ、トレーリャス、ビエルラスだ。ここではカベルネ・ソーヴィニヨン、グラシアーノ、ガルナッチャ・ティンタ、メルロ、テンプラニーリョ、シラー（アラゴンのみ）といった黒ブドウ品種のみが栽培されている。

V.T. トレス・リベーラス

トレス・リベーラスは2008年にV.T.に認定されたばかりだ。D.O.Ca.リオハに統合された地区を除くナバーラ産のブドウから造られるワインを対象にしている。認定されたワインは、添加物を加えない状態でのアルコール度数が10.5%以上の白ワインとロゼ、そして11%以上の赤ワインである。そのなかには、オーク樽で熟成させた赤ワインや最高級赤ワインもあるが、最低18ヵ月間の熟成（そのうち少なくとも6ヵ月間は樽熟成）が義務付けられている。

ビノ・デ・パゴ

この呼称は、特徴ある単一ブドウ畑から生産された高品質

ナバーラは大西洋気候と地中海性気候の中間に位置し、土質も様々であるため、幅広い色合いのワインができる。昔ほどロゼ一辺倒ではない。

なワインに与えられる。現在のところ、オタス、プラド・デ・イラーチェ、セニョリオ・デ・アリンサノの3つがある。

オタス

オタスは、赤ワイン生産の北限地だ。ペルドン山脈とエチャウリ山脈の間に位置し、アルガ川までが保護下にある。大西洋気候の影響で、冬と春に雨が多い。日照量が豊富で日中と夜間の気温差が大きい。土壌は粘土石灰質で、地表は丸石で覆われている。そのため浸透性があり水はけがよい。栽培品種は、黒ブドウはテンプラニーリョ、メルロ、カベルネ・ソーヴィニョン、白ブドウはシャルドネである。これらの品種から、斬新で高級感があり深い香りをもつ、骨格のしっかりしたワインが造られている。

プラド・デ・イラーチェ

ナバーラの町アイェギに位置する。このあたりは大西洋気候と大陸性気候の影響下にあり、標高は450m、土壌はローム層で構成されている。

セニョリオ・デ・アリンサノ

ピレネー山脈の端から伸びる支脈によって形成された、エガ川が横切る渓谷にある。大西洋気候の影響を強く受け、温暖で降水量が多い（年間600mm）。土壌は非常に多様で、砂泥、泥灰土、粘土、侵食された石灰岩によって構成され、構成比率は場所によって変化する。

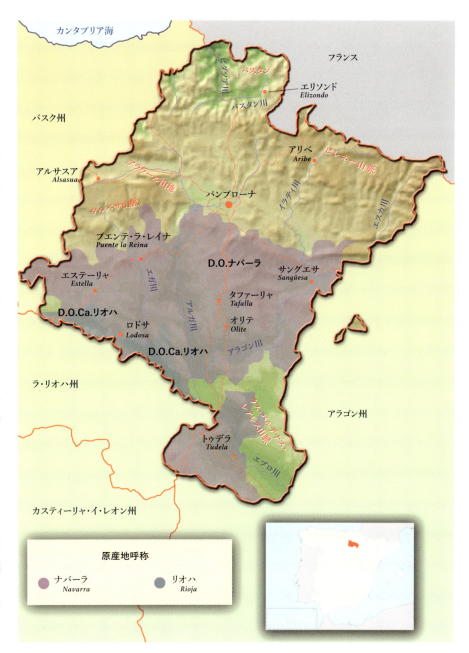

D.O. ナバーラ

D.O. ナバーラは外来品種を導入し、固有品種の改良も行なっている。また、ワイン製造過程においても大きな変革が行なわれている。このような多様性は、ナバーラに多くの利益をもたらした変革とバイタリティーを背景に、様々な要素が結集し、変化、進歩してきた結果である。現在では、その品質と多様性ゆえに国内外で高く評価されている。

地理・自然環境

気候や土壌条件と同様に、風景と地理的条件も場所によって異なることが、D.O. ナバーラ

の特徴だ。5つのサブゾーンに区分されているが、各々に独自の推奨品種があり、サブゾーンごとに違った特徴をもつ味わいのワインができる。

ブドウ栽培総面積は1万5000ヘクタール以上。サブゾーンは、バハ・モンターニャ、リベラ・アルタ、リベラ・バハ、ティエラ・エステーリャとバルディサルベ。

バハ・モンターニャ

ナバーラの東部に位置し、アラゴンとの州境に接するサブゾーン。この地域にある自治体は、アイバール、カヤダ、エスラバ、エスプロギ、ガリビエンソ、ハビエル、レアチェ、レルガ、リエデナ、ルンビエール、サダ、サングエサ、サン・マルティン・デ・ウネス、ウジュ、アルボニエス、ドメーニョ、リポダス、サン・ビセンテ、タバルである。

ブドウ栽培の中心地はサングエサ。

ブドウ栽培総面積は約2500ヘクタールだが、山の起伏が複雑で、山麓には野菜耕作地が多いために、ブドウ栽培に適した土地があまりない。

気候面ではピレネー山脈の影響が大きい。湿度が適度にある北部とかなり乾燥した南部とでは、降水量に大きな差がある（年間降水量470〜760mm）。

山岳地帯の複雑な地形により、土壌の構造と土質も多様である。最北部の斜面は重い土質で、表面が石で覆われていないが、ほかの地域の斜面はきめが細かいローム質もしくは砂泥質土壌で、地表を覆う砂利の深さは場所により変化する。谷の平坦な土地や河岸段丘は、ローム質で地層が深く、砂利が多いため水はけがよい。

リベラ・アルタ

ナバーラの中央から南に向かって帯状に広がるサブゾーン。この地域の中心都市はタファリャであるが、栽培の中心はオリテ周辺。範囲は以下の自治体に及ぶ。アルタホナ、ベイレ、ベルビンサーナ、カドレイタ、カパロソ、カルカル、カルカスティリョ、ファルセス、フネス、ララガ、レリン、ロドサ、マルシーリャ、メリダ、ミラグロ、ミランダ・デ・アルガ、ムリーリョ・エル・クエンデ、ムリーリョ・エル・フルート、オリテ、ペラルタ、ピティーリャス、サンソアイン、サンタカーラ、セスマ、タファリャ、ビリャフランカ。北部

ナバーラ州最北部では、ブドウ畑とブナやオークの森が交互に広がる。わずかに残る樽職人が地元のオークから素晴らしい樽をつくる。

にはなだらかな起伏があり、南部には平地が広がる。ピレネー山脈の影響が及ばないため、南部は北部よりいくらか気温が高い。年間降水量は約350〜500mm。土壌は多様だが、最も多いのは泥灰土と沖積土である。カルカル、ファルセス、レリン、セスマは石膏質の割合が高い。

リベラ・バハ

リベラ・バハは、生産量が多く栽培面積も広いサブゾーンである。栽培総面積は約4600ヘクタールで、アラゴンとリオハの間にあるエブロ渓谷にまで及ぶ。栽培の中心地はトゥデラ。アブリタス、アルゲダス、バリーリャス、カスカンテ、カステホン、シントルエニゴ、コレリャ、フィテーロ、モンテアグアード、トゥデラ、トゥレブラス、バルティエラといった自治体がある。

この地域は広大な平原が広がっているが野菜の耕作地は少なく、ブドウ栽培に非常に適している。気候は域内で大きな変化はなく、やや乾燥している（年間降水量360〜380mm）。

ブドウ畑はほぼ、エブロ川と支流の河岸段丘に集中している。土壌の地層は深くローム質で小石が多い。段丘の上部には石灰質がむき出しになっている場所もある。最南のモンカヨを中心とした地域では段々畑でブドウが栽培されている。きめが細かいローム質、もしくは砂泥質土壌で、地表を覆う砂利の深さは場所により変化する。

ティエラ・エステーリャ

バスク州とリオハ州との州境に接し、エガ川の流れに沿ってナバーラの西側に帯状に広がるサブゾーン。北部は起伏が多いが、南に進むにつれて平坦になる。ウルバサ山脈までを含み、以下の自治体を有する。アベリン、アリョ、アレリャーノ、アルマニャンサス、アロニス、アイェギ、バルバリン、ディカスティリョ、デソホ、エル・ブスト、エスプロンセダ、エステーリャ、イグスキサ、ラサグリア、ロス・アルコス、ルキン、メンダサ、モレンティン、ムリエタ、オテイサ・デ・ラ・ソラーナ、サンソル、トラルバ・デル・リオ、トーレス・デル・リオ、バジェ・デ・イェリ、ビリャマジョール・デ・モンハルディン、ビリャトゥエルタ。また、コグーリョ・アルト、コグーリョ・バホ、サルミンディエタ、チャンディバルといったファ

セリア（複数の市町村、県、国で共有される私有地）も含む。中心地はエステーリャ。

　北部はやや湿度が高いが、南部に行くにつれ乾燥していく。降水量は標高によって異なるが、450〜700mmの間である。ブドウ畑は日当たりがよい場所に優先的につくられている。

　土壌はエステーリャの斜面のみ地層が深く粘土層だが、それ以外の地域の斜面はきめの細かいローム質と砂泥質土壌で、泥灰土層や砂岩、礫質土が交互に見られ、特徴的な赤色をしている。谷底や川沿いの段々畑の土壌は深いローム層で砂利が多く水はけがよい。

バルディサルベ

　ナバーラの中央、パンプローナの南に位置するサブゾーン。中心地はプエンテ・ラ・レイナ。なだらかな丘陵地とアルガ川流域の渓谷があり、北にはアンディア山脈とペルドン山脈を臨む。総面積は1000ヘクタール以上。アディオス、アニョルベ、アルタース、バラソアイン、ビウルン、シラウキ、エチャウリ、エネーリス、ガリノアイン、ギルギリャーノ、レガルダ、レオス、マニェル、メンディゴリーア、ムルサバルといった自治体がある。

　気候の特徴はほかのサブゾーンより湿度が高いことである。北にそびえ立つ山脈が大西洋の影響を遮断してしまうためティエラ・エステーリャと同様にブドウ畑は日当たりがよい場所に優先的につくられている。降水量は多く、年間約540〜800mmである。

　土壌はバハ・モンターニャと似ている。北部の斜面は、重い灰色の泥灰土質で表面にはほとんど石ころがない。一方その他の斜面には、泥灰質や砂岩の地層ときめの細かいローム質と砂泥質土壌の地層が交互に見られる。川の流域には沖積土の段々畑があり、地層は深く水はけがよい。

品種の多様性

　このD.O.の特徴は、ガルナッチャやテンプラニーリョなどナバーラで伝統的に栽培されてきた品種（それぞれ全生産量の28％と33％と推定される）のほかに、新品種の栽培をほかに先駆けて導入したことだろう。導入された新品種はフランスの伝統的な品種で、今ではこの地にうまく根付き、素晴らしい結果をもたらしている。

　このD.O.では総生産量の95％を黒ブドウ品種が占めている。先にあげた2品種の次に生産量が多いのは、カベルネ・ソーヴィニヨン（16％）とメルロ（15％）だ。

　白ブドウ品種の栽培面積はわずか5％を超えるほどだが、

カベルネ・ソーヴィニヨン、グラシアーノ、マスエロ、メルロ、テンプラニーリョ、シラー、ピノ・ノワール。これらの品種と主要品種のガルナッチャ・ティンタ（単一品種ワインにもブレンドワインにもなる）が有名な赤ワインとナバーラ特有のロゼになる。

Vinos de España

シャルドネはブルゴーニュ由来の品種だが、この地域の諸条件に完璧に適応している。熟成させると、ワイン醸造専門家が「フルトソ」と呼ぶ、滑らかで香り高いワインになる。

売り上げは好調で大きな利益を上げている。というのも、最近、シャルドネとモスカテル・デ・グラノ・メヌードなどの白ブドウから、非常に質の高いワインが造られているからである。

5つのサブゾーンはそれぞれ土壌と気候の特徴がかなり違うので、栽培品種も一様ではない。バハ・モンターニャでは黒ブドウのみが栽培されており、ガルナッチャ（60%以上）とテンプラニーリョ（25%）が主流である。

リベラ・アルタで最も多いのはテンプラニーリョだが、ほかの黒ブドウ品種もうまく栽培できる。白ブドウではシャルドネが最も多く、次にモスカテル・デ・グラノ・メヌードと続くが、黒ブドウほどは栽培されていない。テンプラニーリョ（40%）はリベラ・バハの女王であり、次にガルナッチャ（30%）が続く。白ブドウは、ビウラとモスカテルが最も多い。ティエラ・エステーリャでは、栽培総面積の半分をテンプラニーリョが占めており、その次に多いのがカベルネ・ソーヴィニヨン（20%）。白ブドウでは、シャルドネが最も多い。

バルディサルベでは、ほかのサブゾーンと同様にテンプラニーリョ、ガルナッチャ、カベルネ・ソーヴィニヨン、メルロなどの黒ブドウが栽培されている。白ブドウは割合が少ないものの、シャルドネとマルバシアが造られている。

赤ワインの王国

ほぼすべてのエリアで栽培されているのが黒ブドウであることを考えると、D.O. ナバーラの主力が赤ワインであるのもうなずける。総生産量の70%を赤ワインが占めるが、その品質は一様ではない。栽培されるブドウ品種と産地に応じてワインの質が変わるからだ。

たとえばナバーラ最北部では、テンプラニーリョから造られるワインが主流。レッドベリーの香りを帯びた爽やかで適度に酸味のあるワインができる。反対に最南部は、ガルナッチャの栽培地域で、アルコール感が強く熟したブラックベリー（カシス、ラズベリー）の香調がある、テンプラニーリョのワインよりも滑らかな口当たりのワインができる。

そのほかに、カベルネ・ソーヴィニヨンとメルロそれぞれの単一品種ワインや、地元品種と

メルロ

テンプラニーリョ

ガルナッチャ

グラシアーノ

認定品種	
白ブドウ	黒ブドウ
マルバシア	ガルナッチャ・ティンタ（大部分）
モスカテル・デ・グラノ・メヌード	テンプラニーリョ
ビウラ	グラシアーノ
ガルナッチャ・ブランカ	マスエロ
シャルドネ	カベルネ・ソーヴィニヨン
ソーヴィニヨン・ブラン	メルロ
	シラー
	ピノ・ノワール

外来品種を掛け合わせたブレンドワインもある。

有名なロゼ

このD.O.の総生産量の25％は、古くからこの地域の象徴ともなっているロゼである。最新の技術により最良の圧搾法が確立し、ブドウの皮と一緒にマセレーションする際の時間調節ができるようになったおかげで、品質は向上した。大部分はガルナッチャから造られるが、最近ではテンプラニーリョやカベルネ・ソーヴィニヨンなどほかの品種を入れるようになってきている。テンプラニーリョやカベルネ・ソーヴィニヨンからは通常、若飲みタイプのロゼが造られる。色はラズベリーのピンク色、赤系果実のフルーティな香りで、口当たりは爽やかでバランスがよく美味である。

白ワインの発見

白ワインの生産量はかなり少なく、総生産量の5％にも満たない。だが、高級ワインのなかでは、相応の評価を受けている。特にシャルドネ（セコ）とモスカテル・デ・グラノ・メヌード（ドゥルセ）で造ったワインは評価が高く、今やスペイン有数の品質を誇っている。

6ヵ月間樽発酵したシャルドネは、さらに素晴らしい。色は金色、熟したフルーツ、煙、バター、ドライフルーツの混ざった複雑な香りがする。樽発酵しない良質のシャルドネワインもよく売れている。色は麦わら色でフルーティな香りが高く、熟成したものより酸味が強い。

そのほかにもビウラ100％の若飲み用ワインと、ビウラとシャルドネのブレンドワインがある。両者とも非常にフルーティで、淡い黄色をした爽やかな味わいだ。

甘口ワインの伝統

エブロ川によって隔てられた流域で生産されてきた伝統的なビノ・ドゥルセは、しばらく市場から姿を消していたが、D.O.ナバーラで復活を果たした。現在では、総生産量の0.3％ほどと少ないが、非常に優れた品質である。ほとんどがモスカテル・デ・グラノ・メヌードで造られており、繊細で粘り気があり芳醇さが際立つ。蜂蜜のおいしそうな香りがして、口当たりは複雑である。

上は、モスカテルの美しい果房。このブドウからこの地域の評判高い甘口ワインが造られる。

下は、D.O.ナバーラで生産される素晴らしいワインの数々。

バスク州

バスク州のワイン醸造について語ることは、「チャコリ」について語るのと同じである。チャコリは爽やかで一定の酸味がある特殊なワインであり、この土地と人々の伝統と強く結びついている。というのもチャコリは、ずっと昔、カセリオと呼ばれるバスク地方の伝統的な家で、手作業で造られていたからである。バスク語の txakolí（チャコリ）という言葉はまさに「カセリオのワイン」を意味しているのだ。このようにチャコリはこの州のアイデンティティの証であるが、バスクで造られているのはチャコリだけではない。D.O.Ca.リオハの保護下にあるサブゾーン、リオハ・アラベサで生産されている素晴らしい赤ワインもバスクのワインだということを忘れてはならない。

3つのD.O.と、もうひとつのD.O.

チャコリはバスク州の3県で生産されている。だが各々の品質には少しずつ違いがある。というのも、州内には3つのD.O.、すなわちチャコリ・デ・アラバ、チャコリ・デ・ビスカヤ、チャコリ・デ・ゲタリアがあるからである。

最も古くからチャコリが醸造されているのは、D.O.チャコリ・デ・ゲタリアに認定されたギプスコア県の沿岸地域だ。ゲタリア、サラウツ、アイアが主な生産地域である。また、D.O.チャコリ・デ・ビスカヤでは海側と山側の両方で生産されている。D.O.チャコリ・デ・アラバに認定された地域は、アラバ

ゲタリア地域にある、周囲をブドウ畑に囲まれた典型的なバスクのカセリオ。下の写真は、同じくゲタリア地域のチャコリのブドウ畑。

県のアヤラ地区に位置する。ここは最近認定されたばかりのD.O.である。

バスク州全体のチャコリ栽培総面積は約700ヘクタールだが、そのうちの半分のブドウ畑がD.O.チャコリ・デ・ゲタリアにあり、300ヘクタールがチャコリ・デ・ビスカヤ、残りがチャコリ・デ・アラバにある。

リオハ・アラベサ

リオハ・アラベサのブドウ畑は、大きな収益を上げているにもかかわらず、その面積はバスクのほかの3つのD.O.に広がるブドウ畑の面積よりかなり小さい。ところが、ワインの品質は3つのD.O.をはるかに凌駕している。というのも、このリオハ・アラベサは、特選原産地呼称（D.O.Ca.）リオハの保護下にある地域だからである。この地域のブドウ栽培総面積は1万3000ヘクタールである。

ブドウ畑のほとんどは、エブロ川方面の南向きの斜面に植栽されている。主流の品種は、黒ブドウはテンプラニーリョで、白ブドウはビウラである。この地域の粘土石灰質の土壌とその独自の気候により、特徴ある個性的なワインを造るのに適した条件が整い、ブドウはほどよく熟す。

チャコリ、比類ないワイン

恵まれた気候と土壌、白ブドウのオンダリビ・スリや黒ブドウのオンダリビ・ベルツァといった、スペインのほかの地域では栽培されていない貴重な主要品種、そして特殊な醸造方法により、チャコリは快活で爽やかな、軽い酸味のある飲みやすいワインに仕上がる。

País Vasco

チャコリの醸造過程

　収穫されたブドウは醸造所に運ばれ、そこで全体の約65％の軸が除去される。その後、できるだけ果皮や種子が果汁に浸る時間が短くなるよう配慮しながらブドウを搾る。

　次に約70％の圧搾率で手早く圧搾する。得られた果汁は果汁に残る澱を取り除くデブルバージュ用のタンクに入れられる。

　最後に果汁を発酵槽に移し替え、そこで17℃で12日間発酵させる。発酵の最終段階でタンクの底に残っている酵母（澱）の層を取り除くため、再び別のタンクに移し替える。

　このような工程を経て、チャコリのもとが出来上がる。この後、濾過してタンクに保存するか、−4〜−5℃の低温で10日間安定させた後にステンレスタンクで保存することになる。瓶詰めは注文に応じてなされる。

チャコリ祭り

　チャコリの生産地では、年間を通してチャコリの試飲をするお祭りが催される。開催日は地域ごとに異なり、たとえばゲタリアでは公的なシーズンの始まりの象徴として1月17日に、アイアとビルバオでは5月初旬に行なわれ、この時にすべてのワインが瓶詰めされる。アラバ県のアムーリオでは6月まで待たなければならない。一方、ギプスコア県のサラウツではその年最初のワインができる9月の第3週目に開催される。このように、ワインはバスク文化や伝統と密接に結びついている。

D.O. チャコリ・デ・アラバ

　D.O. チャコリ・デ・アラバ

は、チャコリが生産されるD.O.のなかで最も新しいが（2002年8月認定）、短期間での進歩はめざましいものがある。その勢いは明らかに市場にも反映され、すでによい結果が出始めているという。実際に、生産量の30％が国際市場に輸出されており、主にドイツやノルウェー、スイス、ポルトガル、日本、メキシコ、キューバで販売されている。

地理・自然環境

D.O.チャコリ・デ・アラバの保護地域は、アラバ県の北西にあるアヤラ地区に限定されており、アヤラ、アルジニエガ、アムーリオ、リョディオ、オコンドが含まれている。ネルビオン川の上流に位置するブドウ畑の総面積は約70ヘクタール。

穏やかな大西洋気候の地域で、海の影響を受けている。気候は温暖で（年間平均最高気温18.7℃、平均最低気温7.5℃）、湿度は高い。春には霜が降りることもあり、ブドウの発育にダメージを与える脅威となっている。ブドウ畑は標高300〜400mにあり、土壌は粘土質から砂利まで多様で組成も様々である。pHは平均的である。

アラバのチャコリ

アラバでは固有品種のオンダリビ・スリがチャコリの主原料となっている。その際、ほかのどの認定品種と組み合わせてもよいが、主要品種であるオンダリビ・スリを85％以上使用しなければならない。赤ワインとロゼ（黒ブドウ認定品種を50％以上使用）も造られているが、生産量はわずかである。

この地域のチャコリは白ワインの若飲みタイプで、色は淡い黄色や麦わらの黄色、緑がかった黄色があり、鮮やかで光沢がある。果実、草木、花の香りの存在感が全体に広がっているが、その度合いは中程度である。口当たりは軽快かつ爽やかで、自然の炭酸を少し含んでおり軽い酸味がある。余韻はあまり持続せず、後味は少し苦い。一般的に、アルコール度はほかのバスクのワインよりも高く、おいしいワインである。また、「樽発酵」と表示されたチャコリも商品化されている。これは最大350ℓものオーク樽で発酵させたワインである。

古き伝統の新しいワイン

アラバ県アヤラ地区のチャコリ製造は紀元1世紀にまでさかのぼる。文献上にはじめてチャコリの名前があらわれたのは9世紀、レテス・デ・ツゥデラ（アルジニエガ）でワインらしきものを生産しているブドウ畑につ

D.O.チャコリ・デ・アラバの醸造所、セニョリオ・デ・アストビサ。

ブドウ品種	
白ブドウ	
推奨品種	認定品種
オンダリビ・スリ（80％）	アプティ・マンサン
	プティ・クルピュ
	グロ・マンサン
	シャルドネ
	ソーヴィニヨン・ブラン
	リースリング
黒ブドウ	
オンダリビ・ベルツァ	

País Vasco

最古の公文書によると、9世紀にすでにアラバでのチャコリの生産はこの地域の習わしになっており、アヤラ渓谷の農民、特にアムーリオやリョディオ、アヤラの間で普及していたと書かれている。

いての記述であった。その1世紀後の964年にブドウ畑がリョディオにあるサン・ビクトル・デ・ガルデア修道院に寄進されたという記述も残っている。だが、その修道院はすでになくなっている。

13～15世紀には、アヤラ地区全域にチャコリ用のブドウを栽培する畑が広がった。他地域で造られたワインを持ちこむことを禁じた保護主義的な法の効力もあり、この地区ではチャコリの生産が盛んになったという。

18世紀以降、科学的な著作や定期刊行物のなかでチャコリに関する記述が数多く見られるようになった。1775年に出版されたウィリアム・ボウルズ著『Introducción a la Historia Natural y la Geografía de España（スペインの自然史と地理入門）』には、アヤラ渓谷のブドウ畑とワインに関する言及が見られる。さらにその1世紀後、『Episodios Nacionales（国民挿話）』シリーズに含まれている小説『Vergara（ベルガラ）』のなかでベニート・ペレス・ガルドスがワインについて触れている。

20世紀のはじめ、フィロキセラやうどんこ病、べと病が相次いで起こり、ブドウ畑はアヤラの地からほぼ姿を消し、チャコリは幻のワインになった。だが、ブドウ栽培農家の伝統を復活させたいという地元生産者の強い思いによって、今日私たちは、バスク民族の伝統に深く根付いた質の高いチャコリを楽しむことができるのである。

D.O. チャコリ・デ・ビスカヤ

長い間この地域のチャコリ

オンダリビ・スリで造られたチャコリ・アラベサは青みがかった淡い色か、緑がかった色であり、フレッシュな草の香りと果実の香りが特徴である。ほかのバスクのチャコリよりも熟成度が高い。アルコール度が低いせいか、口に含むと酸味はかすかにしか感じられない。

Consejo Regulador Bizkaiko Txakolina. Denominación de Origen

アライス山のビルバオ渓谷にある唯一のブドウ畑

は、昔ながらの手作業という、生産者ごとに異なる曖昧な醸造方法に悩まされてきた。だが、ここ数十年の間にこうした傾向は一変し、今やプロのテイスティングの場においても、最も高い評価を受けるまでになった。こうした一連の変化は、この地のブドウ栽培農家や醸造業者らが実行してきた細やかな仕事の成果といえよう。この努力のおかげで湿度が高い大西洋性気候によって育まれた固有品種のブドウから高品質のワインを抽出することに成功したのだ。

地理・自然環境

このD.O.で保護された生産地域はビスカヤ県全体に広がっており、海岸地方にも内部の渓谷や山の斜面にもブドウ畑がある。これらすべてを合わせるとほぼ350ヘクタールになるが、ブドウ畑ひとつひとつは小さな区画で、分散している。だが、なかには栽培面積が大きい地区もある。そのひとつであるウリベ地区には、チョリ-エリ渓谷（サムディオ、デリオ、レサマ、ララベツなど）とバキオがある。2番目に栽培面積が大きいのは、ゲルニカ、ブストゥリア、ムシカ、コルテツビがあるウルダイバイ地区である。そのほかにもエンカルタシオネス地区（サリャ、バルマセダ、ゴルデショラ）、ドゥランゲサード（エロリオ、アモレビエタ、エウバ、ドゥランゴ、アバディーノ）、オルドゥーニャといった伝統的な栽培地域がある。

これらの地域のブドウ畑は、いずれも狭い渓谷、もしくは山の斜面にあり、標高は約400m以下で南向きである。そのため日照時間を最大限確保でき、北風も遮断できる。穏やかな大西洋気候であり、海からの影響を強く受けるため温暖で（年間の平均最高気温18.7℃、平均最低気温7.5℃）湿度は高い。春に霜が降りることもあり、ブドウの生育を脅かす主原因のひとつになっている。降水量は多く、年間平均1000～1300mm。秋にしばしば吹く南風が、ブドウの熟成にとてもよい効果を及ぼしている。

土壌は多様な組成で粘土質ロームが豊富であるが、地層は浅く酸性で有機物の含有量は高い。

ビスカヤのチャコリ

チャコリ・ブランコ

チャコリ・ブランコは最も生産量が多く、このD.O.の全生産量の85～90％を占める。主に推奨品種2種を使用しているが、以前の主力であったフォル・ブランシュは近年栽培面積が縮小している。その代わりにプティ・クルビュが全体の30％を占めるようになった。

チャコリ・ブランコは淡い黄色から麦わら色を帯び、時には緑がかった色調になり、光沢と透明感がある。香りは平均的だが、全体的に果実、花、草木の香りが強い。口当たりは爽やかで軽い酸味がある。

ブドウ品種
白ブドウ
推奨品種
オンダリビ・スリ（80％）
フォル・ブランシュ
認定品種
アプティ・マンサン
プティ・クルビュ
グロ・マンリン
シャルドネ
ソーヴィニョン・ブラン
リースリング
黒ブドウ
オンダリビ・ベルツァ

樽発酵のチャコリ・ブランコ

いくつかのブドウ畑から造られるワインのなかには、オーク樽で長い発酵期間を経たものがある。この樽発酵によりチャコリは透明感と光沢を増し、バルサムの風味が加わって香りが強くなり、口当たりはより複雑で後味がかなり持続するワインに仕上がる。

チャコリ・ロゼ

「オホ・デ・ガジョ」（鶏の目）という名で広く知られているチャコリ・ロゼは、赤ワインの推奨品種50％以上で造られている。ごく薄いイチゴのピンク色か、透明感と光沢のあるラズベリーのピンク色で、野生の木の実、畑や緑のピーマンの香りを帯び、口当たりは軽く爽やかで、フルーティで飲みやすい。

チャコリ・ティント

ほかのチャコリと同様に生産量は少ない。黒ブドウ品種で造られ、色は濃い赤で、サクランボ色から紫がかった色まで色調は幅広い。香りも強烈でほかのチャコリより酸味がある。口に含むとタンニンの存在感がある程度感じられる。

ボデガス・ベロハの〈El Berroia エル・ベロイア〉は、ビスカヤの素晴らしいチャコリである。色は輝く黄色、口に含むとフルーティで味わい深く、肉付きがしっかりして、香辛料の香りがする。

D.O. チャコリ・デ・ゲタリア

この地域のブドウと気候の素晴らしい結びつきがあったからこそ、D.O.チャコリ・デ・ゲタリアの醸造業者は、来る年も来る年も高品質のチャコリを目指して努力することができたといえる。彼らが目指したチャコリは、より繊細で芳醇な、バスクのほかのチャコリにはない微炭酸のワインである。この炭酸は、発酵している間に溜まった炭酸ガスだが、これが放出されることで、発酵槽の底に澱が沈殿しワインは自然に清澄する。

カンタブリア海を臨むブドウ畑。写真奥には、ユネスコが認定したユネスコエコパーク、ウルダイバイ生物保護地区とゲルニカ川の河口が見える。

地理・自然環境

1987年、D.O.チャコリ・デ・ゲタリアが公式に認定された。この時に認定された地域は沿岸部の3つの自治体、ゲタリア、サラウツ、アイアだけであった。だが、2007年に原産地呼称統制委員会は、対象範囲をギプスコア県の歴史的地区全域に広げた。したがって、現在では核となる3つの町に加えて、オンダリビア、オニャティ、スマイア、オラベリア、ムトゥリクも保護下にある。

栽培総面積約400ヘクタールのブドウ畑で、この地のワインの伝統に深く根付いた固有品種が栽培されている。栽培地は主に、起伏がある小さな渓谷、あるいは標高200mそこそこの丘陵地の斜面である。

気候は大西洋性であり、カンタブリア海の適度な影響により温暖（年間平均気温13℃）である。雨量は非常に多く、年間約1000mm。湿度が高いため、ブドウは石柱の上に造られたフェンス仕立ての棚、もしくはつる棚で栽培される。この棚の材料は、古くからクジラの角質の一部が使われてきたが、今は代用品が使われている。この棚によってブドウの樹をまっすぐに支え、地面に蓄積した過度の湿気からブドウの樹を守ることができる。

一般的にブドウ畑に適した土壌は褐色石灰質で有機元素が豊かな土壌だが、この地域一帯の土壌の特徴を一言で表現するのは難しい。

ギプスコア県のチャコリ

このD.O.で最も生産量が多いワインはチャコリ・ブランコで、全生産量の約85～90%を占めている。ロゼと赤ワインの生産量はわずかであり、地元で消費される量しか造られていない。

D.O.チャコリ・デ・ゲタリアのチャコリは、オンダリビ・スリを使用した若飲みタイプである。だが、白ブドウの酸味の多さを抑えるために、わずかであるが黒ブドウのオンダリビ・ベルツァを加えている。一般的にワインの色は青みがかった淡い黄色で、香りは果実と草木の香りの存在感があるものの、それほど強くはない（花の香りはほとんどしない）。口に含むと爽やかで軽く、酸味が多い。バスクの他地域のチャコリにはない微炭酸を含んでいる。アルコール度数は9.5～11.5度である。

もっぱら国内消費用であるが、2011年には生産量は約160万ℓに達している。

このチャコリの生産に秘密があるとすれば、栽培時の細やかな手入れと、醸造時の丁寧な仕事であろう。収穫は通常、ブドウの糖分と酸味のバランスが最もよい状態に達する9月末から10月はじめに行なわれる。収穫は手摘みが基本である。というのも、栽培地の地面はでこぼこしており、機械を入れることがかなり難しいからである。冬になると、ブドウの樹は春の芽吹きに備えて茎だけ残して剪定される。

一方、醸造所では、最新の技術を用いて醸造が行なわれている。ブドウの房を軽く圧搾した後、果汁は発酵槽に移され、管理された温度の下で15～30日間発酵させる。この発酵の間、発酵槽のワインは瓶詰めまでまったく撹拌されないため槽の底に澱が溜まるのだが、この時にできる炭酸ガスがチャコリ独特の性質となる。

この地域のチャコリは爽やかに飲めるワインであるが（アルコール度は8～10度）、チャコリをグラスに注ぐ方法は様々である。シードルのようにエスカンシア、つまり高いところから泡を消すように注ごうとする人がいる一方で、ワインにこだわりのある正統派の人々は、カバのような炭酸を含むワインをエスカンシアしてはならないと主張している。たとえその意見が正しくても、大切なのはスペインのほかの地域ではお目にかかれないチャコリを楽しむことである。

ボデガス・チョミン・エチャニスは、つる棚にブドウが垂れ下がる35ヘクタールのブドウ畑をゲタリアに所有しており、固有品種のオンダリビ・スリ（90%）とオンダリビ・ベルツァ（10%）を栽培している。10月はじめに収穫されるが、このブドウ畑の秋の風景は美しく、カンタブリア海をバックにしたショーが始まるかのようだ。

ブドウ品種
白ブドウ
オンダリビ・スリ (95%)
グロ・マンサン
リースリング
黒ブドウ
オンダリビ・ベルツァ

各州の
代表的な醸造所

各州の代表的な醸造所

本リストでは、原産地呼称（D.O.）として認定されている、何千ものスペインのワイン生産者、醸造家のなかから、ほんの一部を取り上げたにすぎない。だが、スペインにはこんな諺がある。「すべては手に入らないが、そこにあるものこそすべてである」と。

世界的なワイン評論家、ロバート・パーカーによるパーカーポイント（100点満点）で「格別」（96〜100点）、あるいは「傑出」（90〜95点）を獲得したワインの生産者を選出した。多くの場合、コストパフォーマンスのよさも評価に入れている。

このリストで使用する主な略語を以下に挙げる。

B	Blanco	ESP	Espumoso	PC	Palo Cortado
BFB	Blanco Fermentado Barrica	BR	Brut	CR	Cream
BC	Blanco Crianza	BN	Brut Nature	PCR	Pale Cream
BD	Blanco Dulce	SC	Seco	GE	Generoso
RD	Rosado	SS	Semiseco	VL	Vino de Licor
T	Tinto	FI	Fino	VDN	Vino Dulce Natural
TRB	Tinto Roble	MZ	Manzanilla	R	Reserva
TC	Tinto Crianza	OL	Oloroso	GR	Gran Reserva
TD	Tinto Dulce	OLV	Oloroso Viejo	FB	Fermentacíon en Barrica
TR	Tinto Reserva	AM	Amontillado		
TGR	Tinto Gran Reserva	PX	Pedro Ximénez		

アンダルシア

コンダード・デ・ウエルバ

OLIVEROS
1940年にオリベーロス家により創設。訪問可。
Oliveros Pedro Ximénez (PX)

ヘレス＆マンサニーリャ・デ・サンルーカル

BARBADILLO
ラ・シーリャの古い大邸宅に創設。マンサニーリャに関する博物館を併設。
Eva Cream (CR)
Manzanilla en Rama Saca de Invierno 2009 (MZ)
Solear (MZ)

DELGADO ZULETA
1744年創設。家族経営。
La Goya (MZ)

EL MAESTRO SIERRA
家族経営。機械に頼らず伝統的手法を用いる。
El Maestro Sierra (FI)

EMILIO LUSTAU
1896年創設以降、絶えず進化を続ける。ヘレスのワインのなかで最も評判の高い銘柄を製造。
Jarana (FI)
La Ina (FI)
Papirusa Solera (MZ)
Puerto Fino (FI)
Río Viejo (OL)

FERNANDO DE CASTILLA
ヘレス旧市街にある醸造所。
Fernando de Castilla Manzanilla Classic

GARVEY JEREZ
ヘレスのワイン市場を牽引する企業。
San Patricio (FI)

GONZÁLEZ BYASS JEREZ
評判が高く、来訪者が多い醸造所。
Alfonso (OL)
Néctar (PX)
Tío Pepe (FI)

GUTIÉRREZ COLOSÍA
クンブレエルモサ伯爵の古い邸宅に創設。
Gutiérrez Colosía (FI)

HEREDEROS DE ARGÜESO S.A.
伝統と刷新が融合したサンルーカルの醸造所。
Las Medallas de Argüeso (MZ)
San León «Clásica» (MZ)

HIDALGO-LA GITANA
1792年創設。この地域で最も古い醸造所のひとつ。
La Gitana (MZ)
Pastrana Manzanilla Pasada (MZ)

HIJOS DE RAINERA PÉREZ MARÍN
旧ミセリコルディア病院に創設。
La Guita (MZ)

LA CIGARRERA
1758年創設。家族経営。機械化されていない伝統的手法を用いる。
La Cigarrera (PX)

OSBORNE
18世紀に英国人トマス・オズボーンにより創設。現在は末裔によって経営されている。
Coquinero (AM)
Fino Quinta (FI)
Osborne 1827 (PX)

SÁNCHEZ ROMATE HERMANOS
ヘレスで最も正統派で魅力的な醸造所のひとつ。
NPU (AM)
Romate Viva La Pepa (MZ)

TERRY
高名な一家による家族経営。1783年にパスカル・モレノにより創設。
Terry Fino (FI)
Terry Pedro Ximénez (PX)

VALDESPINO
伝統的スタイルの醸造所。
Ynocente (FI)

VALDIVIA
ヘレスの旧市街にあるクラシックな建物の醸造所。内部はエコテクノロジーを駆使した先端的な設備を備える。
Valdivia (FI)
Valvidia Ámbar (OL)
Valdivia Atrum (CR)
Valdivia Prune (OL)
Valdivia Sun Pale Cream

WILLIAMS & HUMBERT, S.A.
ヨーロッパ最大の規模を誇る。建物はスペイン国民建築賞受賞。スペイン産純血種馬による馬術ショーも開催。
Dos Cortados (PC)
Dry Sack Fino (FI)

マラガ&シエラス・デ・マラガ

BENTOMIZ S.L.
2003年にオランダ人夫妻アンドレ・ボスとクララ・ヴェルヘイジにより創設。家族経営。
Ariyanas Naturalmt. Dulce 2007 Blanco Dulce
Ariyanas Terruño Pizarroso 2007 (BC)
Ariyanas Tinto de Ensamblaje 2008 (T)

COMPAÑÍA DE VINOS DE TELMO RODRÍGUEZ
固有品種を使うことを基本方針とする醸造所。
Molino Real 2007 (B)
MR 2008 (B)

CORTIJO LOS AGUILARES
1999年にホセ・アントニオ・イタルテとその妻ビクトリアによって購入されたブドウ畑と醸造所。
Cortijo Los Aguilares Pinot Noir 2008 (T)
Cortijo Los Aguilares Tadeo 2007 (T)

DESCALZOS VIEJOS
16世紀の三位一体会修道院の礼拝堂を復元し、同じ名前のまま復活させた醸造所。
DV Conarte 2007 (TC)
DV Descalzos Viejos (+) 2005 (T)

JORGE ORDÓÑEZ & CO.
2004年にオルドニェス・デ・マラガ家とオーストリアのクラシェール家により創設。近年、エコロジーに力を入れている。
Nº1 Ordóñez & Co Selección Esp. 2008 (B)
Nº2 Ordóñez & Co Victoria 2008 Blanco Dulce

MÁLAGA VIRGEN
1885年以来、同じ家族により経営。醸造所名は1970年代に人気を博したワインの名に由来する。D.O.内の全タイプのワインを醸造。
Chorrera Cream Añejo 2005 (CR)
Seco Transañejo 1978 (B)
Don Salvador 1978 Moscatel

モンティーリャ・モリレス

ALVEAR
1729年創設の歴史ある醸造所。D.O.モンティーリャ・モリレスを現代の嗜好に合った高品質なワイン産地へと牽引した。
Alvear Dulce Viejo 2000 (PX R)
Alvear PX de Añada 2008
Alvear PX 1830 (PX R)
Alvear Solera Fundación (AM Solera)
Asunción (OL)

COMPAÑÍA VINÍCOLA DEL SUR-TOMÁS GARCÍA
D.O.内で最も輸出量が多い醸造所のひとつ。
Monte Cristo (AM)
Monte Cristo (OL)
Verbenera (FI)

GRACIA HERMANOS
若飲みタイプのフルーティなペドロ・ヒメネスを生産。
Solera Fina Tauromaquia (FI)

MORENO
1949年創設。家族経営。
Musa Oloroso (OL)

PÉREZ BARQUERO
1905年創設以来、丁寧な仕事ぶりが評価されている。
Gran Barquero (AM)
Gran Barquero (OL)

アラゴン

カラタユド

LANGA
伝統と最新技術を両立。家族経営。
Real de Aragón Centenaria 2007 (T)

PAGOS ALTOS DE ACERED
カラタユドにある醸造所。
Lajas 2007 (T)
Lajas 2008 (T)

SAN ALEJANDRO
1962年創設。ミエデスにある協同組合の醸造所。ロゴはミエデスのサン・ブラス教会の聖遺物箱に由来する。地域の特徴を生かしたワインを生産。
Baltasar Gracián 2004 (TC)
Baltasar Gracián 2005 (TR)
Baltasar Gracián Garnacha Viñas Viejas 2008 (TRB)
Baltasar Gracián Vendimia Seleccionada 2009 (T)
Las Rocas de San Alejandro 2008 (TRB)
Las Rocas Viñas Viejas 2008 (TRB)

SAN GREGORIO
1989年創設。品質と技術に賭ける醸造所。
Armantes Selección Especial 2008 (T)

カンポ・デ・ボルハ

ALTO MONCAYO
固有品種と古いブドウ畑の維持・保存を主軸に置く。
Aquilón 2007 (T)
Alto Moncayo 2007 (T)
Alto Moncayo Veratón 2007 (T)

ARAGONESAS
この地域のワイン醸造大企業のひとつ。D.O.内の全生産量の65%を占める。受賞歴多数。
Aragus Ecológico 2009 (T)
Coto de Hayas Garnacha Centenaria 2008 (T)
Coto de Hayas Solo 10 2009 (T)

アラゴン

Solo 09 Merlot 2008 (T)

BORSAO
2001年創設。ボルハ、ポスエロ、タブエンカの協同組合で生産されたブドウを醸造。
Borsao Bole 2008 (T)
Borsao Tres Picos 2008 (T)

CRIANZAS Y VIÑEDOS SANTO CRISTO
1956年にアインソン、ブレタ、アルベタ、ベラ・デ・モンカヨのブドウ栽培農家によって設立された協同組合の醸造所。
Terrazas del Moncayo Garnacha 2007 (TRB)
Viña Collado 2009 (T)

PAGOS DEL MONCAYO
高級ワインを製造。7ヘクタールのブドウ畑を所有。
Pagos del Moncayo 2009 (T)

カリニェナ

AÑADAS
最新の企業経営コンセプトに基づいて運営。
Care Chardonnay 2009 (B)

COVINCA S. COOP.
ロンガレスの共同組合の醸造所。50年前に創設。
Torrelongares Licor de Garnacha (VL)

GRANDES VINOS Y VIÑEDOS
アラゴン最大の醸造所。5つの共同組合が統合されて設立。
Monasterio de las Viñas 2009 (RD)

PAGO DE AYLÉS
D.O.内で最も新しい意欲的な醸造所のひとつ。
Aylés «Tres de 3000» 2007 (T)

PANIZA
国内外に販路拡大する会社。高い評価を得ている。
Jabalí Garnacha-Cabernet 2009 (RD)
Jabalí Garnacha-Syrah 2009 (T)
Jabalí Tempranillo-Cabernet 2009 (T)

PRINUR
エノツーリズムを推進。
Prinur Selección Calar 2005 (T)
Prinur Viñas Viejas 2005 (T)

SOLAR DE URBEZO
モダンアーティストの作品をラベルに使用。
Altius Garnacha Viñas Viejas 2009 (T)

VIÑEDOS Y BODEGAS PABLO
アルモナシッド・デ・ラ・シエラにある家族経営の醸造所。
Menguante Vidadillo 2007 (T)

ソモンターノ

ABINASA
アラゴンで最も古い旅館に併設。
Ana 2009 (RD)

ALODIA
固有品種の再生に賭ける。
I Alodia Syrah 2007 (T)

BLECUA
D.O.を象徴する醸造所のひとつ。
Blecua 2005 (TR)

ENATE
高級ワインを製造。エドゥアルド・アラヨ、タピエス、チリーダなど、著名な芸術家とのコラボラベルが特徴。ボトルそのものが芸術作品。
Enate Cabernet Sauvignon 2005 (TR)
Enate Chardonnay 2008 (B)
Enate Merlot-Merlot 2006 (T)
Enate Syrah-Shiraz 2007 (T)
Enate Uno 2005 (T)
Enate Uno Chardonnay 2006 (BFB)

ESTADA
最新設備が整った醸造所。ワインの品質も高い。
Estada San Carbás 2009 (B)

IRIUS
鉄骨とガラスでつくられた前衛的な外観の醸造所。
Absum Colección Merlot 2007 (T)
Irius Premium 2006 (T)

LA MARCA WINES
「ワインは幸福をもたらす娯楽」がモットー。品質へのこだわりも高い。
Cojón de Gato 2008 (T)
Cojón de Gato Gewürztraminer 2009 (B)

LA SIERRA
ベスペン（ウエスカ県）にある醸造所。伝統と技術革新の両立を目指す。
Bespén Vendimia Seleccionada Merlot 2008 (T)

LAUS
バルバストロ（ウエスカ県）にある醸造所。建物はモダンなZENスタイルで最新設備を備える。
Laus 2007 (TC)
Laus Flor de Gewürztraminer 2009 (B)
Laus Flor de Merlot 2009 (RD)

MELER
エレガントで個性的なワイン造りを目指す。伝統重視。
Andrés Meler 2005 (T)
Meler 2005 (TC)
Meler 95 Sobre Aljez 2007 (B)

MONTE ODINA
敷地内に醸造所とブドウ畑を所有。
Monte Odina Merlot 2007 (T)

OBERGO
自然素材にこだわり、最高においしいワイン造りを目指す。
Lágrimas de Obergo 2009 (RD)
Obergo Caramelos 2008 (T)
Obergo «Finca La Mata» 2007 (T)

PIRINEOS
古い協同組合で創設。良質のワインを生むテロワールの研究をスペイン国内で最初に行なう。
Marboré 2005 (TC)
Pirineos 2009 (RD)
Pirineos Gewürztraminer 2009 (B)
Pirineos Merlot-Cabernet 2006 (TC)

RASO HUETE
バルバストロにある家族経営の醸造所。ブドウ畑はカロディーリャ山脈の麓にある。

Arnazas Cabernet-Merlot 2005 (TC)
Arnazas Merlot 2005 (TRB)

SIERRA DE GUARA
2003年より販売開始。
Idrias Abiego 2008 (TRB)

VIÑAS DEL VERO
D.O.内で最も象徴的で生産量の多い醸造所のひとつ。海外でも大きなプロジェクトを展開する。
Secastilla 2007 (T)
Viñas del Vero Chardonnay Colección (B)
Viñas del Vero Clarión 2008 (B)

バレアレス

ビニサレム

JAUME DE PUNTIRÓ
カラフェット・イ・ビッチ家の兄弟、ペレとベルナートが所有。環境にやさしいブドウ栽培に取り組み、良質なワインを造る。
Daurat 2009 (BFB)
Jaume de Puntiró Carmesí 2007 (T)

JOSÉ L. FERRER
マヨルカ島で最大の醸造所。
José L. Ferrer 2007 (TC)

MACIÀ BATLE
新しいワイン醸造を推進。近代的な建築。
Llàgrima de Sang 2006 (T)
Macià Batle 2007 (TC)
P. de María 2008 (T)

プラ・イ・リェバン

JAUME MESQUIDA
量より質にこだわる1980年代のパイオニア。
Jaume Mesquida Cabernet Sauvignon 2006 (TC)
Molí de Vent Negre 2009 (T)

MIQUEL GELABERT
20世紀初頭の古い醸造所をリフォーム・拡張。良質のワイン造りに取り組む。
Gran Vinya Son Caules 2005 (T)
Petit Torrent 2005 (T)
Torrent Negre Selecció Privada Syrah 2004 (T)

PERE SEDA
現代の嗜好に合ったワイン造りに方向転換した。
L'Arxiduc Pere Seda 2009 (RD)
Pere Seda 2005 (TC)

TONI GELABERT
昔からの製法にこだわる家族経営の小さな醸造所。
Fangos Negre 2006 (T)

VINYES I BODEGUES MIQUEL OLIVER
ふたつの醸造所を経営する大企業。
Ses Ferritges 2006 (T)

カナリア諸島

アボナ

COOP. CUMBRES DE ABONA
アボナ最大の醸造所。この地域の栽培と醸造の可能性のすべてを網羅する。
Flor de Chasna 2009 (TB)
Testamento Malvasía 2008 (BFB)

エル・イエロ

SDAD.COOP. DEL CAMPO FRONTERA VINÍCOLA INSULAR
会員数600を超える協同組合。
Gran Salmor 2005 (BR dulce)

TANAJARA S.L
2003年創設。
Tanajara Vijariego 2007 (T)

グラン・カナリア

BENTAYGA
テハーダ・カルデラにあるブドウ畑。
Agala Tintilla 2009 (TB)

ラ・パルマ

CARBALLO
18世紀に起源をもつブドウ畑を所有。
Malvasía Dulce Carballo 2008 (B)

EUFROSINA PÉREZ RODRÍGUEZ
ガラフィアにある醸造所。
El Níspero 2009 (B)

JUAN MATÍAS TORRES PÉREZ
家族経営の小さな醸造所。
Vid Sur Dulce 2008 (B)

LLANOVID
1947年創設。ラ・パルマ島最大の醸造所。ワインカタログには様々な種類の良質ワインが並ぶ。
Teneguía Malvasía Dulce 1997 (BR)
Teneguía Sabro Dulce (B)
Zeus Negramoll 2005 (TD)

TAMANCA S.L.
醸造所と同じ名前の火山の溶岩をくり抜いてつくった醸造所。
Tamanca Malvasía Dulce 2005 (BFB)

ランサローテ

EL GRIFO
カナリア諸島で最も古い醸造所（1775年創設）。非常に有名。
Ariana 2009 (T)
El Grifo Canari 1997 (B)

LOS BERMEJOS
昔ながらの栽培方法を続ける地区に創設された比較的新しい醸造所。
Bermejo Moscatel Naturalmente Dulce 2009 (BD)

REYMAR
1991年ティナホに創設。品質

カナリア諸島

の高いワイン造りを目指す。
Reymar Moscatel Dulce 2006 (B)
Reymar Semidulce 2006 (VL)

STRATVS
ラ・ヘリアの醸造所。コンクール受賞歴あり。
Stravtus Malvasía Naturalmente Dulce 2006 (B)

タコロンテ・アセンテホ
INSULARES TENERIFE
この地域最大の醸造所。共同組合方式でブドウ栽培を行な

う。品質改良のために、ほかに先駆けて最新の醸造方法や技術を導入。
Humboldt 1997 (BD)
Humboldt 2001 (TD)
Humboldt Malvasía 2006 (BD)
Humboldt Vendimia Tardía 2005 (BD)
Humboldt Verdello 2005 (BD)
Viña Norte 2006 (T)

バジェ・デ・グイマル
SAT VIÑA LAS CAÑAS
グイマル渓谷にある醸造

所。訪問可。
Gran Virtud 2007 (B)
Gran Virtud Malvasía 2008 (B)

バジェ・デ・ラ・オロタバ
SOAGRANORTE
個性的なワインを製造。
Suertes del Marqués 2009 (BFB)
Suertes del Marqués Candio 2008 (T)
Suertes del Marqués El Esquilón 2008 (T)

イコデン・ダウテ・イソーラ
COMARCAL DE ICOD
大物批評家に太鼓判を押された素晴らしいワインを製造。
El Ancón Negramoll 2006 (TD)

LA GUANCHA
ぜひ訪問してみたい醸造所。
Viña Zanata Malvasía 2007 (BD)

VIÑÁTIGO
伝統的な品種の復活に賭ける。
Viñátigo Tintilla 2007 (TRB)

カスティーリャ・ラ・マンチャ

アルマンサ
ALMANSEÑAS
国際的な知名度が高い。
Calizo de Adaras 2009 (T)
La Huella de Adarax 2009 (B)

ラ・マンチャ
ALEJANDRO FERNÁNDEZ TINTO PESQUERA «EL VÍNCULO»
ラ・マンチャのペスケラで革新的なワインを造る。
El Vínculo Paraje La Golosa 2002 (TGR)

CAMPOS REALES

伝統と最新技術をバランスよく両立。
Cánfora 2003 (T)
Cánfora 2006 (T)

FINCA ANTIGUA
リオハのマルティネス・ブハンダ・グループの醸造所。多様な品種を試したり、醸造時間を変えるなど、工夫を凝らした表現豊かなワイン造りが特長。
Clavis Viñedo Pico Garbanzo 2004 (TR)
Finca Antigua Petit Verdot 2008 (T)
Finca Antigua Syrah 2008 (T)
Paso a Paso Tempranillo 2009 (T)
Finca Antigua Moscatel 2008 (B)

マンチュエラ
ALTOLANDÓN
良質なブドウで造る高品質なワイン。
Altolandón 2006 (T)

SANDOVAL
D.O. 内における高品質なワイン醸造の先駆け。
Finca Sandoval 2007 (T)
Finca Sandoval Cuvee TNS Magnum 2007 (T)
Salia 2008 (T)
Signo 2008 (T)

VIÑEDOS PONCE
家族経営。
P. F. 2008 (T)

メントリダ
ALONSO CUESTA
16世紀の邸宅に併設。
Alonso Cuesta 2006 (T)
RC Reuters 2006 (T)

CANOPY
ふたりの醸造家が創設。自前の畑で良質ワインを造ることを目指す。
Congo 2008 (T)
La Viña Escondida 2007 (T)
Malpaso 2008 (T)
Tres Patas 2008 (T)

JIMÉNEZ LANDI
オーガニックワインの生産を推進。家族経営。
Ataulfos 2008 (T)
Cantos del Diablo 2008 (T)
Piélago 2008 (T)
Sotorrondero 2008 (T)
The End 2008 (T)

モンデーハル
MARISCAL
スローガンは「不屈の精神で粘り強く、いい仕事をすること」
Tierra Rubia 2009 (T)
Castillo de Mondéjar (T)

ウクレス
FONTANA

ブドウ畑を所有。家族経営。
Esencia de Fontana 2007 (T)

VALDEPEÑAS FÉLIX SOLÍS

伝統と最新技術の両立。
Albali Arium 2004 (TGR)

カスティーリャ・イ・レオン

アルランサ

BODEGAS Y VIÑEDOS GARMENDIA
良質なオーガニックワインを醸造。
Garmendia 2008 (TRB)
Garmendia 2009 (T)

アリベス

OCELLUM DURII
濃い色でフルーティな濃厚ワインを醸造。
Condado de Fermosel «Transitium Durii» 2006 (T)

TERRAZGO BODEGAS DE CRIANZA S.L.
2003年創設。古くて良質なブドウ畑からワインが造られる。
Terrazgo 2006 (T)

ビエルソ

ALBERTO LEDO
厳しい管理体制のもとで造られるオリジナルワイン。
Ledo 8 2007 (T)

BERNARDO ALVÁREZ
国内市場向けワインを製造。
Campo Redondo 2008 (TRB)
Campo Redondo Godello 2009 (B)

BODEGA Y VIÑEDOS LUNA BEBERIDE
品質にこだわり、テロワールを尊重したワインを製造。
Art 2006 (T)

BODEGAS Y VIÑEDO MENGOBA
昔ながらの製法によるワイン造り。
Folle Douce 2007 (B)
Mengoba sobre lías 2008 (B)

BODEGAS Y VIÑEDOS CASTRO VENTOSA
受け継がれた経験に加え、昔ながらの伝統的製法を守りつづけている。
Valtuille Cepas Centenarias 2007 (TRB)

BODEGAS Y VIÑEDOS GANCEDO
ブドウ栽培に賭ける夫婦の醸造所。良質なワインを造ろうという高い志をもつ。
Herencia del Capricho 2008 (BFB)
Xestal 2007 (T)

BODEGAS Y VIÑEDOS PAIXAR
アレハンドロ・ルナと醸造家マリアーノ・ガルシアの息子たちが運営。
Paixar Mencía 2007 (T)

CASAR DE BURBIA
古いブドウ畑と表現豊かなワインの復活に丹念に取り組む。
Casar de Burbia 2008 (T)
Hombros 2007 (T)
Tebaida 2008 (T)

DESCENDIENTES DE J. PALACIOS
標高の高い細分化されたブドウ畑、良質のブドウの樹、生物動力学に根ざした醸造方法によるワイン造り。
La Faraona 2007 (T)
Las Lamas 2007 (T)
Moncerbal 2007 (T)
Pétalos del Bierzo 2008 (T)
Villa de Corullón 2007 (T)

ESTEFANÍA
フリアス家により創設。単一品種ワインを醸造。
Tilenus Envejecido en Roble 2007 (TRB)

GODELIA
ガルシア・ロドリゲス家により創設。祖先から受け継いだ伝統と最新技術を両立。
Godelia Blanco sobre lías 2008 (B)
Godelia 12 meses 2008 (TRB)

LUZDIVINA AMIGO
ワイン醸造の長い伝統をもつ。
Baloiro 2007 (TC)

PEIQUE
家族経営。表現豊かなワインを造るために良質のブドウをつくることにこだわる。
Peique Selección Familiar 2006 (T)
Peique Viñedos Viejos 2007 (TRB)

SOTO DEL VICARIO
パゴ・デル・ビカリオグループの醸造所。
Soto del Vicario Men 2007 (T)

VIÑEDOS Y BODEGAS DOMINIO DE TARES
国内外で高い評価を受けているワイン。
Dominio de Tares Cepas Viejas 2007 (TC)
Tares P.3 2006 (TRB)

VIÑEDOS Y BODEGAS PITTACUM
スローガンは「唯一無二の個性をもった良質のワインを造ること」
Pittacum 2006 (T)
Pittacum Aurea 2006 (TC)

シガレス

BODEGAS Y VIÑEDOS ALFREDO SANTAMARÍA
地区内のエノツーリズムの推進者。
Trascasas 2006 (TC)

CÉSAR PRÍNCIPE
短期間で成功した醸造所。
César Príncipe 2007 (TC)

FERNÁNDEZ CAMARERO
地域の特徴を反映する高品質ワイン。
Balvinar Pagos Seleccionados 2006 (T)

LA LEGUA
このD.O.の黒ブドウ品種テンプラニーリョのパイオニアのひとつ。
La Legua 2007 (TC)

VALDELOSFRAILES
芸術家カルロス・モロの醸造所。モロはリベラ・デル・ドゥエロにあるマタロメーラの代表でもある。
Valdelosfrailes Vendimia Seleccionada 2006 (T)

カスティーリャ・イ・レオン

リベラ・デル・ドゥエロ

ABADÍA DE ACÓN
Acón 2006 (TC)

ALEJANDRO FERNÁNDEZ TINTO PESQUERA
創設当時のワインを守りつづける。テンプラニーリョで造られた、ボディがしっかりした色の濃いワインを醸造。
Tinto Pesquera Janus 2003 (TGR)
Tinto Pesquera Millenium Magnum 1996 (TR)

ALTOS DEL TERRAL
収穫後1年のブドウで造る若飲みタイプ専門の醸造所。
Altos del Terral T1 2008 (T)

BALBÁS
雑誌『ワイン・スペクテイター』が選ぶ100の優良醸造所に入る。
Alitus 2001 (TR)

BODEGAS Y VIÑEDOS ALIÓN
最新のトレンドに対応。
Alión 2007 (T)

BODEGAS Y VIÑEDOS CONDENEO
国内外の批評家に認められた醸造所。
Disco 2008 (T)
Neo Punta Esencia 2007 (T)

BODEGAS Y VIÑEDOS JUAN MANUEL BURGOS
オーナーは古くからワイン業界に携わってきた一族の出身。長年の経験がワイン造りに生かされている。
Avan Cepas Centenarias 2007 (T)
Avan Terruño de Valdehernando 2007 (T)

BODEGAS Y VIÑEDOS ORTEGA FOURNIER
アルゼンチンのメンドーサにも醸造所をもつ国際的企業。
Alfa Spiga 2005 (T)

BODEGAS Y VIÑEDOS TÁBULA
高品質で最新のスタイル、豊かな表現力を備えたワイン。
Clave de Tábula 2007 (T)
Clave de Tábula 2008 (T)
Gran Tábula 2006 (T)

BODEGAS Y VIÑEDOS VALDERIZ
良質な固有品種の古樹に接木してブドウを栽培。
Valderiz 2008 (T)
Valderiz Tomás Esteban 2005 (T)

BODEGAS Y VIÑEDOS VIÑA MAYOR
多種のワインを生産する革新的醸造所。
Secreto 2005 (TR)

BRIEGO
ベニト・エルナンド家がオーナー。栽培と醸造工程で質の高い管理を義務付ける。
Briego 2006 (TC)
Briego Fiel 2004 (TR)
Súper Nova 2006 (TC)

CEPA 21
ダイナミックで先端的なコンセプトをもつ。
Cepa 21 2007 (T)

CUEVAS JIMÉNEZ
家族経営。最もエレガントなワインをつくることを目指す。
Ferratus Sensaciones 2005 (T)
Ferratus Sensaciones 2006 (T)

DÍAZ BAYO HERMANOS
自然を尊重し、テロワールを重視したワインを醸造。
Dardanelos 2009 (T)
Nuestro 12 Meses 2007 (TB)
Nuestro 20 Meses 2005 (TB)

DOMINIO DE ATAUTA
ワイン醸造の伝統があるソリアのサン・エステバン・デ・ゴルマスにある醸造所。収穫は手摘み、醸造は生物学的手法で行ない高品質なワインを

醸造。
Dominio de Atauta 2008 (T)
Dominio de Atauta Llanos del Almendro 2008 (T)
Dominio de Atauta Valdegatiles 2008 (T)

DOMINIO DE PINGUS
1995年創設の評判の高い醸造所。醸造を担当するのはデンマーク人ピーター・シーセック。
Flor de Pingus 2008 (T)
Pingus 2007 (T)
Pingus 2008 (T)

ÉBANO VIÑEDOS Y BODEGAS
最高のブドウをセレクトして醸造。
Ébano 2006 (TC)

EMILIO MORO
古い伝統をもつペスケーラ・デ・ドゥエロの地で3世代にわたりワイン醸造に携わる。

このD.O.の象徴ともいえる存在。
Malleolus 2007 (T)
Malleolus de Sanchomartín 2007 (T)
Malleolus de Valderramiro 2007 (T)

FÉLIX CALLEJO
1989年創設。家族経営。
Gran Callejo 2004 (TGR)

FINCA VILLACRECES S.L.
美しい風景の広大な農園で、豊かなワインを造る。リベラ・デル・ドゥエロの「ラ・ミリャ・デ・オロ（黄金の一マイルという意味）」と呼ばれる場所にある。
Finca Villacreces 2006 (TC)
Finca Villacreces Nebro 2008 (TC)

FUENTENARRO
昔ながらの方法で造るワイン。
Viña Fuentenarro 2005 (TR)

GRANDES BODEGAS
伝統的な醸造方法でワインを造り、その品質に賭ける。
Doncel de Mataperras 2005 (TC)
Marqués de Velilla 2006 (TC)

HACIENDA MONASTERIO
ブドウ畑はD.O.内で最もよい場所にあり、品質の高いブドウを収穫。
Hacienda Monasterio 2005 (TR)
Hacienda Monasterio 2007 (T)

HERMANOS PÉREZ PASCUAS
1980年にペレス・パスクアス3兄弟によって創設。リベラ・デル・ドゥエロのパイオニア

のひとつ。
Pérez Pascuas Gran Selección 2005 (TGR)
Viña Pedrosa Finca La Navilla 2007 (T)

HERMANOS SASTRE
丁寧なブドウ栽培、細やかなワイン醸造が高品質ワインの礎となっている。
Regina Vides 2006 (T)
Viña Sastre Pago de Santa Cruz 2006 (T)
Viña Sastre Pesus 2007 (T)

LOS ASTRALES
2000年創設。長い伝統をもつ一族が経営。
Astrales 2007 (T)
Astrales Christina 2007 (T)

LYNUS VIÑEDOS Y BODEGAS
機械に頼らない伝統的製法を守る。
Lynus 2007 (T)

MAGALLANES
セサル・ムニョスの醸造所。
Magallanes 2006 (TC)

MATARROMERA
オリバーレス公爵の邸宅に創設。
Matarromera Prestigio Pago de las Solanas 2001 (TR Esp.)

MONTEBACO

最新設備を導入。
Montebaco 2007 (TC)

PAGO DE CARRAOVEJAS
エレガントで個性的なワイン。表現豊かな香りをもち、力強く、コクがある。
Pago de Carraovejas 2007 (TC)
Pago de Carraovejas «Cuesta de las Liebres» Vendimia Seleccionada 2005 (TR)

PAGO DE LOS CAPELLANES
強い個性をもち、原材料の品質も高く、色彩の豊かな赤ワインを醸造。
Pago de los Capellanes 2006 (TR)
Pago de los Capellanes Parcela El Nogal 2005 (T)
Pago de los Capellanes Parcela El Picón 2004 (TC)

PÁRAMO DE GUZMÁN
品質にこだわる意欲的なエノツーリズムを推進。
Páramo de Guzmán 2009 (TB)
Páramo de Guzmán 2009 (RD)
Raíz de Guzmán 2006 (T)

PEÑAFIEL
唯一無二のワインを目指し、限定生産にこだわる。
Miros de Ribera Selección Barricas 2004 (TR)

PINNA FIDELIS
ペニャフィエルにあるブドウ栽培農家が集まり、2001年に創設。
Pinna Fidelis 2009 (TRB)
Pinna Fidelis Roble Español 2006 (T)

PORTIA
建物はノーマン・フォスターによるデザイン。
Portia Prima 2008 (T)

PROTOS BODEGAS RIBERA DUERO DE PEÑAFIEL
「Ribera del Duero（リベラ・デル・ドゥエロ）」の表示をはじめてラベルに記載。
Protos 2005 (TR)
Protos Ribera Duero 2008 (TRB)

RODERO
伝統と技術革新を両立。醸造工程には科学的なプロセスだけではなく、芸術的な側面もあると考える。
Carmelo Rodero 2009 (T)
Carmelo Rodero 2009 (TRB)
Carmelo Rodero TSM 2005 (T)
Carmelo Rodero «Viñas de Valtarreña» 2004 (T)

S. ARROYO
数々の受賞歴をもつ高水準のワインを醸造。
Tinto Arroyo Vendimia Seleccionada 2007 (T)

VEGA SICILIA
この地域で最も有名かつ古い醸造所（1864年創設）。創設以来、所有者は変遷しているが、ワインの質は素晴らしい水準を保つ。
Valbuena 5° 2005 (T)
Valbuena 5° 2006 (T)
Vega Sicilia Reserva Especial 91/94/98 (T)
Vega Sicilia Reserva Especial 91/94/95 (T)
Vega Sicilia Único 2000 (T)

VIÑA VALDEMAZÓN
2006年創設。バリャドリッドのオリバーレス・デ・ドゥエロにある醸造所。
Viña Valdemazón Vendimia Seleccionada 2007 (T)

VIÑA VILANO S. COOP.
300ヘクタール以上のブドウ畑を所有。
Tierra Incógnita 2004 (T)

VIÑEDOS ALONSO DEL YERRO
2002年創設の同族企業。創設以来のワイン醸造のコンセプトは「比類ない高品質ワインを造ること」。
Alonso del Yerro 2007 (T)
Alonso del Yerro 2008 (T)
«María» Alonso del Yerro 2006 (T)
«María» Alonso del Yerro 2008 (T)

VIÑEDOS Y BODEGAS ASTER
幻想と思慮を兼ね備えたワインを醸造。
Áster 2002 (TR)

VIÑEDOS Y BODEGAS GARCÍA FIGUERO S.L.
ワイン醸造家の丁寧な仕事により優れたワインを醸造。
Figuero Tinus 2008 (T)

VIZCARRA
つねに進化し、成功している醸造所。
Celia Vizcarra 2008 (T)

ルエダ

ALDIAL
デ・ベニート家所有の醸造所。
Ermita Veracruz Verdejo 2009 (B)

AVELINO VEGAS
1950年創設。1982年以来D.O.ルエダのワインを生産。
Montespina Sauvignon 2009 (B)
Montespina Verdejo 2009 (B)

カスティーリャ・イ・レオン

BELONDRADE
フランス人ディディエ・ベロンドラーデの醸造所。
Belondrade y Lurton 2008 (BFB)

BODEGAS Y VIÑEDOS CONDENEO
様々な D.O. のために素晴らしいワインを醸造。
Primer Motivo 2009 (B)
Primer Motivo Verdejo 2009 (B)

BODEGAS Y VIÑEDOS SHAYA
2008 年創設。
Shaya 2009 (B)

BODEGAS Y VIÑEDOS ÁNGEL LORENZO CACHAZO, SL
1988 創設。高品質だがリーズナブルな価格のワインを醸造。
Martivillí Verdejo 2009 (B)

CASTELO DE MEDINA
この地域の特性と個性を反映したワインを醸造。
Castelo de Medina Verdejo 2009 (B)

CHIVITE
スペインで最も古いワイン醸造の家系のひとつ。
Baluarte 2009 (B)

COMPAÑÍA DE VINOS DE TELMO RODRÍGUEZ
ワイン醸造家テルモ・ロドリゲスは、この D.O. の発展に貢献してきた。
El Transistor 2008 (B)

CUATRO RAYAS AGRÍCOLA CASTELLANA
300 人の会員をもつ。2000 ヘクタールのブドウ畑を所有し、高品質なワインを醸造。
Cuatro Rayas 2008 (BFB)
Visigodo Verdejo 2009 (B)

FÉLIX LORENZO CACHAZO SL
60 年以上続く家族経営の醸造所。伝統と最新技術の両立により、この地域最高のワインを醸造。
Carrasviñas Verdejo 2009 (B)
Gran Cardiel Rueda Verdejo 2009 (B)
Manía Rueda Verdejo 2009 (B)

FRANCISCO JAVIER SANZ CANTALAPIEDRA
高品質のワインシリーズを生産。
Orden Tercera Verdejo 2009 (Bjoven)

FRANÇOIS LURTON
スペイン、フランス、ポルトガル、アルゼンチン、チリでワインを生産販売。
Hermanos Lurton Cuesta de Oro 2007 (BFB)

GARCIARÉVALO
国内外の市場で販売するワインを醸造。
Tres Olmos Lías 2009 (B)

HEREDEROS MARQUÉS DEL RISCAL
1972 年にこの地域ではじめて現代的な嗜好のワインを生産。
Marqués del Riscal Rueda 2009 (B)

JAVIER SANZ VITICULTOR
D.O. ルエダの白ワインを主に生産。
Villa Narcisa Sauvignon Blanc 2009 (B)
Villa Narcisa Verdejo 2009 (B)

JOSÉ PARIENTE
ワイン醸造に伝統と情熱を注ぎ、良質で有名なワインを生産。
José Pariente Sauvignon Blanc 2009 (B)
José Pariente Verdejo 2009 (B)

LA COLECCIÓN DE VINOS
複数の D.O. のために良質なワインを醸造。
Oter de Cillas 2007 (BFB)

LA SOTERRAÑA
ワインへの情熱でつながる友人たちにより設立。
Eresma Sauvignon 2009 (B)

LIBERALIA ENOLÓGICA
評判の高いワインを醸造。
Enebral 2009 (B)

MENADE
リチャード・サンスの「シティオス・デ・ボデガ」という醸造所グループに所属。
Palacio de Menade Sauvignon Blanc 2009 (B)

MONTEBACO
2005 年以来、D.O. ルエダのワインを製造。
Montebaco Verdejo 2009 (B)

NAIA
白ワイン、特に若飲みタイプの素晴らしいワインを造るという使命のもとに 2005 年に設立。
K Naia 2009 (B)
Las Brisas 2009 (B)
Naia 2009 (B)
Naiades 2007 (BFB)

PAGOS DEL REY RUEDA
2004 年創設。
Analivia Sauvignon Blanc 2009 (B)

PALACIO DE BORNOS
ワイン醸造家アントニオ・サンスの醸造所。
Palacio de Bornos Verdejo 2009 (BFB)

PEÑAFIEL
ルエダとリベラ・デ・ドゥエロのワインを醸造・販売。
Alba Miros 2009 (B)

PRADOREY
最新技術を駆使し高品質のワインを醸造。エノツーリズムも実施。
PR 3 Barricas 2007 (BFB)
Pradorey Sauvignon Blanc 2009 (B)
Pradorey Verdejo 2009 (B)

PROTOS
ラ・セカで高品質の若飲みタイプのワインを醸造。
Protos Blanco Barrica 2008
Protos Verdejo 2009 (B)

REINA DE CASTILLA
協同組合の醸造所。経過年数 20 年以上のブドウ畑で、伝統的な収穫方法と夜摘みを行なう。
El Bufón Verdejo 2009 (B)
Reina de Castilla Verdejo 2009 (B)

RUEDA PÉREZ
最新技術を取り入れた家族経営の醸造所。

Viña Burón Verdejo 2009 (B)

SITIOS DE BODEGA
この地域初のオーガニックワインを発表。
Palacio de Menade Sauvignon Blanc 2009 (B)

TERA Y CASTRO
革新的精神のもとワイン醸造に賭ける新しい醸造所。
Pentio 2009 (B)

TERNA
リチャード・サンスにより創設。大量生産をせず、特徴的なワインを造るため土壌改良に力を入れている。
Saxum Sauvignon Blanc 2008 (BFB)
V3 Viñas Viejas Verdejo 2008 (BFB)

UNZU PROPIEDAD
フリアン・チビテ・ロペスの新しいワイン醸造所。
Labores de Unzu Verdejo 2009 (B)

VAL DE VID
1996年創設。ラ・セカにあるホセ・アントニオ・メラヨの醸造所。
Condesa Eylo 2009 (B)
Val de Vid Verdejo 2009 (B)

VALSANZO
グレードの高いワイン、特にこの地域の典型的な白ワインを醸造。
Viña Sanzo sobre Lías 2008 (B)
Viña Sanzo Verdejo 2009 (B)

VEGA DE LA REINA
1996年創設以来、成長発展しつづけている醸造所。
Vega de la Reina Verdejo 2009 (B)

VERDEAL
丁寧な醸造で定評のあるワイン。

Verdeal 2009 (B)

VINOS SANZ
1870年創設の歴史ある醸造所。長年にわたり高品質のワイン生産を続ける。
Finca La Colina Verdejo Cien x Cien 2009 (B)
Sanz Clásico 2009 (B)
Sanz Sauvignon Blanc 2009 (B)
Sanz Verdejo 2009 (B)

ティエラ・デ・レオン

MARGÓN
マルティネス・イ・ゴンサレス家のワイン醸造所。主にプリエト・ピクード種のワインを醸造。
Pricum Paraje de El Santo 2007 (T)
Pricum Valdemuz 2007 (T)

VIÑEDOS Y BODEGA PARDEVALLES
国際的な評価の高い家族経営の醸造所。
Pardevalles Albarín 2009 (B)

ティエラ・デル・ビノ・デ・サモラ

VIÑAS DEL CÉNIT
ホルヘ・オルドネス（輸入業者）、ハビエル・アレン（醸造家）、ビクトル・ロドリゲス（ジャーナリスト）の3人で始めた醸造所。
Cénit 2007 (T)
Cénit VDC 2005 (T)
Demora 2008 (T)

トロ

A.VELASCO E HIJOS, SL
家族経営。カタログには100ものブランドが並ぶ。
Garabitas Selección Viñas Viejas 2008 (TRB)

ÁLVAREZ Y DÍEZ
バイオテクノロジーを駆使してワインを醸造。

Valmoro 2006 (T)

BODEGA DEL PALACIO DE LOS FRONTAURA Y VICTORIA
トロにあるフロンタウラ家の邸宅に併設。品質のよいワインをつくるために修練を重ね、伝統と前衛を調和させる。
Aponte 2006 (T)
Dominio de Valdecasa 2006 (T)
Nexus 2005 (T)
Nexus + 2006 (T)

BODEGAS Y PAGOS MATARREDONDA
栽培では伝統、醸造では技術を大切にする。
Juan Rojo 2006 (T)

BODEGAS Y VIÑEDOS MAURODOS

マウロ・ガルシア・フェルナンデスが代表を務める。
Prima 2008 (T)
San Román 2007 (T)

BODEGAS Y VIÑEDOS PINTIA
ベガ・シシリアグループに属する醸造所。
Pintia 2007 (T)
Pintia 2008 (T)

BODEGUEROS QUINTA ESENCIA

高い品質、バランスのとれた価格、オリジナリティを併せもつワインを醸造。
Sofros 2008 (T)

CARMEN RODRÍGUEZ MÉNDEZ
トロの醸造所のうち最も小規模な醸造所。
Carodorum Selección 2007 (TC)

COMPAÑÍA DE VINOS DE TELMO RODRÍGUEZ
トロの近代的なワインの生産に深く関わる醸造所。
Pago La Jara 2007 (T)

COVITORO
会員が生産したブドウだけを使って醸造。
Cañus Verus 2007 (T)
Cermeño 2009 (T)

DOMAINES MAGREZ ESPAGNE
俳優ジェラール・ドパルデューと経営者ベルナルド・マグレスの醸造所。
Paciencia 2006 (T)
Temperancia 2006 (T)

DOMINIO DEL BENDITO
若いフランス人醸造家アンソニー・テリン所有の醸造所。
Dominio del Bendito 2008 (TRB)
Dominio del Bendito 12 Meses 2006 (T)

ELÍAS MORA
2000年にサン・ロマンで創設。その後まもなく有名な醸造所になった。
Elías Mora 2007 (TC)
Gran Elías Mora 2007 (T)
Viñas Elías Mora 2008 (TRB)

ESTANCIA PIEDRA SL
醸造家イグナシオ・デ・ミゲル所有の醸造所。
Piedra Azul 2009 (T)

Vinos de España

カスティーリャ・イ・レオン

FARIÑA
マヌエル・ファリニャが所有。新たな試みにチャレンジしつづけ、成功している。
Gran Colegiata Roble Francés 2006 (TC)

PAGOS DEL REY
主に若飲みタイプを醸造。
Bajoz 2006 (TR)
Gran Bajoz 2004 (TC)

PALACIO DE VILLACHICA
ドゥエロ川に面し、トロ周辺に位置する醸造所。
Palacio de Villachica 5T 2004 (TC)

QUINTA DE LA QUIETUD
有機栽培にこだわり22ヘクタールのブドウ畑を所有。
Corral de Campanas 2009 (T)
Quinta Quietud 2005 (T)

REJADORADA, SL
大邸宅の中に歴史的醸造所とホテルを併設。
Novellum Rejadorada 2007 (TC)

TESO LA MONJA
マルコス・エグレン（ヌマンティア・テルメ醸造所の創始者）の新しい醸造所。エグレンはこの地で再び素晴らしい醸造に取り組み、瞬く間に確固たる名声を獲得した。
Alabaster 2007 (T)
Alabaster 2008 (T)
Almirez 2007 (T)
Almirez 2008 (T)
Victorino 2007 (T)
Victorino 2008 (T)

VEGA SAÚCO
機械に頼らない手作業による醸造。家族経営。
Vega Saúco «TO» 2004 (TC)

VILLAESTER
ベラスコ家の醸造所。
Villaester 2003 (T)

カタルーニャ

アレーリャ

ALELLA VINÍCOLA
革新的な先駆者として知られる。
Marfil Solera 2003 (B)

CASTILLO DE SAJAZARRA
飲みやすく、複雑さとエレガントさを併せもつワインを生産。
In Vita 2008 (B)
In Vita 2009 (B)

カタルーニャ

CA N'ESTRUC
モンセラート山の斜面にある醸造所。26ヘクタールのブドウ畑を所有。
Idoia Blanc 2009 (BFB)
L'Equilibrista 2007 (T)
L'Equilibrista 2009 (B)

CLOS D'AGON
ジローナのカロンゲにある醸造所。1998年にスイス出身の6人が共同出資して購入し、オーナーとなった。
Clos D'Agon 2008 (T)
Clos D'Agon 2009 (B)
Clos Valmaña 2008 (TC)

FERMI BOHIGAS
4世紀もの伝統をもつ。
Mas Macià Xarello 2009 (B)

GRAU VELL
ペレス・オベヘロ家の技術方針のもとで生産を行なう新しい醸造所。
Alcor 2006 (T)
Alcor 2007 (T)

PORTAL DEL MONTSANT
有機栽培の模範的存在。
Santbru blanc 2009 (B)
Santes 2009 (RD)

VINS DEL MASSIS
人気のある白ワインを醸造。
Macizo 2008 (B)
Macizo 2009 (B)

コンカ・デ・バルベラ

CARLES ANDREU
建物はピラの名門セルドニ家の古い邸宅。
Vino Tinto Trepat Carles Andreu 2008 (T)

MAS FORASTER
素晴らしい赤ワイン、ホベンとクリアンサを醸造。
Josep Foraster 2007 (TC)

ROSA MARÍA TORRES
つねに品質向上しつづけている醸造所。
Susel 2009 (RD)

TORRES
ミゲル・トーレス社のすばらしさを示す、もうひとつの醸造所。
Grans Muralles 2006 (T)

コステルス・デル・セグレ

CASTELL D'ENCUS
有機栽培に取り組む新しい醸造所。爽やかで驚きのある、高品質ワインを醸造。
Ekam 2009 (B)
Taleia 2008 (B)
Taleia 2009 (B)
Thalarin 2008 (T)

CASTELL DEL REMEI
18世紀の建物。1982年にクシネ家が購入し、改修。
Castell del Remei Oda Blanc 2009 (BFB)

CERCAVINS
長くワイン業に携わってきた伝統ある醸造所。
Guilla 2008 (BFB)

CÉRVOLES CELLER
ひとつの熟成槽に同じ区域で収穫された単一品種だけを入れて醸造する。
Cérvoles 2009 (BFB)
Cérvoles Estrats 2005 (T)

L'OLIVERA
障害のある人々が働いている共同組合の醸造所。
Vallisbona 2008 (B)

各州の代表的な醸造所

TOMÁS CUSINÉ
ブドウ畑の品質の高さとオーナーのトマスの経験が反映された、個性的でエレガントなワインを醸造。
Cusiné.Auzells 2009 (B)
Finca Racons 2009 (B)
Geol 2006 (T)
Geol 2007 (T)

エンポルダ

CAN SAIS
12ヘクタールのブドウ畑を所有。
Can Sais Privilegi 2008 (TD)

CASTILLO DE PERELADA
ミゲル・マテウの記念碑的醸造所。この地域のブドウ栽培とワイン生産の伝統の復活を目的として1923年に創設。最新技術を導入し、エンポルダの土壌とブドウ畑の微妙なニュアンスを表現するワインを醸造。
Castillo Perelada 5 Fincas 2006 (TR)
Castillo Perelada EX EX 7 2005 (T)
Castillo Perelada Chardonnay 2009 (B)
Castillo Perelada Garnatxa de l'Empordà Finca Garbet 2005 (T)

COOP. AGRÍCOLA DE GARRIGUELLA
ガリゲーリャで栽培される半分以上のブドウを使ってワインを生産。
Garriguella Novell 2009 (T)

LAVINYETA
小規模。高品質なワインを醸造。
Heus 2009 (T)

MARÍA PAGÈS
カプマニにある、カタルーニャで最も古い醸造所のひとつ。
Celler María Pagès Garnacha 2008 (BR)

MAS OLLER
カルロス・エステーバが経営。家族が所有する農園にブドウを再植。
Mas Oller 2009 (B)
Mas Oller Plus 2007 (T)
Mas Oller Pur 2009 (T)

MASÍA SERRA
最新設備のもとで最高級のワインを醸造。
Ino Garnatxa de l'Empordà (VDN)

OLIVER CONTI
1991年にハビエルとジョルディ・オリビエ・コンティ兄弟によって創設。
Oliver Conti 2005 (TR)
Oliver Conti Ara 2007 (T)
Oliver Conti Ara 2008 (T)

モンサン

ACÚSTIC
アルベルト・ハネの醸造所。
Acústic 2007 (T)
Acústic 2008 (T)

DOSTERRAS
エノツーリズムに携わる。
Dosterras 2007 (T)

ELS GUIAMETS
1913年創設。協同組合醸造所。
Gran Mets 2006 (T)

ÉTIM
ファルセットの農業協同組合に所属。
Étim l'Esparver 2005 (T)
Étim Verema Sobremadurada Selecció Vinyes Velles 2005 (T)

JOAN D'ANGUERA
1820年創設。家族経営。伝統を受け継ぎ、ワインを造りつづけている。
Bugader 2006 (T)
Planella 2008 (T)

MAS PERINET
2001年創設。
Clos María 2007 (B)

ORCELLA
2001年創設。
Ardea 2006 (TC)

ORTO VINS
様々な品種を栽培する12の農園を所有。
Dolç d'Orto 2009 (B)
Dolç d'Orto 2009 Dulce Natural

PORTAL DEL MONTSANT
ガルナッチャとカリニェナで造る際立ったワインが特徴。繊細で芳醇、複雑な味わい。
Trossos 2008 (T)
Trossos Tros 2008 (B)
Trossos Tros Magnum 2007 (B)
Trossos Tros Magnum 2007 (T)

VENUS LA UNIVERSAL
有機栽培に力を入れる。4ヘクタールの小さなブドウ畑を所有。
Dido 2009 (B)
Venus 2006 (T)
Venus 2007 (T)

VINYES DOMÉNECH
ワイン業界のエキスパート集団による醸造所。
Furvus 2007 (T)
Teixar 2007 (T)

VIÑAS DEL MONTSANT
1世紀もの歴史をもつ。
Fra Guerau 2006 (TC)

ペネデス

ALSINA & SARDÁ
3代続く醸造所。確かな品質。
Alsina & Sardá Finca La Boltana 2009 (B)

AVGVSTVS FORUM
個性ある高品質なワインを醸造。
Avgvstvus Cabernet Sauvignon-Merlot 2007 (TRB)

CAL RASPALLET VITICULTORS
丁寧な醸造をしている小さな醸造所。
Nun Vinya dels Taus 2007 (B)
Nun Vinya dels Taus 2008 (B)

CASA RAVELLA
300年以上の伝統をもつ。D.O.内で最も大きな企業のひとつ。
Casa Ravella 2007 (BFB)

CAVAS FERRET
エスキエル・フェレットにより1941年に創設。
Abac 2009 (B)

GRAMONA
125年以上の伝統をもつ企業。カバとワインを製造。新たな感性と香りをつねに追求し、刷新の手を緩めない。栽培、醸造ともに細部にまでこだわった丁寧な仕事ぶり。
Gramona Gessamí 2009 (B)
Gramona Gra a Gra 2006 (BD)
Gramona Mas Escorpi Chardonnay 2009 (B)
Gramona Sauvignon Blanc 2007 (BFB)
Gramona Xarel-lo Font Jui 2007 (B)
Primeur Gramona 2009

カタルーニャ

(RD)
Vi de Gel Gewürztraminer 2006 (BC)

JOSEP Mª RAVENTÓS BLANC
18代にわたりブドウ栽培に携わる。信頼できる品質。
Il de Isabel Negra 2007 (T)
Silencis 2009 (B)

JUVÉ Y CAMPS
ワイン、カバともに素晴らしい品質。
Casa Vella D'Espiells 2006 (T)

LLOPART CAVA
1887年創設。カバとワインを製造。
Llopart Clos dels Fóssils Chardonnay 2009 (B)

PARATÓ
品質が高く評判のよいワイン。最新技術と伝統を両立させた醸造。
Finca Renardes Blanc Macabeu+Coupage 2009 (B)
Parató Xarel-lo 2009 (B)

PARDAS
栽培、醸造において、自然と調和し手をかけすぎない不干渉主義に基づく有機栽培を実践。
Pardas Aspriu 2007 (T)
Pardas Negre Franc 2007 (T)

PARÉS BALTÁ
1790年創設。醸造所とワイン生産の伝統は父から息子へ受け継がれてきた。
Calcari Xarel-lo 2009 (B)
Indigena 2008 (T)
Mas Elena 2007 (T)

PUIG ROMEU
ブドウに関する様々な実験を行ない、新たな醸造に挑戦。
Vinya Jordina 2009 (B)

TORRES
有名な醸造所。D.O.内に本部を置く。
Reserva Real 2006 (T)

プラ・デ・バリェス

ABADAL
地元品種とフランスの古典品種を組み合わせて高品質なワインを醸造。
Abadal Cabernet Sauvignon 2009 (RD)
Abadal Picapoll 2009 (B)
Abadal Selecció 2006 (T)

プリオラート

ÁLVARO PALACIOS
複数のD.O.に醸造所をもち、1989年にプリオラートの地に進出。切り立った山岳地帯にワイン畑を開墾。
Finca Dofí 2008 (T)
Les Terrasses Vinyes Velles 2008 (TC)
L'Ermita 2007 (TC)

CASA GRAN DEL SIURANA
16ヘクタール以上のブドウ畑を所有。
Gran Cruor 2007 (T)

CLOS DE L'OBAC
高品質なワインとして国内外で確固たる地位を築く。
Kyrie 2007 (BC)
Miserere 2006 (TC)

CLOS FIGUERAS
有名なワイン販売業者クリストファー・カンナンの醸造所。
Font de la Figuera 2008 (T)
Serras del Priorat 2009 (T)

CLOS I TERRASSES
国際的に有名なワインを醸造。
Clos Erasmus 2008 (TB)

CLOS MOGADOR
20ヘクタールのブドウ畑をもつレネ・バルビエの小さな醸造所。9年以下のブドウの樹からは収穫せず、土壌の本質を最もよく引き出せる円熟した樹からのみ収穫。
Clos Mogador 2007 (T)
Clos Mogador 2008 (T)
Manyetes 2005 (T)
Manyetes 2008 (T)
Nelin 2008 (B)
Nelin 2009 (B)

COMBIER-FISCHER-GERIN S.L.
プリオラートにあるロダオ醸造所の3人の有名な醸造家により創設。
Trío Infernal n° 0/3 2008 (BC)
Riu by Trío Infernal 2008 (T)

DOMINI DE LA CARTOIXA
ミゲル・ペレス・セラーダの醸造所。
Clos Galena 2008 (TC)

ELVIWINES
複数のD.O.に醸造所をもつ大企業。
El26 2005 (T)

MAS ALTA
1999年創設。ミッシェル＆クリスティン・バンホッテン夫妻と共同経営者によって、プリオラートラベルのワインを醸造。
Artigas 2009 (BFB)
Els Pics 2008 (T)
La Creu Alta 2006 (T)

MAS DOIX
1850年創設。ドイッシュ家とバレンティ・ヤゴステラによる醸造所。伝統復活を狙う。
Doix 2008 (TC)
Salanques 2008 (T)

MAS MARTINET
2001年末に創設。プリオラートのテロワールを表現する高品質なワインを醸造。
Camí Pesseroles 2007 (T)
Clos Martinet 2006 (T)
Clos Martinet 2007 (T)
Els Escurçons 2007 (T)
Martinet Bru 2007 (T)

MAS PERINET
アントニオ・カサード、アレハンドロ・マルソル、ホアン・マヌエル・セラットにより創設。
Petit Perinet 2006 (T)

PAHÍ
19世紀以来ワイン醸造に携わる家族経営の醸造所。
Pahí-Poboleda 2009 (T)

PORTAL DEL PRIORAT
クロス・デル・ポルタル農園

のブドウ畑にある醸造所。
N D N Clos del Portal 2008 (T)
Somni Clos del Portal 2008 (T)

TANE/SANTES GATES
ボラス家が所有。
Tane Selección 2005 (T)

TERROIR AL LIMIT
環境を守り、生物動力学に基づいてブドウを栽培し、素晴らしいワインを生産。イーベン・サディとドミニク・A・フーバーの醸造所。
Arbossar 2007 (T)
Dits del Terra 2007 (T)
Les Manyes 2007 (T)
Les Tosses 2007 (T)
Torroja VI de la Vila 2007 (T)

TROSSOS DEL PRIORAT
テロワールを尊重するワイン造りを目指す。
Lo Món 2007 (T)

VALL-LLACH
大量生産ではなく、少量を完全な管理下で醸造することを目指す。
Vall-Llach 2008 (T)

VINÍCOLA DEL PRIORAT
1991年創設。地元の生産者が集まってできた協同組合の醸造所。
Frares Dolç
Frares Ranci (SC)
Ónix Clàssic 2009 (B)

VITICULTORS DEL PRIORAT
プリオラートのベルムントにある醸造所。
Mas de Subirá 2007 (TC)

VITICULTORS MAS D'EN GIL
ペラ・ロビーラと息子が「すべてのテロワールを瓶詰め」にする夢を実現。
Clos Fontà 2006 (TC)
Clos Fontà 2007 (TC)

タラゴナ

AGRÍCOLA Y SECCIÓ DE CREDIT DE RODONYÀ
D.O.の特徴的なワインを醸造する協同組合。
Sumoi Capvespre 2008 (T)

DE MULLER
長い伝統をもつ。つねに刷新的な製法や高品質ワインの販売に挑戦。
De Muller Chardonnay 2009 (BFB)
De Muller Moscatel Añejo Vino de licor
De Muller Rancio Seco Vino de Licor
Pajarete Solera 1851 Vino de Licor

VINOS PADRÓ
5世代にわたってワイン生産に携わる醸造所。
Ipsis 2007 (TC)

VINYES DEL TERRER
高い品質とテロワールを表現することを目指す。
Nus del Terrer 2006 (T)
Nus de Terrer 2007 (T)

テラ・アルタ

AGRÍCOLA ST. JOSEP
約30万ボトルを生産。
Llàgrimas de Tardor 2007 (TC)
Llàgrimas de Tardor 2008 (BFB)

BATEA
1445ヘクタールのブドウ畑をもつ協同組合の醸造所。
Equinox 2009 Moscatel

EDETÀRIA
栽培、醸造の両方においてD.O.内で最も評判の高い生産者のひとつ。
Edetària 2005 (B)
Edetària 2007 (T)
Edetària 2008 (BC)
Edetària 2009 (B)
Vía Terra 2009 (B)
Vía Terra 2009 (T)
Vinya D'Irto 2009 (TJ)

TARRONÉ
1942年創設。ワイン醸造に情熱をかけた家族経営の醸造所。
Merian Dulce Natural 2008 (T)

VINS SAT LA BOTERA
年間約60万ℓを生産。
Bruna Dolç 2009

バレンシア

アリカンテ

BERNABÉ NAVARRO
高品質なワインを造るため様々な技術を活用。品種はモナストレル。
Beryna Selección 2006 (T)
Beryna 2007 (T)
Beryna 2008 (T)
Casa Balaguer 2006 (T)

BOCOPA
ペトレルにある醸造所。濃厚なワインを生産。
Laudum Monastrell Especial 2006 (T)

BODEGAS Y VIÑEDOS EL SEQUÉ
固有品種モナストレルを使って醸造。
El Sequé 2008 (TRB)

COMERCIAL GRUPO FREIXENET S.A.
フレシネ・グループが、このD.O.内に所有する醸造所。
Nauta 2006 (TC)

E. MENDOZA
1970年代末に創設。D.O.アリカンテで最も評判の高い醸造所。2つの醸造所と環境に配慮したブドウ畑を所有。
Enrique Mendoza Cabernet Sauvignon 2006 (TC)
Enrique Mendoza Moscatel de la Marina 2009 (B)
Enrique Mendoza Santa Rosa 2005 (TR)
Estrecho Monastrell 2006 (T)

JOAQUÍN GÁLVEZ
品質は高いが生産量は少ない。
Leva Daniel's 2006 (T)

GUTIÉRREZ DE LA VEGA
D.O. 内で最も象徴的な家族経営の醸造所。この地域の伝統的な品種モスカラを復活させた。
Casta Diva 2000 Fondillón
Casta Diva Reserva Real 2002 (BR)
Furtiva Lágrima 2008 (B)
La Diva 2008 (BC)

MURVIEDRO
ディエゴ・タラベラが経営する醸造所。
Travitana 2007 (T)

NUESTRA SEÑORA DE LAS VIRTUDES COOP. V.
伝統的なワイン製造する地域、ビジェナにある醸造所。
Vinalopó 2006 (TC)

PORSELLANES
有機農法によるブドウ栽培を行なう。
Agulló 2007 (T)

SALVADOR POVEDA
20世紀中頃に市場から姿を消したこの地域の伝説的なワイン、フォンディリョンを復活させた。
Sacristía Fondillón Gran Reserva
Toscar Cabernet Sauvignon 2007 (TC)

SIERRA SALINAS
カスターニョス家が経営するブドウ畑と醸造所。
Mira Salinas 2006 (T)
Salinas 1237 2007 (T)

TERRA NATURA
非常に評判の高い地中海的なワインを醸造。
Miguel Navarro 2009 (B)

VICENTE GANDÍA PLA
1885年創設。企業経営。
El Miracle Art 2007 (T)

VINESSENS
ビジェナにある醸造所。若者のグループが経営。
Sein 2008 (T)

ウティエル・レケーナ

BODEGAS Y VIÑEDOS DE UTIEL
1985年に創設。デ・ラス・エラス家による醸造所。
Actum Colección Syrah Tempranillo 2008 (T)

CHOZAS CARRASCAL
多彩な色合いの、高品質で個性的なワインを醸造。
El CF de Chozas Carrascal 2008 (T)

COVIÑAS COOP. V.
最新設備を導入し、伝統も大切にする。
Aula 2009 (BFB)

CUEVA
18世紀の非常に保守的なスタイルの建物。
Cueva Barrica Selección 2007 (T)

FINCA ARDAL
1996年創設。
Tanus 2007 (T)

HISPANO SUIZAS
マーク・グリン（醸造と商品販売）、パブロ・オソリオ（ワイン醸造研究）、ラファエル・ナバーロ（栽培）の3人により創設。
Bassus Premium 2007 (T)
Impromptu 2009 (B)

MURVIEDRO
ワイン醸造学者パブロ・オソリオが醸造を担当。
Corolilla 2007 (TC)

SEBIRÁN
1994年に新たな歩みを始めた醸造所。
Coto d'Arcis Brut Especial (BR)
Coto d'Arcís 2008 (TC)

SIERRA NORTE
過去の経験と伝統に基づいて、研究と革新に挑戦。
Cerro Bercial 2007 (TFB)
Cerro Bercial Selección 2008 (B)

VALENCIA ÁLVAREZ NÖLTING
2004年よりワイン販売を開始。
Álvarez Nölting 2006 (T)

CELLER DEL ROURE
最先端の栽培技術を駆使し、赤ワイン品種マンドを復活させた。
Maduresa 2006 (T)

EL ANGOSTO
サンタ・ロサ農園にある19世紀の古い醸造所。カンブラ家所有。
Almendros 2008 (B)
Almendros 2008 (T)
Angosto Negre 2008 (T)

LA BARONÍA DE TURIS
尊重、愛、情熱をワイン醸造の哲学とする。
1920 2007 (T)

LA CASA DE LAS VIDES BODEGUES I VINYES
1783年創設の醸造所によりエル・ガルテーロ農園に新たに建設。
Acvlivs 2007 (T)
Acvlivs 2008 (T)

LA VIÑA
協同組合の醸造所。
Venta del Puerto 18 2006 (TB)
Venta del Puerto 12 2007 (T)

MURVIEDRO
バレンシアにある3つのD.O.のワインを製造。
Murviedro 2007 (TC)

エストレマドゥーラ

リベラ・デル・グアディアナ

PAGO LOS BALANCINES
2006年創設。環境との調和を第一に掲げ、それを体現したワイン造り。繊細で肉付きが豊か、口当たりはやわらかく、高品質なワインを製造。
Alunado 2009 (BFB)
Huno 2007 (T)
Huno 2008 (T)
Huno Matanegra 2007 (TC)

Salitre 2009（T）

SOCIEDAD COOPERATIVA VIÑAOLIVA
アルメンドラレホでワインとオリーブ油を販売。
Zaleo Premium 2008（T）
Zaleo Selección 2008（T）
Zaleo Premiun 2009（T）

VIÑAS DE ALANGE S.A.
レセルバとクリアンサを醸造。
«PQ» Primicia 2008（T）

BODEGAS CARABAL
グアダルーペ山脈の麓にある醸造所。
Carabal 2007（TC）
Rasgo 2008（TRB）

ガリシア

モンテレイ

BODEGAS Y VIÑEDOS QUINTA DA MURADELLA
1991年創設。商品展開が始まったのは2000年以降。
Gorvia 2007（T）
Gorvia Fermentado en Barrica 2007（BFB）

PAZOS DEL REY
テロワールのほかにはない素晴らしさを反映するワインを醸造。
Pazo de Monterrei 2009（B）

リアス・バイシャス

AGNUSDEI
最新技術を使って醸造される評判高いワインで知られる。
Palabras Mayores 2008（B）

ALBARIÑO BAIÓN
この地区の代表的なワインを醸造。
Pazo Baión 2009（B）

ALDEA DE ABAIXO
代々ワイン生産に携わってきた6人のブドウ栽培農家が集まって設立した醸造所。
Gran Novas Albariño 2009（B）

ALTOS DE TORONA
HGAグループ所属。栽培、醸造ともに高水準。
Altos de Torona 2009（B）

AQVITANIA
J.アントニオ・スエイロによるモダンな建築。
Albariño Bernón 2009（B）
Gota Buena（B）

AS LAXAS
高品質なアルバリーニョで多彩な色合いのワインを醸造。
Laxas 2009（B）
Valdo Sosego 2009（B）

BODEGAS DEL PALACIO DE FEFIÑANES
カンバードスにある醸造所。ルネッサンス式の歴史ある建物は、フェフィニャネスとフィゲロアの邸宅に併設されている。1928年よりアルバリーニョで造られたワインの販売を開始。
1583 Albariño de Fefiñanes 2008（FB）
Albariño de Fefiñanes III Año 2006（B）

CASTRO BAROÑA
2004年に初収穫以来、夢あふれるプロジェクトを始動。
Castro Baroña Albariño 2009（B）
Lagar do Castelo 2009（B）

COMPAÑÍA DE VINOS TRICÓ
ワイン醸造学者ホセ・アントニオ・ロペスの手による新たな醸造所。
Tricó 2008（B）

CONDES DE ALBAREI
エノツーリズムに積極的に携わる。
Condes de Albarei 2009（B）

COTO REDONDO
ワイン販売のためにルビオスのワイン栽培農家が集まってできた醸造所。
Señorío de Rubiós Condado Blanco 2009（B）

DAVIDE
代々高品質のワインを生産。
Davide Dúo 2005（B）

EULOGIO POMARES ZÁRATE E HIJOS, S.L.
アルバリーニョに賭ける3世代続く醸造所。
Zárate El Palomar 2008（BFB）

FILLABOA
品質の高いワイン。醸造学関連の活動を多数行なう。
Fillaboa Selección Finca Montealto 2008（B）

GRAN VINUM
ピニェイロ・コレス家の醸造所。
Esencia Diviña 2009（B）

GRANBAZÁN
訪問可。見学するとアルバリーニョの醸造過程がよく理解できる。
Granbazán Don Álvaro de Bazán 2006（B）
Granbazán Etiqueta Verde 2009（B）
Granbazán Limousin 2008（B）

LA VAL
D.O.内のパイオニア的存在。
La Val Albariño 2007（BFB）

LAGAR DE FORNELOS S.A.
50ヘクタールのブドウ畑を所有。
Lagar de Cervera 2009（B）

MAIOR DE MENDOZA
ホセ・バロス・クエルボにより創設。家族経営。
Maior de Mendoza «Sobre Lías» 2009（B）

MARQUÉS DE VIZHOJA
ア・モレイラ農園にある18世紀の邸宅につくられた醸造所。
Torre La Moreira 2009（B）

PAZO DE BARRANTES
1991年設立。最新設備を導入。
Pazo de Barrantes Albariño 2009（B）

PAZO DE VILLAREI
サルネス渓谷にある醸造所。
Terra d'Ouro 2009（B）

ROSALÍA DE CASTRO
土地の個性を反映するワイン醸造のために最新技術を導入。
Paco & Lola 2008（B）
Paco & Lola 2009（B）
Rosalía de Castro 2009（B）

TERRAS GAUDA
地域で最も広いブドウ畑のひとつを所有。
Abadía de San Campio 2009（B）

VIÑA ALMIRANTE
D.O.内で傑出した醸造所。ワインの品質の高さで有名。
Elas 2009（B）
Pionero Maccerato 2009（B）
Vanidade 2009（B）

VIÑA NORA
14ヘクタールの自社のブドウ

Vinos de España

畑のほか、小規模農家のブドウの醸造も行なう。
Nora da Neve 2007 (BFB)
Nora da Neve 2008 (BFB)

リベイラ・サクラ

ALGUEIRA
ロマネスク様式の修道院風に建てられた醸造所。
Algueira 2009 (B)

MOURE
D.O. 内で生産されるワインの改良に貢献した醸造所のひとつ。
Moure de Autor Tinto Barrica 2009

PEDRO MANUEL RODRÍGUEZ PÉREZ
リベイア・サクラのワインのよさを広めることを目指す。
Guimaro 81P (T)

PONTE DA BOGA
品質の高さと販路の確保により安定した経営が行われている。
Ponte da Boga Blanco de Blancos 2009 (B)
Ponte da Boga Godello 2008 (B)

リベイロ

BODEGA COOP. SAN ROQUE DE BEADE
品質の高い4つの銘柄を販売。
Terra do Castelo Godello 2009 (B)

CAMPANTE
3世代続く老舗。ワインの品質向上につねに取り組む。
Alma de Reboreda Tostado 2005 (B)
Gran Reboreda 2009 (B)

COTO DE GOMARIZ
1987年以来、固有品種を使用した高品質なワイン造りを目指す。
Coto de Gomariz 2009 (B)
Gomariz Viño de Encostas de Xistos 2009 (B)

EDUARDO PEÑA
カストレロ・デ・ミニョにある5ヘクタールのブドウ畑を所有。
María Andrea 2009 (B)

MANUEL FORMIGO
2006年以来、自社のブドウ畑のブドウで高品質なワインを醸造。
Finca Teira 2009 (B)
Tostado de Teira 2006 (B)

VALDAVIA
19世紀までさかのぼることのできる歴史的な醸造所。
Cuñas Davia 2009 (B)

VIÑA MEIN S.L.
リベイロワインの原点に帰り、その復活に賭ける。
Viña Mein 2009 (B)

バルデオラス

A TAPADA S.L.
ゴデーリョの新たな価値を見出した醸造所。
Guitián Godello 2008 (BFB)

AVANTHIA
スペインワインを国際市場に売りこむホルヘ・オルドネスが経営する醸造所のひとつ。
Avanthia Godello 2009 (B)
Avanthia Mencía 2008 (T)

CARBALLAL
ペティン・デ・バルデオラスにある醸造所。
Erebo Godello 2009 (B)
Erebo Mencía 2009 (T)

COMPAÑÍA DE VINOS DE TELMO RODRÍGUEZ
テルモ・ロドリゲス社の最も新しい醸造所。
Gaba do Xil 2009 (B)
Gaba do Xil Mencía 2009 (T)

ELADIO SANTALLA PARADELO
高い品質とわずかな生産量を理念に掲げる。
Hacienda Ucediños 2009 (B)

GODEVAL
サン・ミゲル修道院にある醸造所。
Godeval Cepas Vellas 2008 (B)

MENCÍAS DE DOS
醸造家リチャード・サンスが醸造を担当。
Ollo de Galo Lías 2009 (B)

O CASAL
2000年に5人の会員により創設。
Casal Novo Godello 2009 (B)
Casal Novo Mencía 2009 (T)

O CEPADO
ゴデーリョとメンシアを用いてワインを生産。家族経営。
Cepado Godello 2009 (B)

RAFAEL PALACIOS
2004年にゴデーリョのブドウ畑を購入。ゴデーリョで表現豊かなワインを造ることを目指す。
As Sortes 2008 (B)
As Sortes 2009 (B)
Louro do Bolo Godello Lías Finas 2009 (B)

SAMPAYOLO
栽培、加工、醸造、販売のすべてを行なうガリシア発の醸造所を目指す。
Sampayolo Godello 2009 (B)

SANTA MARTA
1998年創設。家族経営。
Viñaredo Godello 2009 (B)

VIÑA SOMOZA BODEGAS Y VIÑEDOS
固有品種でワインを造ることに賭ける。
Viña Somoza Godello Selección 2009 (BRB)

リオハ

リオハ

ABEL MENDOZA MONGE
1988年創設の小さな醸造所。クリアンサを中心に醸造。
Abel Mendoza Graciano Grano a Grano 2007 (T)
Abel Mendoza Tempranillo Grano a Grano 2007 (T)

ÁGUILA REAL
ワイン醸造業者バシリオ・イスキエルドの醸造所。
B de Basilio 2007 (T)
B de Basilio 2009 (B)

ALADRO
近年創設された独創的な醸造所。
Aladro 2009 (T)

ALTOS DE RIOJA VITICULTORES Y BODEGUEROS
リオハ・アラベサのラグアルディアにある醸造所。
Altos R Pigeage 2006 (T)

各州の代表的な醸造所

ALTÚN
伝統と刷新を両立し、高品質なワインを造ることを目指す。
Albiker 2009（T）
Everest 2007（T）

AMAREN
栽培、醸造ともに完璧を追及する。
Amaren Graciano 2006（TC）
Ángeles de Amaren 2006（T）

ANTIÓN
機能的で環境との共生に配慮した建物。
Antión Premium 2005（T）
Barón de Oja 2006（TC）

ARTUKE BODEGAS Y VIÑEDOS
長い伝統をもつ家族的な雰囲気の醸造所。1985年ミゲル・ブランコ家により創設。事前に予約すれば訪問可。
Artuke 2007（TC）
Artuke 2009（T maceración carbónica）
Artuke K4 2008（T）
Artuke Selección 2009（T）

BAIGORRI
醸造過程や設備にIDI（調査・発展・技術革新）を取り入れ、高品質のワイン醸造を目指す。
Baigorri Belus 2007（T）

BASAGOITI
高品質ワインを造って90年の歴史ある醸造所。
Nabari 2009（T）

BERCEO
リオハで最も古い醸造所。地域内で唯一、山の斜面を利用して5つの区分にわけて貯蔵する「垂直貯蔵」を維持。
Berceo «Nueva Generación» 2006（TC）
Los Dominios de Berceo 2006（TC）
Los Dominios de Berceo «Reserva 36» 2005（TR）
Viña Berceo 2006（TC）

BILBAÍNAS
D.O.内で最も古い瓶詰ワインを製造。コドルニウグループに所属。
La Vicalanda 2005（TGR）
La Vicalanda 2005（TR）

BODEGAS Y VIÑEDOS ARTADI
協同組合の醸造所。各々が自分の醸造所で醸造し、ラグアルディアの本部で最終工程を行なう。
Artadi Pagos Viejos 2008（T）
Artadi Viñas de Gain 2006（B）
Viña El Pisón 2008（T）

CAMPILLO
ワイン醸造に建築という概念を組みこんだラ・リオハ初の醸造所。
Campillo Finca Cuesta Clara 2004（T）

CAMPO VIEJO
古い伝統をもつ。建物は前衛的なデザイン。
Azpilicueta 2006（TC）

CASTILLO DE SAJAZARRA
1973年にリバノ家が城を購入し起業。醸造所は新たに庭に建設された。
Digma Autor 2005（T）
Herenza Kosher Elviwines 2008（TC）
Solar de Líbano 2007（TC）

COMPAÑÍA DE VINOS DE TELMO RODRÍGUEZ
ワイン醸造家テルモ・ロドリゲスのリオハの醸造所。繊細で聡明なワイン醸造家の手によるワイン造り。
Altos de Lanzaga 2007（T）
Lanzaga 2006（T）
LZ 2009（T）

CONTADOR
サンシエラのサン・ビセンテ郊外にあるベンハミン・ロメオの新醸造所。コンクリート素材の建物は、水平に広がるシンプルな箱型。事前に予約をすれば訪問可。
Contador 2008（T）
La Cueva del Contador 2008（T）
La Viña de Andrés Romeo 2008（T）
Predicador 2008（T）
Predicador 2009（B）
Qué Bonito Cacareaba 2009（B）

CVNE-COMPAÑÍA VINÍCOLA DEL NORTE DE ESPAÑA
ワイン業界で世界的に名の知れた醸造所。
Imperial 2005（TR）
Real de Asúa 2005（T）

DAVID MORENO
受賞歴多数の家族経営の醸造所。
David Moreno 2001（TGR）

DINASTÍA VIVANCO
訪問者の受け入れなど、モダンなワイン文化をもつ。
Colección Vivanco Parcelas de Garnacha 2007（T）

DOMECO DE JARAUTA
数百年の伝統をもつ。
Viña Marro Ecológico 2008（T）

EGOMEI
家族的な雰囲気。ボデガスA&Bグループに所属。
Egomei Alma 2005（T）

EL COTO DE RIOJA
1970年創設。
El Coto 2007（TC）

ESCUDERO
4世代にわたりワイン醸造に携わる家族経営の醸造所。
Bécquer 2008（T）

FINCA ALLENDE
実験と開発をくり返す、ミゲル・アンヘル・デ・グレゴリオの挑戦の場。
Allende 2008（B）
Avrvs 2007（T）
Calvario 2007（T）
Mártires 2009（B）

FINCA DE LOS ARANDINOS
ホテルと醸造所の室内デザインはダビド・デルフィンが担当。
Viero Sobre Lías 2009（B）

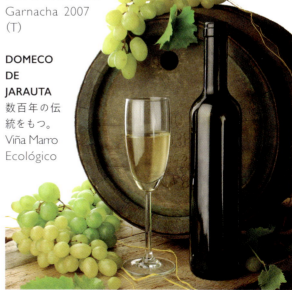

Vinos de España

リオハ

FINCA NUEVA
醸造所フィンカ・アリェンデ（FINCA ALLENDE）のオーナー、ミゲル・アンヘル・デ・グレゴリオのもうひとつの醸造所。
Finca Nueva 2009 (T)

GRANJA NUESTRA SEÑORA DE REMELLURI
聖地トローニョの古い農園にある醸造所。1967年にギプスコアの実業家ハイメ・ロドリゲス・サリスが購入。
Remelluri 2006 (TR)
Remelluri 2007 (B)
Remelluri Colección Jaime Rodríguez 2004 (T)

HACIENDA DE SÚSAR (MARQUÉS DE LA CONCORDIA)
エノツーリズムを主導。
Hacienda Súsar 2005 (T)

HACIENDA GRIMÓN
環境に配慮した昔ながらのブドウ栽培に従事。
Hacienda Grimón 2007 (TC)

HEREDEROS DEL MARQUÉS DE RISCAL
建物は前衛的なフランク・O・ゲーリーの作品。技術革新の先駆者であることを自認する。
Barón de Chirel 2005 (TR)
Barón de Chirel 2006 (TR)
Finca Torrea 2006 (TR)
Marqués del Riscal 2004 (TGR)

IZADI
1987年創設。
Izadi 2008 (B)

LA RIOJA ALTA
1890年、アロのバリオ・デ・ラ・エスタシオン・デ・アロにあるバスクとリオハのブドウ栽培農家らにより創設。今や小さいながらも企業となっている。
Gran Reserva 904 Rioja Alta 1997 (TGR)
Viña Arana 2004 (TR)
Viña Ardanza 2001 (TR)

LAN
伝統が深く根を下ろしている地域で、ワイン製造の近代化にはじめて着手した醸造所のひとつ。
Culmen 2005 (TR)
Lan D-12 2007 (T)
Lan Edición Limitada 2006 (T)

LAUNA
7代にわたりワイン生産に携わっている老舗の醸造所。
Antonio Alcaraz 2007 (TC)

LUIS ALEGRE
高品質のワインを追及する家族経営の醸造所。
Pontac de Portiles 2008 (T)

LUIS CAÑAS
個性的なワインを醸造。
Hiru 3 Racimos 2006 (T)
Luis Cañas 2009 (BFB)

MARQUÉS DE ARIENZO
2010年にフリアン・ムルアのグループが購入。
Marqués de Arienzo Vendimia Seleccionada 2006 (T)

MARQUÉS DE CÁCERES
1970年代末にエンリケ・フォルネルにより創設。醸造家エミール・ペイノーと提携する。醸造所の名前はオーナーの友人 D. ビセンテ・ノゲラ・イ・エスピノッサ・デ・ロス・モンテーロス伯爵から贈られた。
Gaudium Gran Vino 2004 (TR)
Marqués de Cáceres 2001 (TGR)
Marqués de Cáceres 2004 (TR)
MC Marqués de Cáceres 2008 (T)

MARQUÉS DE MURRIETA
リオハで最も評判の高い企業のひとつ。丹念に熟成されたワインを醸造。30年もののワインも販売。
Capellanía 2004 (B)
Castillo Ygay 2001 (TGR)
Dalmau 2005 (TR)
Dalmau 2007 (TR)
Marqués de Murrieta 2004 (TR)
Marqués de Murrieta 2005 (TR)

MARTÍNEZ LAORDEN
スペイン初のバイオクライマティック（環境に配慮した）醸造所。
Martínez Laorden Graciano 2006 (T)

MENTOR
ラ・リオハ州の伝統的なクリアンサを醸造。
Mentor Roberto Torretta 2005 (T)

MIL CIENTO DOS
創設されたばかりの醸造所。
Altino 2008 (TC)

MUGA
自前の樽工場で樽を生産する唯一のリオハ企業。クリアンサの醸造全工程もフランスのオーク樽を使用。1856年に建てられた壮大な建物。
Aro 2005 (T)
Aro 2006 (T)
Prado Enea 2004 (TGR)
Torre Muga 2005 (T)
Torre Muga 2006 (T)

MUSEO ONTAÑÓN
醸造所に博物館を併設。常設展示あり。
Ontañón 2007 (TC)

OLARRA
素晴らしい施設を備える。
Cerro Añón 2004 (TR)

ORBEN
古いブドウ畑から素晴らしいワインを醸造。
Malpuesto 2008 (T)
Orben 2007 (T)

PEDRO MARTÍNEZ ALESANCO
7世代にわたってブドウ栽培とワイン醸造に携わってきた醸造所。
Pedro Martínez Alesanco 2007 (TC)

R. LÓPEZ DE HEREDIA VIÑA TONDONIA
ブドウ畑の品質の高さと豪華な建物が特徴。
Viña Tondonia 2001 (TR)

RAMÍREZ DE LA PISCINA
代々続いてきた醸造所。最新技術を導入し、設備も充実。
Ramírez de la Piscina 2006 (TC)

REMÍREZ DE GANUZA
経過年数60年以上の古いブドウ畑を所有。生産量は少ないが品質は素晴らしい。
Remírez de Ganuza 2004 (TR)
Remírez de Ganuza 2005 (TR)
Trasnocho 2005 (T)

RIOJANAS
ラ・リオハ州内で最もコストパフォーマンスの高い醸造所。
Viña Albina Semidulce 2001 (BR)

RODA
高品質なワインで市場において瞬く間に確固たる地位を獲得した、新しい醸造所。
Cirsión 2007 (T)
Roda I 2005 (TR)
Roda I 2006 (TR)

SEÑORÍO DE SAN VICENTE
テンプラニーリョ・ペルード種のみを使ったワインを醸造。
San Vicente 2006 (T)
San Vicente 2007 (T)

SIERRA CANTABRIA
1870年以来ワイン醸造に携わってきたエグレン家がオーナー。樹齢約35年のブドウ畑を所有。環境に配慮した丁寧な手入れを行ない、素晴らしい品質と高い評判のワインを醸造。
Amancio 2006 (T)
Amancio 2007 (T)
Finca El Bosque 2007 (T)
Finca El Bosque 2008 (T)
Sierra Cantabria 2004 (TGR)
Sierra Cantabria 2005 (TR)
Sierra Cantabria Colección Privada 2007 (T)
Sierra Cantabria Colección Privada 2008 (T)
Sierra Cantabria Cuvée Especial 2006 (T)
Sierra Cantabria Organza 2008 (B)
Sierra Cantabria Organza 2009 (B)

SOLABAL
12人のブドウ栽培農家が中心となる醸造所。
Solabal 2007 (TC)

TARÓN
40年もの伝統ある醸造所。
Tarón 4MB 2008 (T)

VALDELANA
醸造所に博物館を併設。エノツーリズムの活動も行なう。
Barón Ladrón de Guevara 2009 (T)

VALDEMAR
オーナーのホセ・マルティネス・ブハンダは、この醸造所を国内外のモデルに育て上げた。評判の高いワインは自社所有畑のブドウから造られる。
Inspiración Valdemar 2007 (T)
Inspiración Valdemar Colec. Varietales 2005 (T)
Inspiración Valdemar Edición Limitada 2005 (T)
Inspiración Valdemar Graciano 2005 (T)

VINÍCOLA REAL
ラ・リオハ州初のホテル併設の醸造所。
Viña Los Valles Ecológico 2007 (TC)

VIÑA BUJANDA
樹齢20～60年のブドウ畑から造られるワイン。
Viña Bujanda 2007 (TC)

VIÑA REAL
建物は前衛的な建築物。醸造所クネ（CVNE）の125年以上の経験と革新的な技術を両立。
Pagos de Viña Real 2007 (T)
Viña Real 2001 (TGR)
Viña Real 2008 (BFB)
Viña Real 2008 (TC)

VIÑEDOS DE PÁGANOS
1998年、エグレン家により創設。地下にある醸造所はブドウ畑の下にある岩を削って造られた。
El Puntido 2006 (TB)
El Puntido 2007 (TB)
La Nieta 2007 (T)
La Nieta 2008 (T)

VIÑEDOS DEL CONTINO
古い邸宅につくられた醸造所。リオハ・アラベサのエブロ川の蛇行地点にあるブドウ

畑に囲まれる。クネ（CVNE）グループ所属。
Contino 2007 (B)
Contino Graciano 2007 (T)
Contino Viña del Olivo 2007 (T)
Contino Viña del Olivo 2008 (T)

VIÑEDOS DEL TERNERO
ラ・リオハ州にあるブルゴスの飛び地、テルネロにある醸造所。ブルゴス県に属しながら、D.O. リオハを名乗るワインを造る唯一の醸造所。
Miranda 2006 (T)
Picea 650 2006 (T)
Sel de Su Merced 2005 (TR)

VIÑEDOS Y BODEGAS EXEO
栽培、醸造ともに丁寧な作業を行なう。
Letras 2006 (T)
Letras 2007 (T)

マドリッド

ビノス・デ・マドリッド

BERNABELEVA
2006年より新たなプロジェクトを始動。1923年にサン・マルティン・デ・バルデイグレシアスにあるベルナベレーバ農園のブドウ畑を所有して以来、品質のよいワインを造るために丁寧な手入れが行なわれている。
Bernabeleva «Arroyo de Tórtolas» 2008 (T)
Bernabeleva «Carril del Rey» 2008 (T)
Bernabeleva Viña Bonita 2008 (T)
Cantocuerdas Moscatel de Bernabeleva 2008 (B)

COMANDO G
オーナーはボデガス・マラニョネスの醸造家フェルナンド・ガルシア、ボデガス・ヒメネスランディのダニエル・ゴメス・ヒメネス-ランディ、ボデガス・ベルナベレーバのマーク・イサルトの3人。
La Bruja Avería 2009 (T)
Las Umbrías 2008 (T)

EL REGAJAL
アランフェスにある醸造所。エノツーリズム活動も行なう。
El Regajal Selección Especial 2008 (T)

LICINIA
2005年創設。家族経営。
Licinia 2007 (T)

MARAÑONES
D.O. ビノス・デ・マドリッドに最近創設された醸造所のひとつ。サン・マルティン・デ・バルデイグレシアスにある。若い醸造家フェルナンド・ガルシアが醸造を担当。
Peña Caballera 2008 (T)
Picarana 2009 (B)
Piesdescalzos 2009 (B)
Treinta Mil Maravedíes 2008 (T)

Vinos de España

ムルシア

ブーリャス
MADROÑAL
2001年創設。家族経営。
Siscar 2009 (T)

MOLINO Y LAGARES DE BULLAS
環境に配慮した栽培と品質の高いワイン造りを目指す。
Lavia+ 2006 (TC)
Lavia 2007 (T)
Lavia Monastrell Syrah 2006 (TC)

フミーリャ
CARCHELO
乾燥したカルチェ渓谷にある醸造所。
Altico Syrah 2007 (T)

EL NIDO
アラゴナ渓谷にあり、オロワインズグループに属する醸造所。
Clío 2007 (T)
Clío 2008 (T)
El Nido 2007 (T)
El Nido 2008 (T)

JUAN GIL
4世代にわたりワイン醸造に携わるヒル・ベラ家の醸造所。
Juan Gil 4 meses 2009 (T)

LUZÓN
2005年に新オーナー、フェルテス家により刷新、近代化される。
Alma de Luzón 2007 (T)
Finca Luzón 2009 (T)

PEDRO LUIS MARTÍNEZ
1870年にロケ・マルティネスが始めたフミーリャ初の商業的醸造所。設立以来、ワインへの情熱をもちつづける。
Alceño Dulce 2006 (T)
Alceño Monastrell 2006 (T)
Alceño Monastrell 2008 (TRB)

PROPIEDAD VITÍCOLA CASA CASTILLO
1985年、サンチェス・セレソ家がカサ・カスティーリョ農園のブドウ畑を立て直す。1993年よりワイン販売を開始し、成功を収めている。
Casa Castillo Monastrell 2009 (T)
Casa Castillo Pie Franco 2008 (T)
Las Gravas 2007 (T)
Valtosca 2008 (T)

イエクラ
CASTAÑO
固有品種モナストレルの栽培を成功させたスペイン南東部の模範的醸造所。カスターニョ家に属する。
Castaño Colección Cepas Viejas 2006 (T)
Viña Detrás de la Casa Cabernet Sauvignon-Tintorera 2006 (TC)
Viña Detrás de la Casa Syrah 2006 (T)

LONG WINES（CASA DEL CANTO）
約500ヘクタールのブドウ畑を所有。家族経営。
Casa del Canto 2007 (TRB)

TRENZA WINES S.L.
このD.O.の個性や特性を反映するワインを生産。
Trenza Family Collection 2007 (T)

VALLE DE SALINAS
最新設備を導入。
Caracol Serrano 2009 (T)

ナバーラ

ナバーラ
BODEGAS Y VIÑEDOS ARTAZU
ボデガス・アルタディ・グループ所属。
Santa Cruz de Artazu 2008 (T)

BODEGAS Y VIÑEDOS NEKEAS
スペイン最北のブドウ畑を所有。全生産量の75%を輸出。
Nekeas Chardonnay «Cuveé Allier» 2008 (BFB)
Nekeas Merlot 2007 (TC)

CASTILLO DE MONJARDÍN
ソニア・オラノとビクトル・デル・ビリャルが「比類なきワイン」をモットーにワイン造りを行なう。
Esencia Monjardín 2005 (B)

CHIVITE
1647年創設。スペインで最も古くからワインを生産している醸造所のひとつ。11世代を経る間にナバーラだけでなくほかのD.O.にも拡大発展。現在はナバーラで最も輸出量が多く、品質の高さでも知られる。
Chivite Colección 125 2005 (TR)
Chivite Colección 125 2006 (RD)
Chivite Colección 125 2007 (BFB)
Chivite Colección 125 Vendimia Tardía 2007 (B)
Gran Feudo 2009 (RD)
Gran Feudo Edición Dulce de Moscatel 2008 (B)
Gran Feudo Edición Selección Especial 2007 (T)
Gran Feudo Edición Sobre Lías 2008 (RD)

FINCA ALBRET
素晴らしいブドウ畑とワインを誇る。
Albret 2006 (TC)

GARCÍA BURGOS
フアン・ガルシアとラウラ・ブルゴスふたりの醸造所。生産量はわずか。
Finca La Cantera de Santa Ana 2007 (T)

INURRIETA
1999年ホセ・アントニオ・アリオラにより創設。
Inurrieta Orchidea 2009 (B)
Inurrieta PV 2007 (T)

LA CALANDRIA（JAVIER CONTINENTE GAZTELAKUTO）
ガルナッチャを用いて成功。
Volandera 2009 (T maceración carbónica)

LADERAS DE MONTEJURRA
バイオダイナミック農法を実践。家族経営。
Emilio Valerio Laderas de Montejurra 2009 (T)

OTAZU
建築様式や自然、芸術、ワインが見事に融合した醸造所。歴史的建築物に設立された醸

造所には現代芸術コレクションも所蔵。ワインも素晴らしい。
Otazu 2006 (TC)
Otazu 2007 (TC)
Palacio de Otazu Altar 2005 (T)
Palacio de Otazu Vitral 2004 (TC)

PAGO DE CIRSUS
映画プロデューサー、イニャキ・ヌニェスがオーナーを務める醸造所。シャトー風のホテルやレストランを併設。
Pago de Cirsus Moscatel 2006 (BFB)

PIEDEMONTE
高品質ワインを造り、国際的評価をの獲得を目指している醸造所。
Piedemonte Chardonnay 2009 (B)

PRÍNCIPE DE VIANA
国際的に有名なワインを造る。
Príncipe de Viana Vendimia Tardía 2008 (B)

SEÑORÍO DE ANDIÓN
建物は芸術性が高く前衛的。醸造には最新技術を取り入れる。
Señorío de Andión 2005 (T)
Señorío de Andión Moscatel Vendimia Tardía 2006 (B)

UNZU PROPIEDAD
フリアン・チビテ・ロペスの新しい醸造所。
Fincas de Unzu 2009 (RD)

VIÑA MAGAÑA
D.O. 内で 35 年間ワイン製造に携わる有名な醸造所。
Magaña Calchetas 2007 (T)

VIÑA VALDORBA
機械に頼らない醸造を使命とする新しい醸造所。
Eolo Syrah 2008 (TRB)

バスク

チャコリ・デ・アラバ
OKENDO TXAKOLINA
素晴らしい自然環境のなかで最新設備を備える。
Señorío de Astobiza 2008 (B)
Señorío de Astobiza 2009 (B)

チャコリ・デ・ビスカヤ
DONIENE GORRONDONA TXAKOLINA
訪問可。チャコリの製造過程とその伝統を見ることができる。
Doniene 2009 (B)

チャコリ・デ・ゲタリア
SANTARBA
1990 年にリニューアルされた家族経営の醸造所。
Santarba 2009 (B)

TXOMÍN ETXANÍZ
醸造所の周辺環境も含め、バスク自治州のなかで最も美しい醸造所。
Txomín Etxaníz Berazia 2009 (B)
Uydi-Txomín Etxaníz 2006 (B)

カバ

バルセロナ
AGUSTÍ TORELLÓ MATA
比類ない特性を持ったカバを生産。
Bayanus 375㎖ 2007 (BN R)
Torelló Petit Brut Nature 2007 (BN R)

CANALS NADAL
アントニオ・カナレス・ナダルにより創設。8 タイプのカバを醸造。
Canals Nadal 2007 (BR R)
Canals Nadal 2008 Brut Rosé Reserva

CASTELL SANT ANTONI
生産量はわずかだが品質が高い。スピラッツのエル・ソト農園にブドウ畑の大半と小さな醸造所を所有。
Castell Sant Antoni 37,5 cl (BR)
Castell Sant Antoni Gran Brut (BRGR)
Castell Sant Antoni Gran Reserva Magnum 2001 (BN)
Castell Sant Antoni Torre del'Homenatge 1999 (BN GR)

CASTILLO DE PERELADA
1923 年以来、3 世代にわたりワインやカバ造りに携わる。
Castillo Perelada Cuvée Especial 2008 (BN)

CAVA CRISTINA COLOMER BERNAT
1943 年創設。
Colomer Costa 2008 (BN R)

CAVA RECAREDO
1924年ジョセップ・マタ・カペリャデスにより創設。46ヘクタールのブドウ畑を所有。
Recaredo 2006 (BN GR)
Recaredo Reserva Particular 2001 (BN GR)

CAVAS FERRET
1941年以来カバの醸造に携わる。
Ferret (BR R)
Ferret Rosado (BR R)

CAVAS SIGNAT
ダビッド・コルが丁寧に造るカバが特徴。
Signat Reserva Imperial (BR R)
Signat Brut 5 estrellas (BR R)

CAVES CONDE DE CARALT S.A.
1980年代、カラルト伯爵ホセ・マリア・デ・カラルト・ボレルがこの醸造所を購入。
Conde de Caralt Blanc de Blancs (BR)

CODORNÍU
ワイン造りに5世紀の歴史と経験をもつ。
Jaume Codorníu (BR)

EMENDIS
バジェス家の醸造所。
Emendis Imum 2007 (BN R)

GIRÓ RIBOT
国際的な巨大プロジェクトに関わる家族経営の醸造所。
Paul Cheneau Blanc de Blancs (BR R)

GRAMONA
125年の伝統と技術革新に支えられ、普遍的な味と香りを特徴とする素晴らしいカバのコレクションを出すまでに成長。オーナーはパトリェ家。サン・サドゥルニ・ダ・ノイアで最も古いブドウ畑を所有。
Gramona Argent 2006 (BR GR)
Gramona Argent Rosé 2006 (RD GR)
Gramona Celler Batlle 1999 (BR GR)
Gramona Celler Batlle 2000 (BR GR)
Gramona Celler Batlle 2001 (BR GR)
Gramona III Lustros 2003 (BR GR)
Gramona Imperial 2006 (BR GR)

JAUME LLOPART ALEMANY
昔ながらの手作業でワインとカバを造る。家族経営。
Jaume Llopart Alemany Vinya d'en Ferran 2006 (BN GR)

JOSEP Mª RAVENTÓS BLANC
1497年にラベントス・イ・ブラン農園がラベントスファミリーの所有となり、1872年にはじめてカバが製造される。醸造所は農園の中心にあり、現在の建物は1984年に現オーナーのジョセップと息子のマヌエルが建設。
Magnum La Finca 2005 (BN GR)
Manuel Raventós 2002 (BN GR)
Raventós i Blanc de Nit 2008 (BR)
Raventós i Blanc Gran Reserva Personal M.R.N. 1998 (BN)

LLOPART CAVA
1887年創設以来カバの製造に携わる。
Llopart Leopardi 2005 (BN GR)

ROVELLATS
自社のブドウ畑のブドウでカバを製造。
Rovellats Imperial 2007 (BR R)

SEGURA VIUDAS
19世紀末からスパークリングワインを製造。
Lavit 2007 (BN)
Lavit Rosado (BR)

SUMARROCA
つねに高い品質を追求する家族経営の醸造所。素晴らしいブドウ畑と高品質のワインを目指す。
Sumarroca 2007 (BR R)
Sumarroca Gran Brut Allier 2005 (BR FB)

UVAS FELICES
2010年創設。
Trenc d'Alba (BN)

タラゴナ

CARLES ANDREU
18世紀以来、栽培に携わる家族経営の醸造所。
Cava Brut Nature Carles Andreu 2007 (BN)

CAVA VIDAL I FERRÉ
1991年にラモン・ビダルにより創設。家族経営。
Vidal i Ferré (BN GR)
Vidal i Ferré (BR R)

VINÍCOLA I SECCIÓ DE CRÉDIT SANT ISIDRE DE NULLES
建物は1919年に建てられた近代建築。
Adernats 2007 (BN)

バレンシア

CHOZAS CARRASCAL
ロペス・ペイドロ家所有。
Chozas Carrascal (BN)

HISPANO SUIZAS
「本当にいいもの」を追求。
Tantum Ergo Pinot Noir Rosé 2008 (BN)

TORROJA
ワイン製造の伝統に携わる家族経営の醸造所。
Sybarus (BR)

UNIÓN VINÍCOLA DEL ESTE
2007年創設。ワインの品質につねに挑戦しつづける。
Nasol de Rechenna 2008 (BR)

謝　辞

M.ª Ángeles Martínez Arenas (D.O. Bullas); C.R.D.O. Empordà; Lluis Pellejá (D.O.Q Priorat); Esther Navia (D.O. Ribera del Guadiana); Antonio Ángel Méndez (C.R.D.O. Monterrei); Joan Francesc Baltierrez (D.O. Pla de Bages); Pablo Kroupa (Bodegas Xaló); Jaume Martí y Enrique Marco (D.O. Terra Alta); Elena Arribas (Vinos de Madrid); D.O. Bizkaiko Txakolina; Getariako Txakolina; Laura Crespo (Bodegas Bernabeleva); José Antonio Merino (Arabako Txakolina); Fernando González (D.O. Jumilla); Pascual Molina (D.O. Yecla); Andrés Vázquez (Bodegas del Condado); Victor Suárez (Bodegas Quitapenas); Alejandro Simón (C.R.D.O. Condado de Huelva); Bodegas Almijara; Javier Prosper (Bodegas Illana); Enrique Garido (D.O. Montilla-Moriles); Juancho Villahermosa (D.O. Ribera del Júcar); D.O. Ribeiro; D.O. Valdeorras; D.O. Montsant; Salomé García (D.O. Méntrida); Diana Moreno (D.O. Uclés); D.O. Manchuela; D.O. Almansa; Félix Torres Montejano (Bodegas Mariscal y D.O. Mondéjar); D.O. Ribeira Sacra; Eva Mínguez (C.R.D.O. Rias Baixas); Pamela Beltrán (C.R.D.O. Valencia); Bodegas San Marcos; D.O. Utiel-Requena, Eladio Martín (D.O. Alicante); Bodegas Doñana; Bodegas Miguel Calatayud (Valdepeñas); Juanjo Arrojo (Bodegas Antón Chicote); Bodegas Obanca; Bodegas del Narcea; D.O. Ribera de Duero (fotografías de Fernando Fernández); C.R.D.O. Campo de Borja (fotografías de Ramiro Tarazona); Kadellar; D.O. Cariñena; Bodegas Langa; Viñedos Pago de Valdepusa; Bodegas Pago Guijoso; Bodegas y Viñedos Sánchez Muliterno.

　今回、翻訳作業を仕上げていただいた五十嵐加奈子さん、児玉さやかさん、村田名津子さんと（株）リベルの轟志津香さん。専門的文章の編集作業に当たられた原書房 永易三和さん、またスペインワインの専門家としてスペインワインに造詣が深く、現地ワイナリーを毎年訪れ、学び、熟知されている大橋佳弘さんにもご助力をいただきました。

　大橋さんには特に現地情報を元に原産地呼称ワインの確認をしていただき、信頼されるべき図鑑に仕上がりました。皆様に心よりお礼申し上げます。

日本語版監修　剣持　春夫

監修	Isabel Ortiz
編集制作	Arga Ediciones
文章	C.M. Hernández
	Isabel López
写真	Archivo Shutterstock, Archivo Dreamstime, Archivo Fotolia, Archivo 123rf, Archivo Arga Ediciones, Jorge Montoro, Ramiro Tarazona, Kadellar, Fernando Fernández y los Consejos Reguladores de las Denominaciones de Origen mencionados en los agradecimientos.
地図作成	Marta Montoro
デザイン・レイアウト	Iratxe Esparza
プリプレス	Miguel Ángel San Andrés

日本語版監修

剣持 春夫　*Haruo Kenmotsu*
ホテル・オークラ、ホテルパシフィック東京、シェラトン・グランデ・トーキョー・ベイ・ホテル、シャトー・レストラン・ジョエル・ロブションなどでソムリエ職として約 45 年間勤め、現在も依頼されたホテル、レストランで現役ソムリエとして活躍中。その間、著名ソムリエコンクールでの優勝歴がある。2009 年には東京マイスター知事賞受賞。現在、一般社団法人日本ソムリエ協会名誉顧問。一般社団法人日本ソムリエ協会認定マスターソムリエ。レコール・デュ・ヴァン特任講師。個人のソムリエ塾を開設、担当講師として活躍中。

大橋 佳弘　*Yoshihiro Oohashi*
株式会社 グルメミートワールド勤務。大学での恩師の出会いによりスペインに強く興味を持ち、卒業と同時にスペインへ。また、在学時にワインマリアージュの楽しさ、オールドヴィンテージワインの素晴らしさを教わりワインに魅かれる。スペイン滞在中に、スペインワイン、食文化により魅せられる。2014 年 4 月より現職。

翻訳

五十嵐 加奈子　*Kanako Igarashi*
東京外国語大学卒。主な訳書に『ピンポン外交の陰にいたスパイ』（柏書房）、『365 通のありがとう』（早川書房）、『レゴブロックの世界』（東京書籍）などがある。

児玉 さやか　*Sayaka Kodama*
東京外国語大学卒。実務翻訳を中心にフリーランス翻訳者として活躍中。翻訳協力『スペインドラマ・ガイド　情熱のシーラ』（NHK 出版）、『手紙・メールのスペイン語』（三修社）など。

村田 名津子　*Natsuko Murata*
東京外国語大学大学院地域文化研究科博士前期課程修了。スペイン近現代史専攻。

翻訳協力　株式会社　リベル

監修協力　株式会社　グルメミートワールド

ATLAS ILUSTRADO DE LOS VINOS DE ESPAÑA
Copyright : SUSAETA EDICIONES, S.A.
Author : Susaeta Team

© SUSAETA EDICIONES, S.A. - Obra colectiva
C / Campezo, 13 - 28022 Madrid
www.susaeta.com

Japanese translation rights arranged with
SUSAETA EDICIONES, S.A.
through Japan UNI Agency, Inc.

スペインワイン図鑑
2015年12月24日　第1刷

編集　スサエタ社

監修　剣持 春夫　大橋 佳弘

翻訳　五十嵐 加奈子　児玉 さやか　村田 名津子

装丁　川島 進（スタジオギブ）

発行者　成瀬 雅人
発行所　株式会社 原書房
〒160-0022 東京都新宿区新宿1-25-13
電話・代表　03-3354-0685
http://www.harashobo.co.jp　振替　00150-6-151594
印刷・製本　中央精版印刷株式会社
© Liber © Hara-Shobo 2015
ISBN 978-4-562-05265-3　Printed in Japan